普通高等教育“十三五”规划教材

食品酶工程

王永华　宋丽军　主编
张水华　主审

中国轻工业出版社

图书在版编目（CIP）数据

食品酶工程/王永华，宋丽军主编．—北京：中国轻工业出版社，2018.7
普通高等教育“十三五”规划教材
ISBN 978－7－5184－1251－8

Ⅰ．①食… Ⅱ．①王… ②宋… Ⅲ．①食品工艺学—酶工程—高等学校—教材 Ⅳ．①TS201.2

中国版本图书馆 CIP 数据核字（2018）第 036931 号

责任编辑：马 妍 王艳丽　　责任终审：张乃柬　　整体设计：锋尚设计
策划编辑：马 妍　　责任校对：吴大鹏　　责任监印：张 可

出版发行：中国轻工业出版社（北京东长安街 6 号，邮编：100740）
印 刷：三河市万龙印装有限公司
经 销：各地新华书店
版 次：2018 年 7 月第 1 版第 1 次印刷
开 本：787×1092 1/16 印张：12.75
字 数：290 千字
书 号：ISBN 978－7－5184－1251－8 定价：38.00 元
邮购电话：010－65241695
发行电话：010－85119835 传真：85113293
网 址：http://www.chlip.com.cn
Email：club@chlip.com.cn
如发现图书残缺请与我社邮购联系调换
150482J1X101ZBW

本书编审委员会

主　　编　王永华（华南理工大学）

　　　　　宋丽军（塔里木大学）

副 主 编　王方华（华南理工大学）

　　　　　张　丽（塔里木大学）

　　　　　蓝东明（华南理工大学）

参编人员（按姓氏拼音排序）

　　　　　李一苇（山东省科学院）

　　　　　李志刚（华南理工大学）

　　　　　马宝娣（上海应用技术大学）

　　　　　覃小丽（西南大学）

　　　　　许建和（华东理工大学）

　　　　　薛　亮（广东省微生物研究所）

　　　　　杨　博（华南理工大学）

　　　　　郁惠蕾（华东理工大学）

主　　审　张水华（华南理工大学）

序言 | Preface

现代食品产业上牵亿万农户，与“三农问题”密切关联，下联亿万国民，是与公众膳食营养和饮食安全息息相关的“国民健康产业”。目前，全球食品加工产业正在向多领域、深层次、高技术、智能化、低能耗、高效益、可持续的方向发展。不可否认的是，随着我国新型工业化、信息化、城镇化和农业现代化同步推进，“营养、安全、美味、健康、方便、个性化、多样性”的产品新需求和“智能、节能、环保、绿色、可持续”的产业新要求已成为食品产业发展的“新常态”，也对食品产业科技发展提出了新挑战。

酶作为一种高效生物催化剂，具有反应条件温和、高效、专一性强的特点，而其在食品工业领域的科学应用正好与当前食品工业发展的方向和要求相适应。当前，基于酶工程技术所产生的系列酶制剂已广泛应用于食品原料的贮藏、保鲜、改性、加工工艺的改进、品质的提高以及食品安全的保障等环节，在为传统的食品加工带来新的发展思路的同时，也给食品酶工程学科的发展带来巨大的挑战。

自20世纪中叶以来，国际食品工业酶制剂市场蓬勃发展，酶制剂产量逐年增加，新技术、新酶种、新应用不断出现。但与国际水平相比，我国食品酶制剂产业总体技术开发能力较弱，产品的国际竞争力较差。为了缩短与国际先进水平的差距，优化我国酶制剂的产业结构，必须加快科技开发的步伐，提高产品的技术含量。食品酶工程作为我国极具发展潜力的新兴学科之一，受到越来越多的重视。

为了加强食品酶学与酶工程相关学科的教学和人才培养工作，来自全国7所高等院校及科研院所的13位从事食品酶工程研究的中青年科技骨干共同编写了这部《食品酶工程》教材。

本教材详细介绍了酶学及酶工程的基础理论、技术及其在食品工业中的应用，内容紧跟国际食品酶工程技术的最新进展，具有很强的科学性和系统性。

本教材对食品相关专业师生及从业人员具有很好的指导作用，值得一读。

黄和

2018年4月

前言 | Preface

随着酶学及酶工程研究的快速发展和酶制剂的应用推广，酶工程的基本原理不断与食品工程相互渗透、融合，形成了一个新兴学科——食品酶工程。在食品工业领域，酶制剂的生产和应用具有非常重要的地位，食品生产和流通的各个环节都离不开酶工程。

近年来，酶与酶工程的研究发展迅速，新概念、新理论、新方法、新应用不断涌现。为了更好地将最新的研究成果融入食品工业生产之中，同时促进食品酶工程的教学与科研工作，我们组织编写了《食品酶工程》一书。

全书共10章，系统地介绍了食品酶工程基础理论、酶的生产及分离纯化、酶的固定化、酶反应器、酶传感器以及酶工程在食品工业中的应用等内容，具有较强的科学性、逻辑性和实用性。

本书的编写人员都是长期从事食品酶工程教学及科研的中青年骨干，有着丰富的食品生产理论与实践经验，编写过程中力求理论精确、技术实用、体系完整。具体编写分工如下：第一章和第四章由王永华（华南理工大学）编写；第二章和第三章由王方华（华南理工大学）编写；第五章和附录由宋丽军（塔里木大学）、张丽（塔里木大学）编写；第六章由李志刚（华南理工大学）编写；第七章由杨博（华南理工大学）编写；第八章由马宝娣（上海应用技术大学）、郁惠蕾（华东理工大学）、许建和（华东理工大学）编写；第九章由李一苇（山东省科学院）编写；第十章由蓝东明（华南理工大学）、覃小丽（西南大学）、薛亮（广东省微生物研究所）编写。全书由宋丽军、张丽统稿。

本书可作为大专院校食品相关专业师生的教科书，也可供食品生产、研发、监督、管理等相关从业人员使用，是一本极具应用价值的参考书。

华南理工大学张水华教授在百忙之中对书稿进行了认真的审阅，在此深表谢意！

本书编写过程中参考了许多国内外同行的相关文献和资料，在此表示诚挚的感谢！

鉴于目前学术资料及编者水平局限，书中难免有遗漏和不当之处，恳请广大读者批评指正。

王永华
于华南理工大学
2018年4月

目录 Contents

CHAPTER 1

第一章 绪论

[内容提要]

本章主要介绍了酶学及酶工程研究的发展历史、现状和趋势，以及食品酶工程的研究内容与应用前景。

[学习目标]

1. 了解酶学及酶工程研究的发展历史和现状。
2. 掌握酶、酶工程及食品酶工程的概念。
3. 了解食品酶工程的研究热点和发展方向。

[重要概念及名词]

酶、酶工程、食品酶工程、极端酶、人工合成酶、模拟酶、分子印迹酶、酶定向进化技术、核酸酶、抗体酶、杂交酶。

随着我国城市化、工业化、现代化建设步伐的加快和国民经济的持续增长，人民生活水平不断提高，我国的消费结构已经发生了重大变化。“安全、营养、健康、美味、高效”的食品已成为广大消费者的追求目标。可满足食品工业安全、优质、高效三大主题要求的，首推食品酶工程技术。酶制剂作为一种高效生物催化剂，越来越广泛地应用于食品工业的多个领域，成为当今食品工业的重要环节。

酶（enzyme）是由活细胞产生的、具有高效催化功能的生物大分子，鲜明地体现了生物体系的识别、催化、调节等功能。按照分子中起催化作用的主要组分不同，酶可分为蛋白类酶（proteozyme，P 酶）和核酸类酶（ribozyme，R 酶）两大类。

酶工程（enzyme engineering）是研究酶的生产和应用的一门技术性学科，指在一定的生物反应器内，利用酶的催化作用，进行物质转化的技术。酶工程分为化学酶工程和生物酶工程，化学酶工程主要指天然酶、化学修饰酶、固定化酶及化学人工酶的研究和应用；生物酶工程是以酶学与基因重组等技术为主的现代分子生物学技术相结合的产物，主要包括：用基因工程技术大量生产酶（克隆酶），修改酶基因产生遗传修饰酶（突变酶），设计新的酶基因，合成新酶。酶工程的主要任务是经过预先设计，采用人工操作获得目标酶，并通过各种方法使酶充分发挥其催化作用。

食品酶工程（food enzyme engineering）是将酶工程的理论与技术应用于食品工业领域，将酶学基本原理和食品工程相结合，为新型食品和食品原料的发展提供技术支撑。在食品工程领域，酶制剂的生产和应用具有非常重要的地位，食品原料的贮藏、保鲜、改性、食品加工工艺的改进、食品品质的提高以及食品安全的保障等都离不开酶工程。

因此，学习和研究食品酶工程的理论与技术，具有重要的理论和实践意义。

第一节　酶工程的发展历史及现状

一、现代酶学的发展历程

人类利用酶的历史非常悠久，对酶的认识经历了从无知到有知、从不自觉到自觉的过程。在古代，人们虽然并不知道酶是什么，但早已在生活中凭着丰富的实践经验成功利用着酶。

早在6000多年前，巴比伦人已用麦芽酿造出类似啤酒的饮料；5000多年前，巴比伦人已懂得将酒精转变为醋的方法，阿拉伯人利用羊胃膜凝乳酶制造干酪。我国在4000多年前的夏禹时代就已经掌握了酿酒技术；在约3000年前的周朝，就会制造饴糖、食酱等食品；在约2500年前的春秋战国时期，就懂得用曲来治疗消化不良等疾病。

虽然人类很早就感觉到酶的存在，但真正认识酶的存在和加以利用却始于19世纪30年代。100多年来，人类对酶的认识经历了一个不断发展、逐步深入的过程。

1783年，意大利科学家Spallanzani设计了“小笼盛肉喂鹰实验”，偶然发现了胃液中可能存在某些“可以消化肉的物质”，对当时的“蠕动消化理论”提出了挑战。

1810年，Planche从植物的根系中分离出了能使愈创木脂氧化变蓝的“耐热且水溶性的物质”。1814年，Kirchhoff发现某些种子在发芽时的水提物能促使谷物发生水解反应而生成还原糖，并且这些水溶性物质在脱离生物体后仍能发挥作用。

1833年，Payen和Persoz从麦芽的水抽提物中用乙醇沉淀得到一种可使淀粉水解生成可溶性糖的白色无定形粉末状物质，并指出了它的热不稳定性，初步触及了酶的一些本质问题。

1878年，Kuhne首次提出了“酶（enzyme）”的概念，该词来自希腊文，由“En（在）”和“Zyme（酵母）”组合而成，表示“酶包含在酵母中”。

19世纪中叶，围绕酒精发酵的机制问题，科学界展开了一场持续数十年的争论，对酶学和生物化学的产生和发展具有划时代的意义。以德国Liebig为代表的化学家强调：酵母发酵生成酒精是纯化学反应，而以法国细菌学家Pasteur为代表的生物学家则坚持发酵是活酵母生命活动的结果。

这场长达半个世纪的争论，直到 Pasteur 逝世后，1897 年才由德国化学家 Buchner 兄弟画上了终止符。他们用石英磨碎酵母细胞，并制备了不含酵母细胞的抽提液，用其发酵蔗糖，从而阐明了发酵是酶作用的化学本质。这是理论上的飞跃，为 20 世纪酶学和酶工程的发展揭开了序幕，Pasteur 因此获得了 1907 年的诺贝尔化学奖。

1894 年，Emil Fisher 提出了酶与底物作用的“锁钥学说”，用以解释酶作用的专一性机制。该学说认为：酶与底物分子或底物分子的一部分之间，在结构上有严格的互补关系，当底物契合到酶蛋白的活性中心时，犹如一把钥匙插入一把锁中，从而发生催化反应。

在上述研究基础上，各国科学家开始对酶的催化特性及机制等进行了广泛研究，取得了一系列重要进展，为现代酶学和酶工程的发展奠定了坚实的理论基础。

20 世纪初，酶学进入迅速发展时期。1902 年，Henri 根据蔗糖酶催化蔗糖水解的实验结果，提出“中间产物学说”，认为底物在转化成产物之前，必须首先与酶形成中间复合物，然后再转变为产物，并重新释放出游离的酶。

1913 年，Michaelis 和 Menten 根据中间产物学说，推导出著名的酶催化反应基本动力学方程 Michaelis – Menten equation，即“米氏方程”。米氏方程的提出是酶反应机制研究的一个重要里程碑。

1925 年，George E. Briggs 和 J. B. S. Handane 对米氏方程做了重要修正，提出了“拟稳态学说”，为酶学研究奠定了理论基础，两人被称为酶动力学研究的开拓者。

1926 年，Sumner 首次从刀豆提取液中分离纯化得到脲酶结晶，并证实这种结晶催化尿素水解，产生二氧化碳和氨气，同时证明了它具有蛋白质的性质。后来对胃蛋白酶、胰凝乳等一系列酶结晶的研究，都证实酶的化学本质是蛋白质。在此后的 50 多年中，人们普遍接受了“酶是具有生物催化功能的蛋白质”这一概念。Sumner 因此获得了 1947 年的诺贝尔化学奖。

1958 年，D. E. Koshland 提出了“诱导契合学说”，认为酶分子活性中心的结构原来并非和底物的结构互相吻合，酶的活性中心是柔软的而非刚性的。当底物与酶接近时，可诱导酶活性中心的构象发生变化，达到正确的排列和定向，从而使酶和底物契合而结合成中间络合物，并引起底物发生反应。反应结束后，酶的活性中心又恢复到原来的构象。后来，科学家对羧肽酶等进行了 X 射线衍射研究，研究结果有力地支持了这个学说。

1960 年，Jacob 和 Monod 提出“操纵子学说”，阐明了酶生物合成的基本调节机制。1961 年，Monod 及其同事提出了“变构模型”，用以定量解释有些酶的活性可以通过结合小分子进行调节的机制，从而提供了认识细胞中许多酶调控作用的基础。

1969 年，Merrifield 等人首次人工合成含有 124 个氨基酸的核糖核酸酶 A，并发明“固相合成”新方法。

1982 年，Cech 等人发现四膜虫（Tetrahynena）细胞的 26S rRNA 前体具有自我剪接功能，认为 RNA 也具有催化活性，并将这种具有催化活性的 RNA 称为核酸类酶。1983 年，Altman 等人发现核糖核酸酶 P 的 RNA 部分 M1 RNA 具有核糖核酸酶 P 的催化活性。

RNA 具有生物催化活性这一发现，改变了有关酶的概念，被认为是最近 20 多年来生物科学领域最令人鼓舞的发现之一。因此 Cech 和 Altman 共同获得 1989 年的诺贝尔化学奖。

现已发现生物体内存在的酶有 8000 多种。现代酶学正沿着酶的分子生物学和酶工程学两个方向发展。酶分子生物学的任务是更深入地揭示酶的结构和功能的关系，揭示酶的催化机制与调节机制，揭示酶和生命活动的关系，进一步设计和改造酶，在基因水平上进行酶的调控。

酶工程学的任务是要解决如何更经济有效地进行酶的生产、制备和应用，将基因工程、分子生物学成果应用于酶的生产，进一步开发固定化酶技术与酶反应器等。

二、现代酶工程的发展概况

酶工程是生物技术的一个重要组成部分，它是酶学和微生物学的基本原理和化学工程有机结合而形成的交叉学科。近年来，由于蛋白质工程、基因工程和计算机信息等新兴高科技的发展，使酶工程技术得到了迅速发展和应用，各种新成果、新技术、新发明不断涌现。

酶工程技术的主要发展历程如下：

（一）从动物、植物或微生物细胞和组织中提取酶

1894 年，日本的高峰让吉首先从米曲霉中制得了淀粉酶并用作消化剂，开创了近代酶的生产和应用的先例。此后，不断有新的酶品种被发现并应用。1908 年，德国的 Rohm 从动物的胰脏得到胰蛋白酶，并用于皮革软化；1908 年，法国的 Boidin 制得细菌淀粉酶，并用于纺织品的退浆；1911 年，美国的 Wallerstein 制得木瓜蛋白酶，并用于除去啤酒中的蛋白质浑浊等。但由于受到当时原料来源和分离纯化技术的限制，难以对酶进行大规模的工业化生产。

（二）利用微生物发酵大规模生产酶

1949 年，用液体深层培养法进行细菌 α - 淀粉酶的发酵生产，揭开了现代酶工业的序幕。20 世纪 50 年代以后，由于发酵工程技术的发展，许多酶制剂都开始采用微生物发酵法进行大规模生产。尤其是 1960 年，“操纵子学说”的提出，阐明了酶生物合成的调节机制，为酶的生物合成提供了理论依据。根据“操纵子学说”对酶的发酵生产过程进行适当的调节控制，可显著提高酶的产率，极大促进了酶发酵生产技术的发展。

20 世纪 80 年代出现的动植物细胞培养技术，为酶的生产提供了一条新途径。动植物细胞可以在人工控制条件的生物反应器中进行培养，通过细胞的一系列生命活动，得到人们需要的酶。如通过植物细胞培养可获得超氧化物歧化酶、木瓜蛋白酶、木瓜凝乳蛋白酶、过氧化物酶、糖苷酶、糖化酶等；通过动物细胞培养可获得血纤维蛋白溶酶原激活剂、胶原酶等。

（三）酶的改性

随着酶工程的发展和应用领域不断扩大，酶在应用过程中的不足也逐渐体现。例如酶活力低、稳定性差、产品分离纯化困难等。

通过各种方法对酶的催化特性进行改进的技术称为酶的改性（enzyme improving）。酶的改性技术主要有酶分子修饰（enzymatic molecular modification）、酶固定化（immobilization of enzymes）和酶的非水相催化（non - aqueous enzymatic catalysis）等。

1. 酶分子修饰

通过各种方法使酶分子的结构发生某些改变，从而改变酶的某些特性和功能的过程称为酶分子修饰。它是根据酶分子的结构特点和催化特性，通过合理设计对酶进行改造，获得具有新的催化特性的酶。修饰方法主要有：酶分子主链修饰、酶分子侧链基团、酶分子组成单位置换修饰、酶分子中金属离子置换修饰和物理修饰等。

通过酶分子修饰，可以提高酶活力，增加酶的稳定性，改变酶的底物专一性，消除或降低酶的抗原性等。酶分子修饰技术已经成为酶工程中具有重要意义和应用价值的研究领域之一。

2. 酶固定化

酶固定化是通过各种方法将酶固定在载体上，制备得到在一定的空间范围内进行催化活动

的固定化酶的技术过程。固定化酶具有稳定性高、易从反应系统中分离、易于控制、能反复多次使用等优点。固定化技术较为繁杂，且用于固定化的酶首先要经过分离纯化。为了省去酶分离纯化的过程，在固定化酶的基础上出现了“固定化菌体技术”（又称为固定化死细胞或固定化静止细胞）和“固定化细胞技术”（又称为固定化活细胞或固定化增殖细胞），并成功应用于α-淀粉酶、蛋白酶、糖化酶、果胶酶、溶菌酶、天冬酰胺酶等酶的生产。

胞内酶等许多产物由于受到细胞壁等诸多扩散障碍的阻碍，很难向胞外扩散，若能除去细胞壁，就有可能使更多的胞内产物分泌到细胞外。为此，“固定化原生质体技术”的研究成为了一个新热点，为胞内酶的连续生产开辟了新途径。

3. 酶的非水相催化

非水相酶催化是指酶在非水介质中进行的催化作用。与水溶液中相比，酶在非水介质中的催化具有提高非极性底物或产物的溶解度、催化在水溶液中无法进行的合成反应、减少产物对酶的反馈抑制作用、提高手性化合物不对称反应的对映体选择性等优点。

近年来，酶非水相催化的研究十分活跃，主要集中在非水介质中酶学基本理论、结构与功能以及酶催化反应的应用研究三个方面。据报道，脂肪酶、酯酶、蛋白酶、纤维素酶、淀粉酶等水解酶类，过氧化物酶、过氧化氢酶、醇脱氢酶、胆固醇氧化酶、多酚氧化酶、细胞色素氧化酶等氧化还原酶类和醛缩酶等转移酶类中的几十种酶在适宜的有机溶剂中均具有较好的催化活性。

目前，非水相中酶的催化作用已广泛应用于药物、生物大分子、肽类、手性化合物化学中间体和非天然产物等物质的有机合成，引起人们的极大关注。

（四）极端酶

极端微生物是天然极端酶的主要来源，极端微生物由于长期生活在极端的环境条件下，为适应环境，在其细胞内形成了多种具有特殊功能的酶，即极端酶。极端酶能在各种极端环境中发挥生物催化作用，它是极端微生物在极其恶劣环境中生存和繁衍的基础。根据极端酶所耐受的环境条件不同，可分为嗜热酶、嗜冷酶、嗜盐酶、嗜碱酶、嗜酸酶、嗜压酶、耐有机溶剂酶、抗代谢物酶及耐重金属酶等。

目前，有关极端酶结构和功能的统一机制尚不完全清楚，导致其广泛应用受到很大限制，目前仅有小部分极端酶被分离纯化和应用于工业生产。进一步加强对极端酶稳定机制的基础性研究，并将新的生物技术引入极端酶工程领域将是今后的主要研究方向：

（1）基础研究方面　极端酶稳定性结构因素的定性和定量研究，基因表达调控元件的研究，受体限制障碍解决方法的探讨，异源表达宿主与极端酶在辅助因子和金属离子的需求不一致的解决途径的研究等。

（2）极端酶工程研究方面　优化极端酶的筛选方法，分离和提纯更多的极端酶；开展基因重组和基因突变技术，建立极端酶基因突变文库，对极端酶进行修饰和改造，优化极端酶的稳定性和催化性能；利用蛋白质工程技术、计算机设计计算等合成新型极端酶。

（3）设计新型的生物反应器　为极端酶的工业化生产提供保障。

（五）人工合成酶、模拟酶及分子印迹酶

模拟生物分子的分子识别和功能是当今最富挑战的课题之一，在分子水平上模拟酶对底物的识别与催化功能，也引起各国科学家的广泛关注。由于人工模拟酶在阐述酶的结构和催化机制方面所发挥的重要作用及其潜在的应用价值，人工模拟酶已经成为化学、生命科学以及信息

科学等多学科及其交叉领域共同关注的焦点。

一般来说，模拟酶的研究就是吸收酶中那些起主导作用的因素，利用有机化学、生物化学等方法设计和合成一些较天然酶简单的非蛋白质分子或蛋白质分子，并以这些分子作为模型来模拟酶对底物的结合和催化过程。模拟酶是在分子水平上模拟酶活性部位的形状、大小及其微环境的结构特征，以及酶的作用机制和立体化学特性的一门科学。

合成酶分为半合成酶和全合成酶，半合成酶是以天然蛋白质或酶为母体，用化学和生物学方法引入适当的活性部位或催化基团，或改变其结构，从而形成一种新的人工合成酶。全合成酶指通过引入酶的催化基团与控制空间构象，像自然酶那样能选择性地催化化学反应的一种有机物。

分子印迹酶是通过分子印迹技术产生类似于酶的活性中心的空腔，并在空腔内诱导产生催化基团，与底物定向排列，从而对底物实现有效结合和催化的一种“人工模拟酶”。

在人工模拟酶研究领域，分子印迹酶面临的最大挑战之一是如何利用此技术来模拟复杂的酶活性部位，使其最大程度地与天然酶相似。人工模拟酶的研究是生物与化学交叉的重要领域之一，研究人工酶模型可以比较直观地观察与酶的催化作用相关的各种因素，是实现人工合成高性能模拟酶的基础，具有重要的理论和实践意义。

（六）生物酶工程技术

1. 基因工程、蛋白质工程与酶定向进化技术

运用基因工程技术可以改善原有酶的各种性能，如提高酶的产量、增加酶的稳定性、使酶适应高温或低温环境、提高酶在有机溶剂中的反应效率、使酶在后提取工艺和应用过程中更容易操作等。还可以将原来由有害的、未经批准的微生物产生的酶的基因，或由生长缓慢的、动植物产生的酶的基因克隆到安全的、生长迅速的、产量高的微生物体内。运用基因工程技术还可以通过增加编码该酶的基因拷贝数来提高微生物产酶效率。

DNA 重组技术的发展与应用使不同基因或基因片段的融合可以方便地进行，融合蛋白经合适的表达系统表达后，即可获得由不同功能蛋白拼合在一起而形成的新型多功能蛋白。目前，融合蛋白技术已被广泛应用于多功能酶的构建与研究中，并已显现出较高的理论及应用价值。细胞内蛋白质的合成、泛素酶的发现和蛋白质的相互作用研究，以及蛋白质组学的研究使得人们越来越认识到蛋白质之间的相互作用远比我们想象的更为复杂。

酶定向进化技术（directed enzyme evolution）是模拟自然进化过程（随机突变、基因重组和自然选择），在体外进行基因的人工突变，建立突变基因文库，在人工控制条件的特殊环境下，定向选择得到具有优良催化特性的酶的突变体的技术过程。

酶蛋白的结构与功能关系的研究，为对酶进行再设计与定向加工，发展更优良的新酶或新功能酶奠定了基础。分子酶设计可以采用定点突变和体外分子定向进化两种方式对天然酶分子进行改造。从而使几百万年的自然进化过程在短期内得以实现。采用体外分子定向进化的方法改造酶蛋白已在短短几年内取得了令人瞩目的成就。

酶定向进化具有下列显著特点：①酶的定向进化不需要事先了解酶的结构、催化功能、作用机制等有关信息，应用面广；②通过 DNA 重排、易错聚合酶链反应 PCR、全基因组重排等技术，在体外人为地进行基因的随机突变，短时间内可以获得大量不同的突变基因，建立突变基因文库；③在人工控制条件的特殊环境下进行定向选择，进化方向明确，目的性强，效果显著。

随着研究的不断深入，以及基因组、后基因组时代的到来和重组酶生产技术的开发，必将会有更多的新酶蛋白被发现，并引起酶及其应用领域的新突破。

2. 分子酶学

酶的高度催化活性以及酶在工业上应用带来的巨大经济效益，促使人们不断对核酸酶、抗体酶和杂交酶进行深入研究，以扩大和提高酶的使用性能。

核酸酶（nuclease）同时具有信使编码功能和催化功能，实现遗传信息的复制、转录和翻译，是生命进化过程中最简单、最经济、最原始的加工方式。核酸酶具有核苷酸序列的高度专一性，具有很大的应用价值，只要知道某种核酸的核苷酸序列，就可以设计并合成出催化其自我切割和断裂的核酸酶。例如，动植物及人类许多致病病毒的基因组由核酸组成，根据这些基因组的全部序列，就可设计并合成出防治这些疾病的核酸酶，如流感、肝炎、遗传病，甚至癌症、艾滋病等。

抗体酶（abzyme）是一类具有催化能力的免疫球蛋白，其催化效率远比模拟酶高。理论上，只要能找到合适的过渡态类似物，几乎可以为任何化学反应提供全新的蛋白质催化剂——抗体酶。目前抗体酶除了能催化水解反应外，还能催化合成反应、交换反应、闭环反应、异构化反应、氧化还原反应等。此外，与模拟酶相比，抗体酶表现出一定程度的底物专一性和立体专一性，且能在体内执行催化功能，已经应用于酶作用机制的研究、手性药物的合成和拆分、抗癌药物的制备等领域。

目前人们正致力于进一步提高抗体酶的催化效率，期望在深入了解酶的作用机制，以及抗体和酶的结构和功能的基础上，能够真正按照人们的意愿，构建出具有特定催化活性和专一性的、能满足各种不同需求的抗体酶。

杂交酶（hybrid enzyme）是在蛋白质工程应用于酶学研究的基础上兴起的技术，是指由来自两种或两种以上的酶的不同结构片段构建成的新酶。杂交酶的出现及其相关技术的发展，为酶工程的研究和应用开创了一个新的领域。

3. 酶标药物

以往，人们只是根据某些化合物对某种疾病的治疗作用作为设计药物的线索，大量合成类似物，并从中进行广泛筛选，试图获得某种疗效最好的药物。如今，人们可以根据药物在生物体内可能的作用目标，如酶或受体，来设计药物，由此获得的药物被称为酶标药物。目前，这种方法已在新药设计中广泛使用。

4. 糖生物学和糖基转移酶

糖类是自然界分布最广的生物分子，复合糖类是生物体内除蛋白质和核酸以外的又一类重要的生物信息大分子。复合糖类中的糖链在受精、发育、分化、神经系统和免疫系统恒态的维持方面起着重要作用；也与机体老化、自身免疫疾病、癌细胞异常增殖和转移、病原体感染等生命现象密切相关。

糖生物学中所有重大课题都离不开糖链的生物合成，而糖链的生物合成必须有糖基转移酶（glucosyl transferase）的参与。因此，有关糖基转移酶的研究倍受人们重视，成为酶工程领域的又一个热点课题，有关糖基转移酶的分布和定位、分子结构和家族、分子克隆和表达、酶的调控和缺失等方面的研究，已经取得很多引人注目的成果。

（七）酶化学技术

由于酶高效和专一的催化作用，生物能够在常温、常压等温和条件下，生产出许多复杂的化合物。近年来，随着生物化学、基因工程和发酵工程的发展，学者越来越重视利用酶和微生物细胞来从事化学有机合成，并形成了一个新的研究领域——酶化学技术（chemzyme technology）。

目前，酶在有机合成中的研究和应用的范围不断扩大，已经涉及众多类型的化学反应。例如，C—O 键、C—N 键、P—O 键和 C—C 键的断裂和形成、氧化反应、还原反应、异构化反应以及分子重排反应等。其中在对映体选择性降价、非对映体选择性裂解和手性化合物的合成与拆分等方面，酶显示了巨大的潜力。在实际应用中，涉及的酶主要是水解酶类、氧化还原酶类、裂解酶类、异构酶类和转移酶类等。

（八）酶反应器和酶传感器

以酶或固定化酶为催化剂进行催化反应的装置称为酶反应器。酶反应器的作用是为酶提供适宜的环境，控制酶催化反应的条件和速度，使底物转化为所需要的中间产物或最终产品。酶反应器在常温常压下发挥作用，生产成本、产品质量高。酶反应器是实现工业生物转化的关键设备，广泛应用于食品加工、医药合成、临床检测、生物传感和环境治理等领域。

酶传感器是将酶作为生物敏感基元，通过各种物理、化学信号转换器捕捉目标物与敏感基元之间的反应所产生的与目标物浓度相关的可测信号，实现对目标物定量测定的分析仪器。

与传统分析方法相比，酶生物传感器是由固定化的生物敏感膜和与之密切结合的换能系统组成的，它把固化酶和电化学传感器结合在一起，因而具有独特的优点：它既有不溶性酶体系的优点，又具有电化学电极的高灵敏度和极高的选择性，能够直接在复杂试样中进行测定。因此，酶生物传感器在生物传感器领域中占有非常重要的地位。

研制具有市场潜力的新型酶生物传感器一直是科学家努力的方向。探索与合成更有效的电子介体和性能更优异的聚合物载体材料；寻找方便、高效的酶固定化方法；研究介体和载体材料的结构与性能同酶活性之间关系及电子传递机制；研究固定化酶反应器与多种仪器（HPLC、CE、MS 等）联用以及其兼容性，进而开发响应快速、稳定性好、信号可靠、性能优越的酶生物传感器是这一领域重要的发展趋势。

经过 100 多年的发展，酶工程已经成为生物工程的主要内容，在现代工业生物技术的发展中扮演着越来越重要的角色，并将对全球科技和经济的发展产生重大的推动作用。

第二节　食品酶工程的研究内容与前景

一、食品酶工程的研究内容

食品酶工程的主要任务是经过预先设计，通过人工操作，获得食品工业所需要的酶，并通过各种方法使酶充分发挥其催化功能。食品酶工程的主要研究内容包括食品工业用酶的生产、酶的提取和分离纯化、酶分子修饰和改造、酶的固定化、酶反应器与酶传感器、酶的非水相催化、极端酶、人工模拟酶及酶的应用等。

食品酶工程研究涉及的主要技术方法有：酶的分离纯化、酶的固定化、酶蛋白的化学修饰、侧链修饰、酶的亲和修饰、酶的化学交联、酶分子的定向改造、酶反应器设计等。这些方法旨在提高酶的催化活性，提高酶分子的稳定性、专一性和高效性，其中酶的生产、纯化、分子改造是酶工程的关键环节。层析、超离心分离、紫外红外分析、同位素标记、旋光弥散、射线衍射、核磁共振、冷冻电镜等现代大分子分离与鉴定手段的出现为酶的分离纯化奠定了技术基础，极大促进了食品酶学研究的发展。

食品加工是将食物或可食用的农副产品加工成具有营养、美味、安全、方便的食用产品的过程。由于食物都是复合物或混合物，成分随品种和地区性、季节性而各异，大多是活体，水分含量高且易腐败变质，食品在加工过程中会涉及许多复杂理化变化，受热时营养素破坏、颜色改变、质构变差、风味变坏等，这就为酶工程技术的应用提供了机会。

经过几十年的发展，酶工程技术在食品工业中的应用已经相当广泛，包括乳制品工业、肉制品工业、焙烤工业、饮料和果汁工业、淀粉和糖工业、油脂工业及安全检测等领域，促进了食品新产品的开发，有利于降低生产成本和提高产品质量，保障了食品安全。随着生物技术的日益发展，酶的潜力将进一步得到开发。

随着人们对于食品安全品质的日益注重，安全高效的酶制剂越来越受到食品生产者的青睐。不久的将来，酶技术将会更多更广泛地应用于食品领域，为食品工业的发展做出更大的贡献。

二、食品酶工程的关键技术与研究前景

（一）酶制剂与食品加工过程

食品的组织结构及风味与酶的作用密切相关。不同加工条件下，酶与底物作用效果不尽相同，从而造成食品的不同风味和口感。因此，酶在不同加工过程中的构效关系，是需要研究的关键科学问题。通过整合关键氨基酸及关键位点与酶特性及催化活性的偶联信息，阐明酶分子空间构象与酶特性及催化活性之间的构效关系，为改造酶分子的理化性质提供理论基础。

（二）开发食品加工新型酶制剂

食品加工业种类的增多，使酶制剂在食品中的应用越来越广，同时，食品加工过程中涉及高温、低温、高盐、高压、酸性及碱性等条件，现有的酶制剂不能很好地满足加工过程的需求，因此开发适应多种食品加工条件的新型酶具有重要的意义。

近年来在传统筛选技术基础上，宏基因组技术、宏转录组技术和基于基因组序列数据库发现新酶的数据挖掘技术得到了快速的发展。另外，来源于自然生物资源的酶，通常需对其进行分子水平的改造以满足食品加工业的应用条件。同时，加大对计算生物学、统计学、分子生物学方法的交叉结合，探索酶蛋白结构－功能的内在联系，为科学改造酶分子提供理论依据。

（三）建立食品酶制剂规模表达体系

表达体系的改变可明显提高酶的生产效率，然而体系内带有的抗性标记，给食品带来安全性问题。食品酶制剂生产中，要求生产菌株必须是食品级微生物，不能有非食品级菌种来源的功能性 DNA 片段。在此背景下，经自然选育获得的未经安全认证的菌株，或利用带有抗性基因的游离质粒表达生产酶制剂的菌株，均无法达到食品级的要求，不能满足食品工业应用和发展的需要。

通过分子生物学和遗传学等手段，开发新型的整合型载体和营养缺陷型载体，以及具有优良性状的新型表达宿主菌株，建立安全、高效、稳定的食品酶制剂生产体系，建立食品酶制剂发酵清洁生产工艺、过程检测、信息与控制的定向优化集成技术体系，提高发酵效率，降低酶

制剂生产成本等都是今后的重点研究内容。

（四）研究食品酶制剂作用谱系，开发专用酶制剂

食品种类众多，底物来源及构成各不相同，为了达到理想的酶制剂应用效果，复配技术应运而生。将几种酶制剂混合使用，往往有协同增效作用。食品酶制剂的应用是解决酶制剂合理复配的关键技术问题。以蛋白酶为例，利用高通量的分析技术，快速分析和鉴定不同蛋白酶对不同来源底物的酶解产物，建立不同酶种蛋白酶解产物的数据库，评价和比较不同蛋白酶的酶解特性，并根据酶解特性和数据库预测酶对新的蛋白底物来源分子的酶解情况，从而可以快速筛选合适的单酶或复合酶制剂。

（五）食品酶制剂安全性评价问题

酶制剂自身的安全问题同样影响着食品的安全性。因此，对食品用酶制剂进行安全性评价，是酶制剂行业必须解决的科学问题。

1. 食品酶制剂生产菌株的安全性

用来生产食品酶制剂的动植物和微生物的安全，是确保酶制剂在食品工业中安全使用的前提，尤其是微生物来源的酶制剂，其安全隐患远大于来源于动物和植物的酶制剂。

我国现行批准使用的酶制剂中有近40%没有注明生产来源。因此，需建立食品酶制剂生产菌株安全评价体系，解决菌种来源安全性的关键问题。

2. 食品酶制剂安全生产过程控制

目前我国酶制剂生产无论从原材料、生产设备到生产工艺都相对粗放，使得酶制剂产品质量及其安全性无法得到保证。因此，通过建设原材料采购标准体系，选用精细、符合食品加工要求和相关资质许可的原料，才能从原料的源头控制有害元素（重金属、致病菌等）进入酶制剂的生产体系中。同时，在酶制剂生产过程中，通过对产生的不良气味、污水及废渣进行有效治理，解决酶制剂生产对环境造成的安全性问题。

3. 食品酶制剂的安全制备

在食品酶制剂使用过程中，减少酶粉尘对工人人身和环境的不利影响，是未来非液体酶制剂产品必须考虑的问题。采用低温微囊化技术，使酶制剂产品安全、无粉尘，同时具有良好的稳定性、流动性及使用配伍性，控制酶制剂产品的理化指标，并符合食品卫生标准要求。

食品酶制剂以其催化特性专一、催化速度快、天然环保等特性，在食品工业中扮演越来越重要的角色。开发高效、新型食品用酶制剂，建立食品级规模化表达体系，优化酶制剂发酵清洁工艺，研制和检测专业复合酶制剂，建立食品酶制剂安全性评价体系，对于提高食品品质及安全水平将起到良好的推动作用，也必将产生巨大的经济和社会效益。

思考题

1. 酶学、酶工程、食品酶工程的定义是什么？
2. 酶工程发展历程中，代表性的研究成果有哪些？
3. 食品酶工程的研究热点和发展方向是什么？
4. 根据你的理解，论述酶工程与食品科学的关系。

参考文献

[1] 李斌，于国萍．食品酶工程［M］．北京：中国农业大学出版社，2010.

[2] 袁勤生．酶与酶工程［M］．上海：华东理工大学出版社，2012.

[3] 居乃琥．21世纪酶工程研究的新动向［J］．工业微生物，2001，31（1）：37－45.

[4] 黎高翔．中国酶工程的兴旺与崛起［J］．生物工程学报，2015，31（6）：805－819.

[5] 路福平，刘逸寒，薄嘉鑫．食品酶工程关键技术及其安全性评价［J］．中国食品学报，2011，11（9）：188－193.

[6] 孙万儒．我国酶与酶工程及其相关产业发展的回顾［J］．微生物学通报，2014，41（3）：466－475.

[7] Steiner K，Schwab H. Recent advances in rational approaches for enzyme engineering［J］. Computational & Structural Biotechnology Journal，2011，2（2）：1－12.

[8] Damborsky J，Brezovsky J. Computational tools for designing and engineering biocatalysts［J］. Current Opinion in Chemical Biology，2014，19（1）：8－16.

[9] Otte K B，Hauer B. Enzyme engineering in the context of novel pathways and products［J］. Current Opinion in Biotechnology，2015，35：16－22.

[10] Palomo J M，Filice M. New emerging bio－catalysts design in biotransformations［J］. Biotechnology Advances，2015，33（5）：605－613.

第二章

CHAPTER 2

酶的分类及其化学组成

[内容提要]

本章主要介绍了酶的国际系统分类、酶的编号和命名原则、酶的化学本质及其发现历程、酶的化学组成、酶的结构组成及主要的存在形式。

[学习目标]

1. 掌握酶的国际系统分类及常见酶所属的类别。
2. 掌握酶的编号和命名规则。
3. 了解酶的化学本质及其发现历程。
4. 掌握酶的结构组成。
5. 了解酶的主要存在形式。

[重要概念及名词]

辅酶、辅基、酶的一级结构、酶的二级结构、亚基、酶的四级结构、单体酶、寡聚酶、多酶复合体、多酶融合体。

酶的种类繁多，迄今为止已发现4000多种，而生物体内酶的数量远多于此。随着酶学研究的发展，不断有新酶被发现。在酶学研究初期，尚没有一个系统的分类和命名法则，酶的名称都是沿用习惯的称谓，绝大多数是依据酶催化作用的反应底物来命名的，如脂肪酶、淀粉酶、蛋白酶等。有时也根据酶所催化的反应性质来命名，如氧化酶、转氨酶等。此外，有的还在这些基础上加上酶的来源或酶的其他特点来对其进行命名，如胰蛋白酶、胰凝乳蛋白酶、胃蛋白酶等。虽然这些命名方法沿用时间很长，但存在严重的局限性，表现在酶的分类和命名都很混乱，缺乏系统性和科学性，有时会出现一酶数名或一名数酶的情况。为了研究和使用的方便，需要对已知的酶加以分类，并给以科学名称。1961 年，国际生物化学学会酶学委员会推荐了一套新的系统命名方案及分类方法，并被国际生物化学学会所接受，目前该命名和分类方法已经得到普遍认可和广泛应用。

生命系统是由数以万计的化学反应组成的，而几乎所有的反应都是在高效、专一的酶催化下进行的。自从发现酶的活性以来，对其化学本质的探究一直是科学家关注的焦点。1926 年，Summer 从刀豆中分离获得了脲酶结晶，并提出酶的化学本质就是蛋白质。后来 Northrop 相继得到了胃蛋白酶、胰蛋白酶和胰凝乳蛋白酶的结晶，进一步确认了酶的蛋白质本质。但该结论在 1981 年随即被推翻，Cech 等人发现 RNA 分子在没有蛋白质存在的情况下可以催化其自身的剪接。1994 年，Breaker 发现 DNA 同样也具有催化活性。人们因此将这类具有酶的催化特性、而在本质上是核酸的分子定名为核酶（Ribozyme）。核酶的发现，从根本上改变了以往只有蛋白质才具有催化功能的概念，使人们对于酶的化学本质有了更为全面深入的了解。近年来，随着 X－射线衍射及核磁共振技术的发展，更多的酶蛋白晶体结构被解析出来，使得从分子层面揭示酶的结构组成变为现实。本章重点介绍有关酶的系统分类、化学及结构组成的基本概念和相关知识，为后续酶催化机制和催化反应动力学内容的学习奠定基础。

第一节　酶的分类和命名

一、 酶的分类

（一） 国际系统分类法

1961 年，国际酶学委员会（Enzyme Committee，EC）根据已知的酶催化反应类型和作用的底物，将酶划分为氧化还原酶类、转移酶类、水解酶类、裂合酶类、异构酶类、合成酶（或连接酶）类六大类，其各自催化的反应类型如下：

1. 氧化还原酶类

氧化还原酶类（oxidoreductases）指催化底物进行氧化还原反应的酶类，是一种催化电子由一个分子（即还原剂，又称氢受体或电子供体）传送往另一个分子（即氧化剂，又称氢供体或电子受体）的酶。这类酶在体内参与氧化产能、解毒和某些生理活性物质的合成，在生命过程中起着重要的作用。在生产实践中，该类酶的应用也十分广泛。重要的氧化还原酶类包括各种脱氢酶、氧化酶、氧合酶、过氧化物酶、细胞色素氧化酶等。在国际分类系统中，根据其作用供体的不同，将其详细划分为 23 个亚类。而按照习惯分类法，通常将其粗略划分为 4 个亚类：

（1）脱氢酶　催化直接从底物上脱氢的反应。反应通式：$AH_2 + B \rightleftharpoons A + BH_2$。其中 AH_2 是氢的供体，B 是氢的受体。

在酵母菌培养发酵生成酒精的系列酶促反应中，有一种醇脱氢酶，发酵时醇脱氢酶催化乙醛加氢转变成乙醇。此外，乳酸脱氢酶也是典型的脱氢酶，它能催化乳酸脱氢，变成丙酮酸（图 2－1），是参与糖酵解反应的重要酶类，广泛存在于各器官、组织中。乳酸脱氢酶还可以

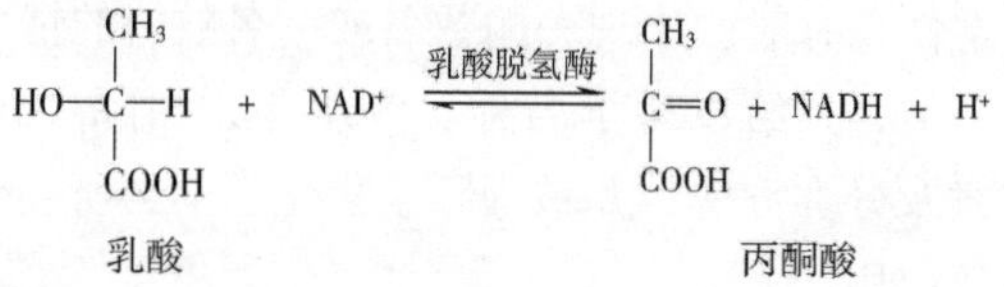

$$HO-CH(CH_3)-COOH + NAD^+ \xrightleftharpoons{乳酸脱氢酶} CH_3-C(=O)-COOH + NADH + H^+$$

乳酸　　　　丙酮酸

图2－1　乳酸脱氢酶催化乳酸氧化生成丙酮酸

帮助医生诊断疾病。当人患肝炎、癌症、心肌梗死时，乳酸脱氢酶活力相应增高。

（2）氧化酶　催化反应底物脱氢，并氧化生成水或过氧化氢。它又可以分成两类：第一类是需氧脱氢酶类，反应通式：$A_2H + O_2 \rightleftharpoons A + H_2O_2$，如葡萄糖氧化酶，它能催化葡萄糖氧化变成葡萄糖酸，并产生过氧化氢。在制作罐头时，可以用葡萄糖氧化酶使罐头瓶里的氧气变成过氧化氢，延长罐头的保存时间。第二类是催化底物脱氢并氧化生成水的酶类，反应通式：$2A_2H + O_2 \rightleftharpoons 2A + 2H_2O$，如在动植物中分布较广的多酚氧化酶。生活中，我们都见到过这样的现象：苹果切开放置一段时间，其切面上会出现褐色，这就是多酚氧化酶氧化反应底物的结果。

（3）过氧化物酶　这类酶以 H_2O_2 等作为氧化剂催化氧化还原反应。该类酶存在于高等生物的过氧化物酶体中，负责 H_2O_2 和过氧化物的分解转化。常见的有过氧化物酶和过氧化氢酶。

（4）氧合酶　和氧化酶不同，氧合酶催化氧原子直接插入有机分子，如儿茶酚 1，2－双氧合酶等。

2. 转移酶类

转移酶类（transferases）能催化反应物中一些基团的转移。反应通式：$A-R+C \rightleftharpoons A+C-R$。在国际系统分类法中包含了 10 个亚类。这类酶包括：碳基转移酶、酮醛基转移酶、酰基转移酶、糖苷基转移酶、烃基转移酶、含氮基转移酶、含磷基转移酶和含硫基团转移酶等。如转移氨基的天冬氨酸转氨酶，它能把天冬氨酸上的氨基转移到酮基戊二酸上，使酮基戊二酸变成草酰乙酸，天冬氨酸变为谷氨酸（图 2－2）。转磷酸基的己糖激酶，能把磷酸基转到葡萄糖分子上，使葡萄糖磷酸化，而 ATP 转变成 ADP，同时释放能量，供机体利用。转移酶在生物体内参与核酸、蛋白质、糖类及脂肪等的代谢，对核苷酸、核酸、氨基酸、蛋白质等的生物合成有重要作用，并可为糖、脂肪酸的分解与合成准备各种关键性的中间代谢产物。此外，转移酶类还能催化诸如辅酶、激素和抗生素等生理活性物质的合成与转化。

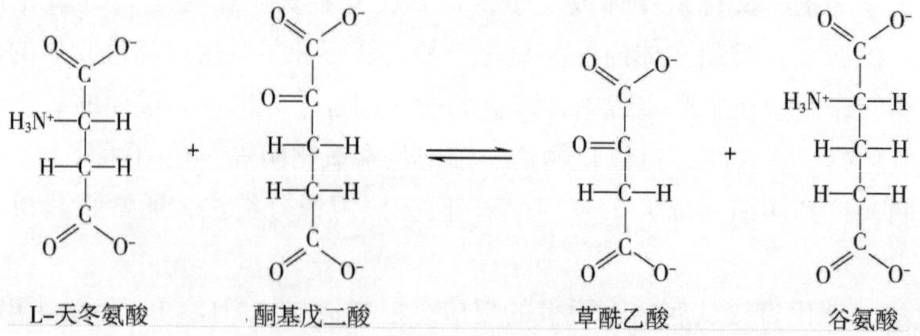

$$^-OOC-CH(NH_3^+)-CH_2-COO^- + ^-OOC-C(=O)-CH_2-CH_2-COO^- \rightleftharpoons ^-OOC-C(=O)-CH_2-COO^- + ^-OOC-CH(NH_3^+)-CH_2-CH_2-COO^-$$

L-天冬氨酸　　酮基戊二酸　　草酰乙酸　　谷氨酸

图2－2　天冬氨酸转氨酶催化氨基转移反应

3. 水解酶类

水解酶类（hydrolases）是目前应用最广的一类酶，它催化的是水解反应或水解反应的逆反应，反应通式：$A - B + H_2O \rightleftharpoons A - H + B - OH$。该类酶可催化水解酯键、硫酯键、糖苷键、肽键、酸酐键等化学键，在体内外起降解作用。常见的有酯酶、淀粉酶、脂肪酶、蛋白酶、糖苷酶、核酸酶、肽酶等。水解酶反应过程中一般不需要辅酶的参与。按照其所催化反应底物的不同，水解酶可具体分为以下几类：

（1）作用于酯类的酶　常见的有脂肪酶和磷酸酯酶。脂肪酶存在于人体的消化液、植物的种子和多种微生物中。工业上用此类酶来进行油脂改性、羊毛脱脂，医疗上作为消化剂。磷酸酯酶在医疗中用来诊断疾病，例如佝偻病、骨软化病、甲状腺功能亢进等病人的血清中碱性磷酸酯酶活性相应增高。磷酸二酯酶催化磷酸二酯水解，生成相应磷酸单酯及醇化合物的反应过程如图 2－3 所示。

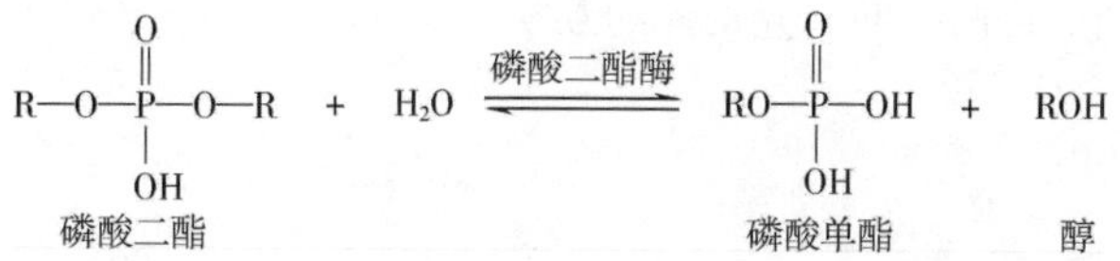

$$\underset{\text{磷酸二酯}}{R-O-\overset{\overset{\displaystyle O}{\|}}{\underset{\underset{\displaystyle OH}{|}}{P}}-O-R} + H_2O \xrightleftharpoons{\text{磷酸二酯酶}} \underset{\text{磷酸单酯}}{RO-\overset{\overset{\displaystyle O}{\|}}{\underset{\underset{\displaystyle OH}{|}}{P}}-OH} + \underset{\text{醇}}{ROH}$$

图 2－3　磷酸二酯酶催化磷酸酯键水解反应

（2）作用于糖类的酶　常见的有淀粉酶、纤维素酶、果胶酶、溶菌酶、蔗糖酶等。其中淀粉酶的应用最广泛，酿酒、制饴、织物退浆、医疗等领域都会用到；果胶酶可用于果酒澄清；蔗糖酶可应用于葡萄糖和果糖的生产中；纤维素酶可以使不能消化吸收的纤维素转变成葡萄糖，还可用于淀粉处理、动物饲料生产、果汁与蔬菜汁加工等食品工业、饲料工业、造纸工业及纺织工业等；溶菌酶可以溶解革兰阳性菌的细胞壁，对其有较强的杀灭作用，防止食品变质。目前，溶菌酶在食品保鲜（特别是奶酪、清酒生产）、医药（药片、胶囊、眼药水、润喉液）、日化（牙膏、化妆品）、婴儿食品（母乳化乳粉）等行业已得到广泛的应用。

（3）作用于蛋白质的酶　比较常见的有胃蛋白酶、胰蛋白酶等。蛋白酶在工业和医疗行业应用广泛。在工业上可用于皮革脱毛、蚕丝脱胶、制备水解蛋白等。生活中用的加酶洗衣粉中添加有蛋白酶，可用来除去衣物污垢中的蛋白质。在医疗中，蛋白酶可用来治疗消化不良、促进伤口愈合等。

4. 裂合酶类

裂合酶（lyases）指能催化一个底物分解为两个化合物或两个化合物合成为一个化合物的酶类。反应通式：$A - B \rightleftharpoons A + B$。这类酶能催化底物进行非水解性、非氧化性分解，可脱去底物上某一基团而留下双键，或可相反地在双键处加入某一基团。该酶催化断裂或合成的主要化学键有 C—C、C—N、C—S、C—X（X = F、Cl、Br、I）和 P—O 键等。裂合酶广泛存在于各种生物体中，重要的裂合酶有谷氨酸脱羧酶、草酰乙酸脱羧酶、醛缩酶、柠檬酸解酶、烯醇化酶、天冬氨酸酶、DDT 脱氯化氢酶、顺乌头酸酶等。图 2－4 所示为醛缩酶催化果糖－1,6－二磷酸生成磷酸二羟丙酮及甘油醛－3－磷酸。

5. 异构酶类

异构酶类（isomerases）能催化各种同分异构体之间相互转化，从而进行化合物的外消旋、差向异构、顺反异构、醛酮异构、分子内转移、分子内裂解等反应。异构酶类主要包括消旋酶、差向异构酶、顺反异构酶、醛酮异构酶、分子内转移酶等，为维持生物体正常代谢所必需的一类酶。其催化反应的通式：$A \rightleftharpoons B$。典型的如葡萄糖异构酶，它能催化葡萄糖转变成果糖，

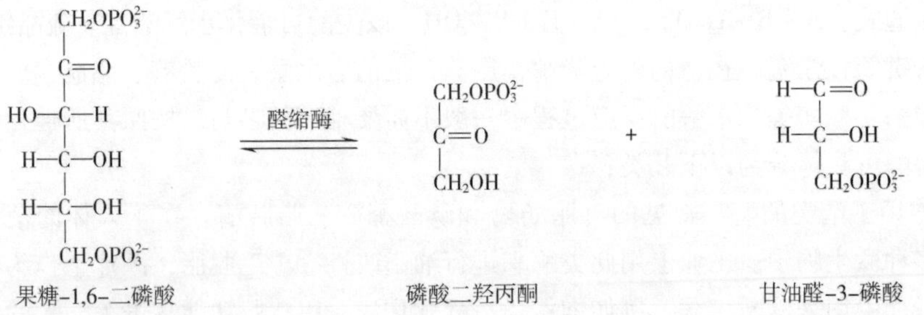

果糖-1,6-二磷酸　醛缩酶　磷酸二羟丙酮　+　甘油醛-3-磷酸

图2-4　醛缩酶催化果糖-1，6-二磷酸生成磷酸二羟丙酮及甘油醛-3-磷酸

增加糖的甜度（图2-5）；磷酸丙糖异构酶作为糖代谢中一种重要的异构酶，它能催化磷酸二羟丙酮和3-磷酸甘油醛这两种同分异构体的互换。

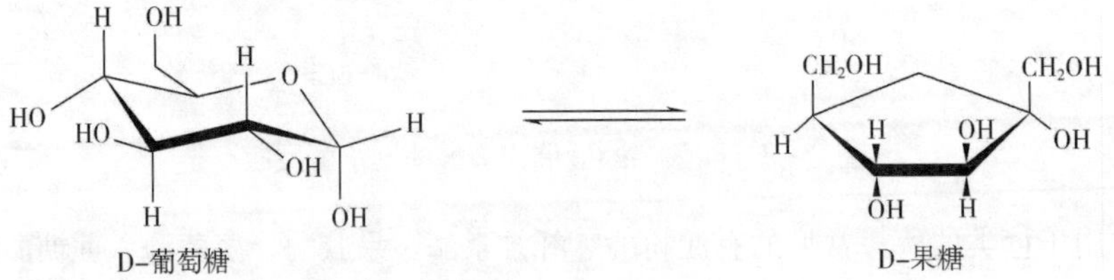

D-葡萄糖　⇌　D-果糖

图2-5　葡萄糖异构酶将葡萄糖异构化产生D-果糖

6. 合成酶类（或连接酶类）

合成酶类（或连接酶类）（ligases or synthatases）能利用三磷酸腺苷（ATP）供能而使两个分子连接的反应，催化反应形成C—O键（与蛋白质合成有关）、C—S键（与脂肪酸合成有关）、C—C键和磷酸酯键等化学键。反应通式：A + B + ATP ⇌ A - B + ADP + Pi。这类酶关系到很多重要生命物质的合成，其特点是需要ATP等高能磷酸酯作为结合能源，有的还需金属离子作为辅助因子。在蛋白质合成中起重要作用的氨基酸活化酶就是合成酶类的成员。它能使氨基酸活化，然后和转移核糖核酸（t-RNA）结合在一起，便于t-RNA把丙酮酸带到核糖体上进一步合成蛋白质。常见的合成酶还有乙酰辅酶A合成酶、谷氨酰胺合成酶、丙酮酸羧化酶等。图2-6所示为胞苷三磷酸合成酶催化鸟苷三磷酸（UTP）合成胞苷三磷酸（CTP）的反应。

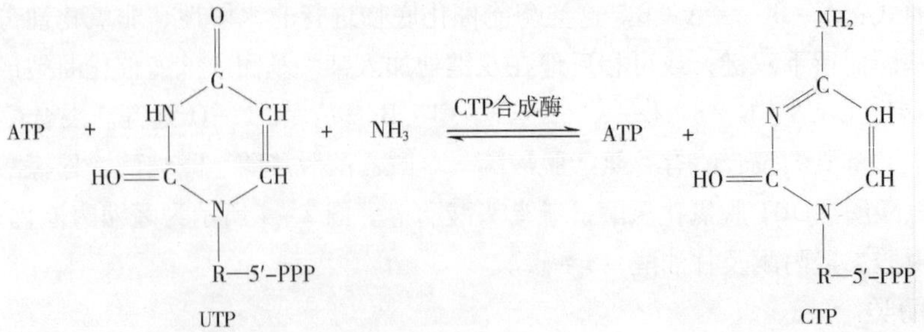

ATP + UTP + NH_3 $\xrightleftharpoons{\text{CTP合成酶}}$ ATP + CTP

图2-6　胞苷三磷酸合成酶催化鸟苷三磷酸（UTP）合成胞苷三磷酸（CTP）

（二）酶的其他分类方法

为了研究和使用方便，有时也依据酶的其他特征把酶划分为不同的类型。如根据酶结构的

复杂性可以把酶分为简单酶类、复合酶类和多酶体系；根据酶蛋白表达的特征把酶分成组成酶、诱导酶、酶原和同工酶；根据酶的来源可以把酶分为动物酶、植物酶、微生物酶和基因工程酶；根据酶在组织中的位置可以把酶分为胞内酶和胞外酶；根据酶的存在状态又可以把酶分为游离酶和固定化酶等。

二、 酶的编号及命名

（一） 酶的编号

根据上述国际系统分类，国际酶学委员会规定每一种酶都有一个由四个数字组成的编号，每个数字之间用“.”分开，并在此编号的前面冠以 EC（Enzyme commission 的简称）。编号中的第一个数字表示该酶所属的大类，分别为：①氧化还原酶类；②转移酶类；③水解酶类；④裂合酶类；⑤异构酶类；⑥合成酶或连接酶类。第二个数字表示在该大类下的亚类。亚类的划分有些是根据所作用的基团，有些则反映了所催化反应的类型。第三个数字表示各亚类下的亚亚类，它更精确地表明酶催化反应底物或反应物的性质。例如氧化还原酶大类中的亚亚类具体指明受体是何种类型（如氧、细胞色素还是二硫化物等）。第四个数字表示亚亚类下具体的个别酶的顺序号，一般按酶的发现先后次序进行排列。例如：EC1. 1. 1. 1 代表乙醇脱氧酶。第一个数字 1 表明这是一种氧化还原酶；第二个数字 1 说明作用于分子中的羟基；第三个数字 1 代表作用的底物是乙醇；第四个数字 1 则是发现的顺序号。根据此规则，每种酶都有自己固有的编号。如己糖激酶为 EC 2. 7. 1. 1，腺苷三磷酸酶是 EC 3. 6. 1. 3，果糖二磷酸醛缩酶是 EC 4. 1. 2. 13，磷酸丙糖异构酶是 EC 5. 3. 1. 1 等。

基于酶的国际分类编号，我们可以从相关酶手册（Enzyme Handbook）、酶数据库中检索到每种酶的结构、特性、活力测定和 K_m 值等相关有用信息，为快速了解该酶的性质提供了极大的便利。

目前，比较著名的《酶的命名和国际分类编号》手册有：

（1） D. Schomburg，M. Salzmann and D. Stephan：Enzyme Handbook 10 Volumes。

（2） Worthington Biochemical Corporation：Enzyme Manual（http：//www. worthington – biochem. com/index/manual. html）。

《酶的命名和国际分类编号》数据库有：

（1） Enzyme Database（http：//www. brenda wnzymes. org）。

（2） Swissprot：ExPASy Enzyme nomenclature database（http：//www. expasy. org/enzyme/）。

（3） IntEnz：Integrated relational Enzyme database（http：//www. ebi. ac. uk/mtenz）。

（二） 酶的命名

目前，酶的命名主要有两种方法，即系统命名法和习惯命名法。具体命名原则如下：

1. 国际系统命名法

按照国际系统命名法，其命名原则如下：

（1）酶的系统名称由两部分构成。前面为底物名，如有两个以上底物则都应该写上，并用“：”分开。如底物之一是水时，则可将水略去不写；后面为所催化的反应名称。例如脂肪酶的系统名称为脂肪：水解酶；谷丙转氨酶的系统名称为丙氨酸：α – 酮戊二酸氨基转移酶。

（2）不管酶催化的是正反应还是逆反应，都用同一名称表示。当只有一个方向的反应能够被证实，或只有一个方向的反应有生化重要性时，自然就以此方向来命名。有时也带有一定的习惯性。例如在包含 NAD^+ 和 NADH 相互转化的所有反应中（$DH_2^+ + NAD^+ \rightleftharpoons D + NADH + H^+$），习惯上都命名为 DH_2^+：NAD^+ 氧化还原酶，而不采用其反方向命名。

此外，各大类酶有时还有一些特殊的命名规则，如氧化还原酶往往可命名为供体：受体氧化还原酶，转移酶可命名为供体：受体被转移基团转移酶等。

2. 习惯名或常用名

通常采用国际系统命名法所得酶的名称非常长，使用起来非常不方便。因此，至今人们使用最多的还是酶的习惯名称。习惯命名的原则有：

（1）根据催化的反应底物来命名，如脂肪酶、淀粉酶、蛋白酶等。

（2）根据酶所催化反应的性质来命名，如氧化酶、脱氢酶等。

（3）结合酶催化的底物和催化反应的类型来命名，如乳酸脱氢酶、谷草转氨酶等。

（4）在上述命名的基础上加上诸如酶的来源或酶的其他特点来命名，如胰蛋白酶、胃蛋白酶等。

第二节　酶的化学组成及结构

一、酶的化学本质

在中国，早在4000多年前的夏禹时代，我国劳动人民就已经在酿酒、制酱、制饴等过程中，无意识地应用了酶的催化作用。虽然古人并不知道酶是何物，也不了解其具体的理化性质，但根据生产和生活的经验积累，已经把酶利用到相当广泛的程度。而真正认识酶的存在和作用，是从19世纪开始的，并在随后的近100年内取得了奠定酶学研究的许多重要结果。1833年，Payen和Persoz从麦芽的水抽提物中用酒精沉淀法得到一种可使淀粉水解生成可溶性糖的物质，称之为淀粉酶（diastase），所得到的这种无细胞制剂具有催化特性和热不稳定性，该研究初步涉及了酶的一些本质问题。1878年Kuhne才给这类物质一个统一的名词，称之为Enzyme，这个词来源于希腊文，意思是“在酵母中”，中文翻译为“酶”或“酵素”。

1926年，美国化学家Sumner首次从刀豆中提取出了脲酶（urease），获得结晶并证实这种结晶能催化尿素分解，证明脲酶具有蛋白质性质。1930～1936年，Northrop和Kunitz相继得到了胃蛋白酶、胰蛋白酶、胰凝乳蛋白酶的结晶，并通过相应方法证实了酶是一种蛋白质后，酶的蛋白质属性才普遍被人们所接受。为此，Sumner和Northrop于1949年共同获得诺贝尔化学奖。到目前为止，被人们分离纯化研究的酶已有数千种，其表现出与蛋白质类似的下列理化性质：

（1）酶的分子质量很大　如胃蛋白酶的分子质量为36ku，L－谷氨酸脱氢酶为1000ku，属于典型的蛋白质分子质量的数量级。且酶的水溶液具有亲水胶体的性质。酶和蛋白质一样，具有不能通过半透膜等胶体物质的性质。

（2）酶经酸碱水解后的最终产物为氨基酸，酶能被蛋白酶水解而失活。

（3）凡使蛋白质变性的因素都可以使酶变性失活。

（4）酶是两性电解质，在不同pH下呈现不同的离子状态，在电场中向某一电极泳动，各自具有特定的等电点。

(5) 酶也有蛋白所具有的化学呈色反应的特性。

然而，1982 年，Cech 等人发现 RNA 分子在没有蛋白质的情况下可以催化其自身的剪接。1994 年，Breaker 发现 DNA 同样也具有催化活性。这些发现打破了一直以来所认为的酶是蛋白质的传统观念，并由此开辟了酶学研究的新领域。人们将这类具有酶的催化特性，本质上又不是蛋白质而是核酸的分子定名为核酶（ribozyme）。核酶的发现，从根本上改变了以往只有蛋白质才具有催化功能的概念。陆续发现某些 RNA 和 DNA 也具有酶的催化功能，使人们进一步认识到，不是所有的蛋白质或核酸都是酶，只有具有催化作用的蛋白质或核酸，才称为酶。为便于表述，在此书中，重点向大家介绍蛋白质组成的酶的一些基本特性。所提及的不同种类酶，其化学本质均为蛋白质组成。有关核酶的内容，在本书中不作为重点介绍。

二、 酶的化学组成

（一） 肽链结构

酶作为一类具有催化功能的蛋白质，与其他蛋白质一样，分子质量很大，小到一万道尔顿，大到百万道尔顿以上。蛋白质由二十种氨基酸组成，一个氨基酸残基的 α - 羧基与另一个氨基酸残基的 α - 氨基之间可以形成酰胺基，即肽键。多个肽键连接的氨基酸形成的长链大分子称为多肽链，多肽链的结构如图 2 - 7 所示。多肽链由不同种类和不同数量的氨基酸按照不同的排列方式以肽键连接而成，酶蛋白分子就是以一条或多条多肽链以不同形式组成的。

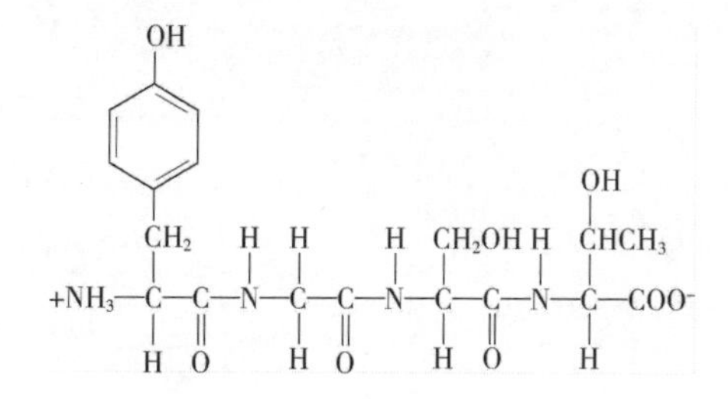

图 2 -7 多肽链结构示意图

（二） 辅酶和辅因子

从化学组成来看，酶可以分为单纯蛋白质和结合蛋白质两类。属于单纯蛋白质的酶类，完全由氨基酸组成，不含其他物质。如脲酶、溶菌酶、脂肪酶和核糖酸酶等。而有些酶除了含有蛋白质成分外，还含有非蛋白质组分，通常称为“辅因子（cofactor）”。这类酶在催化反应时，一定要有辅因子存在并与酶蛋白结合形成复合物才具有催化功能。当二者各自单独存在时，均不表现催化作用。酶的辅因子，包括金属离子（如 Fe^{2+} 、Zn^{2+} 、Fe^{3+} 、Mn^{2+} 等）及有机化合物。根据它们与酶蛋白结合的松紧程度不同，又具体可分为两类，即辅酶（coenzyme）和辅基（prosthetic group）。若辅因子与酶蛋白以共价键相连，称之为辅基，用透析或超滤等方法不能使它们与酶蛋白分开，如核黄素 -5 - 磷酸（FMN）辅基等；反之两者以非共价键相连的称为辅酶，可用上述方法把两者分开，如辅酶 Q、辅酶 A 等。尽管如此，辅酶和辅基之间并无严格的界线。人们常将辅酶和辅基统称为辅酶。大多数辅酶为核苷酸、微生物或它们的衍生物。常见的辅酶有辅酶 A（CoA）、NAD^+ 、$NADP^+$ 、维生素、生物素、磷酸吡哆醇、磷酸吡哆醛等。

每一种需要辅酶的酶蛋白往往只能与特定的辅酶结合，即酶对辅酶的要求有一定选择性，当换另一种辅酶就不具活力。如谷氨酸脱氢酶需要辅酶Ⅰ，若换以辅酶Ⅱ就失去活性。另外，同一种辅酶往往可以与多种不同的酶蛋白结合而表现出多种不同的催化作用。如3－磷酸甘油醛脱氢酶和乳酸脱氢酶都需要辅酶Ⅰ，但各自催化不同的底物脱氢。这说明酶蛋白部分决定酶催化的专一性，辅酶在酶催化中通常是起着电子、原子或某些化学基团的传递作用。此外，结合酶中的金属离子有多方面功能，它们可能是酶活性中心的组成成分；有的可能在稳定酶分子的构象上起作用；有的可能作为桥梁使酶与底物相连接。表2－1所示为一些酶及其金属辅助因子信息。

表2－1 酶及其金属辅助因子

含有或需要金属离子的酶	金属辅助因子
过氧化氢酶	Fe^{2+}或Fe^{3+}（在卟啉环中）
过氧化物酶	Fe^{2+}或Fe^{3+}（在卟啉环中）
细胞色素氧化酶	Fe^{2+}或Fe^{3+}（在卟啉环中）Cu^{+}或Cu^{2+}
琥珀酸脱氢酶	Fe^{2+}或Fe^{3+}（还需要FAD）
铁黄素蛋白	Fe
固氮酶	Fe^{2+}、Mo^{2+}
Mn－超氧化物歧化酶	Mn^{3+}
精氨酸酶	Mn^{2+}
丙酮酸羧化酶	Mn^{2+}、Zn^{2+}（还需生物素）
磷酸酯水解酶类	Mg^{2+}
Ⅱ型限制性核酸内切酶	Mg^{2+}
磷酸转移酶	Mg^{2+}、Zn^{2+}
碳酸酐酶	Zn^{2+}
漆酶	Cu^{+}或Cu^{2+}
酪氨酸酶	Cu^{+}或Cu^{2+}
抗坏血酸氧化酶	Cu^{+}或Cu^{2+}
丙酮酸磷酸激酶	K^{+}（也需要Mg^{2+}）
金属氨肽酶	Zn^{2+}、Mn^{2+}
磷脂酶A2	Ca^{2+}、Zn^{2+}
磷脂酰胆碱特异性磷脂酶C	Zn^{2+}
金属内肽酶类	Zn^{2+}
金属羧肽酶类	Zn^{2+}

三、酶的结构组成

酶作为有催化功能的蛋白质，与其他蛋白质一样，也具有一级、二级、三级和四级结构形式。图 2－8 所示为酶蛋白的结构组成示意图。酶的催化活性依赖于自身蛋白质构象的完整性，假若一种酶被变性或解离成亚基就会失活。因此，酶的空间结构对其催化活性发挥是起重要作用的。

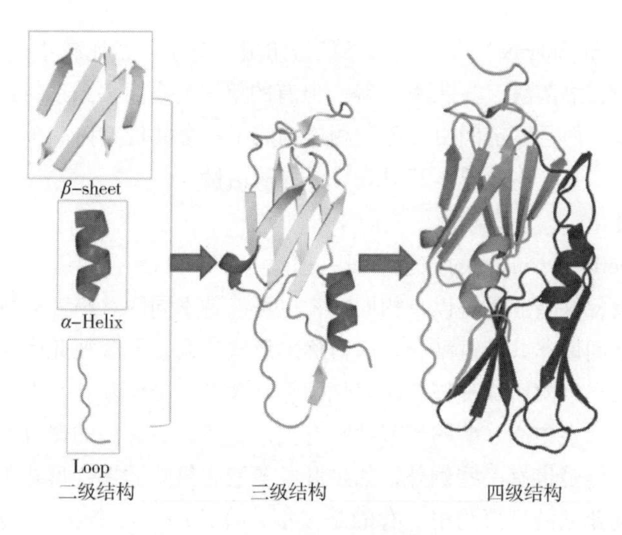

图 2－8　酶蛋白的结构组成示意图

酶的一级结构也称酶的化学结构，指的是酶分子多肽链共价主链的氨基酸排列顺序。酶的一级结构决定了侧链之间的各种相互作用，包括疏水键、氢键、离子键、二硫键、配位键、范德华力等，并因此决定了酶的空间结构。

酶的二级结构是指它的多肽链中有规则重复的构象，仅限于主链原子的局部空间排列，并不包括与肽链其他区段的相互关系及侧链构象。典型的二级结构主要有 α－螺旋（α－helix）、β－折叠（β－sheet）、β－转角（β－turn）、无规则卷曲（loop）等。二级结构通过骨架上的羰基和酰胺基团之间形成的氢键来维持。氢键是稳定二级结构的主要作用力。

酶的三级结构，又称为亚基（subunit），是在二级结构的基础上进一步盘绕，折叠形成特定的球状分子构象。三级结构主要是靠氨基酸侧链之间的疏水相互作用、氢键、范德华力和静电作用来维持。值得指出的是：由两个半胱氨酸的巯基脱氢形成的二硫键对酶蛋白结构稳定性具有重要的影响。二硫键可以在一条肽链内形成，也可以在两条不同的肽链之间形成。二硫键的存在对于酶结构稳定性及环境耐受性（如温度、pH 等）发挥重要的作用。酶的三级结构具有以下一些特征：①结构中包含多种二级结构单元；②形成紧密的三维球状结构；③在折叠的过程中，疏水侧链埋藏在分子内部，形成疏水区，极性侧链暴露在分子表面，形成亲水区。极性基团的种类、数目、排布决定酶的功能；④酶分子表面内陷孔穴的疏水区往往是酶的活性部位，赋予酶以催化活性和专一性特征。

酶的四级结构是指各亚基在寡聚酶中的空间排布及其相互作用。当然，寡聚酶中各亚基又有各自的三维构象，但在分析酶的四级结构时通常不考虑亚基的内部几何形状。维持酶蛋白四级结构的主要作用力是疏水键。在少数情况下，共价键和离子键等也参与维持四级结构，氢键、范德华力仅起次要作用。

四、 酶的存在形式

酶有多种存在形式，根据酶蛋白分子的特点，可将酶分为以下四类：

（一） 单体酶

单体酶（monomeric enzyme）一般由一条肽链组成，分子质量比较小，在35ku以下，没有四级结构。如脂肪酶、溶菌酶、羧肽酶A等。但有的单体酶是由多条肽键组成，如胰凝乳蛋白酶是由三条肽链组成，而且肽链间由二硫键相连构成了一个共价整体。单体酶种类较少，一般多是催化水解反应的酶，大多数单体酶只表现一种酶活性。

（二） 寡聚酶

寡聚酶（oligomeric enzyme）的分子质量一般大于35ku，具有四级结构。它是由两个或两个以上亚基组成的酶，这些亚基可以是相同的，也可以是不同的。绝大多数寡聚酶都含有偶数亚基，亚基与亚基之间以非共价键结合，以对称的形式排列，导致彼此容易分开。但个别寡聚酶含奇数亚基，如荧光素酶、嘌呤核苷磷酸化酶等则含有三个亚基。寡聚酶亚基之间的聚合作用与酶的专一性或酶活性中心、酶的调节性能有关。大多数寡聚酶的聚合形式是活性形式，解聚形式是失活形式，但是也有一些例外，如牛肝谷氨酸脱氢酶的聚合形式为失活状态。特别强调的是，在含有相同亚基的寡聚酶中，有的是多催化部位酶。每个亚基上都有一个催化部位，一个底物与酶的一个亚基结合对其他亚基和底物的结合没有影响，而且对已经结合了底物的亚基也没有影响。换言之，一个带 n 个催化部位的酶和 n 个只有一个催化部位的酶是相等的。值得关注的是，多催化部位酶的游离亚基没有活性，必须聚合形成寡聚酶后才具有活性，所以寡聚酶并不是多个分子的聚合体，而仅仅是一个功能分子。

（三） 多酶复合体

多酶复合体（multienzyme complex）常包括三个或三个以上的酶，组成一个有一定构型的复合体。复合体中第一个酶催化的产物，直接由邻近下一个酶催化，第二个酶催化的产物又作为复合体中第三个酶的底物，如此形成一条结构紧凑的“流水生产线”，使催化效率显著提高。多酶复合体表现出多样化的催化活性，不仅具有调节代谢的作用，在不同条件下表现出不同的催化活性，而且能使催化连续反应的活性中心邻近化，从而提高反应速度，具有较大意义。

纤维素酶多酶复合体普遍存在于厌氧细菌和真菌中。它具有类似核糖体的大分子结构，能协调有序高效地降解木质纤维素。纤维素酶多酶复合体由含有锚定蛋白域（dockerin）的各种木质纤维素酶和脚手架蛋白（scaffoldin）构成。其中脚手架蛋白含有一个或多个黏附域（cohesin）。除此之外，一般来说，脚手架蛋白还包含有C－端锚定蛋白域和纤维素酶家族3特异性纤维素结合域（CBM3a），其对应的功能是将纤维素酶复合体靶向性定位到植物的细胞壁和细菌的细胞外膜上。木质纤维素酶通过锚定蛋白域与脚手架蛋白上的黏附域特异性结合，组装成纤维素酶多酶复合体，并通过木质纤维素酶上的纤维素结合域结合木质纤维素（图2－9）。目前发现的纤维素酶多酶复合体中，不仅含有纤维素酶系，而且还含有半纤维素酶，甚至一些大的纤维素酶多酶复合体中还含有果胶酶。在细胞内各种多酶复合体还可能通过和细胞膜或者细胞器结合在一起，从而组成高效的物质或者能量代谢系统。典型的如叶绿体中Calvin循环多酶复合体。这种复合体与亚细胞结构和生物膜相结合，为“底物穿梭”提供更加便利的通道，继而提高体内蛋白在拥挤环境中的代谢效率。

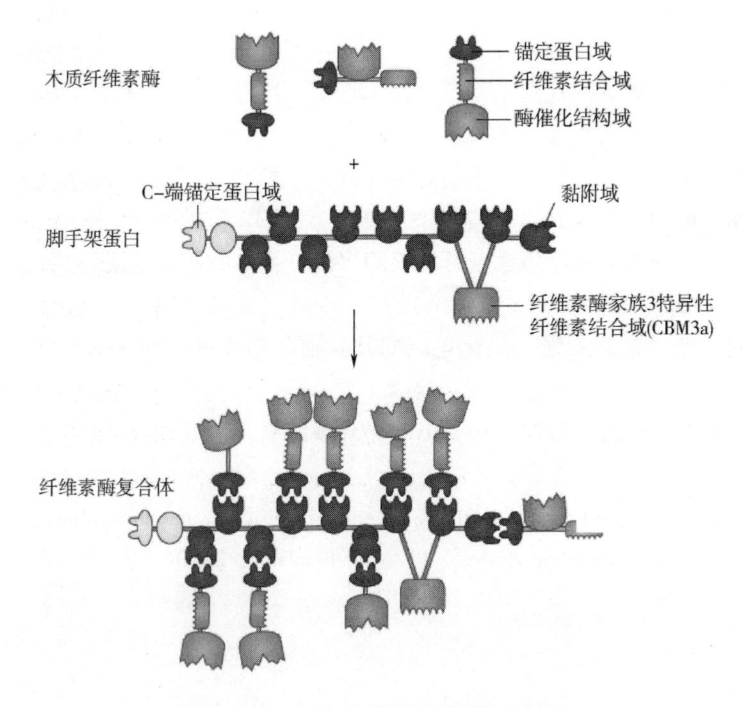

图2-9　纤维素酶复合体组装示意图

（四）多酶融合体

多酶融合体是指一条多肽链上含有两种或者两种以上催化活性的酶，这些酶可以是单体酶，也可以是寡聚酶或者更为复杂的多酶复合体。即其融合了寡聚酶和多酶复合体的特点，具有多种酶活性。目前研究比较透彻的多酶融合体有脂肪酸合成酶系、天冬氨酸激酶Ⅰ-高丝氨酸脱氢酶Ⅰ融合体等。脂肪酸合成酶系是来源于酿酒酵母的脂肪酸合成酶系，由六个α亚基和六个β亚基构成的12聚体，即$\alpha_6\beta_6$。具有八种酶活性，分别为位于α链上的酰基载体蛋白、β-酮酯酰基合成酶、β-酮酯酰基还原酶以及位于β链上的乙酰转酰基酶、丙二酰转酰基酶、β-羟酰基脱水酶、烯酰基还原酶、脂酰基转移酶和软脂酰转酰酶活性，可催化脂肪酸的合成反应。

思考题

1. 按照国际系统分类法，酶可分为哪几大类别？
2. 举例说明酶的国际系统命名法中各个具体编号所代表的涵义是什么？
3. 辅酶和辅基的异同点是什么？其在酶发挥催化功能过程中所起的作用是什么？
4. 试述酶的结构组成及维系该结构的主要作用力。
5. 什么是多酶复合体？多酶复合体存在的生物学意义是什么？

参考文献

[1] 梅乐和，岑沛霖．现代酶工程 [M]．北京：化学工业出版社，2016.

[2] 何国庆，丁立孝．食品酶学 [M]．北京：化学工业出版社，2013.

[3] 王镜岩，朱圣庚，徐长发．生物化学 [M]．北京：高等教育出版社，2005.

[4] 郭兰东．酶的分类 [J]．科学教育，2006，3 (12)：55 - 56.

[5] 杨明明，陈玉林．纤维素酶及纤维素酶多酶复合体的研究进展 [J]．家畜生态学报，2013，34 (5)：1 - 5.

[6] 周春晓，范雪荣，王强．氧化还原酶及其在印染中的应用 [J]．印染，2014 (6)：47 - 50.

[7] 李瑞，陆巍，周玮．叶绿体中 Calvin 循环多酶复合体 [J]．植物生理学通讯，2008，44 (3)：392 - 398.

[8] Fontes C M，Gilbert H J. Cellulosomes：highly efficient nanomachines designed to deconstruct plant cell wall complex carbohydrates [J]．Biochemistry，2010，79 (79)：655 - 681.

CHAPTER 3

第三章 酶的作用机制及活性调控

[内容提要]

本章主要介绍了酶催化作用的特点、酶催化反应专一性机制及主要的学说、酶催化作用的本质、影响酶催化效率的主要因素、常见酶促反应的催化分子机制、酶活性调节的主要控制方式。

[学习目标]

1. 掌握酶催化作用的特点。
2. 掌握与酶催化作用专一性机制相关的锁钥学说和诱导契合学说基本内容。
3. 掌握酶催化作用的本质及中间产物过渡态理论的基本内容。
4. 了解影响酶催化效率的主要因素。
5. 了解常见酶促反应的催化分子机制。
6. 掌握酶活性调节的主要控制方式。

[重要概念及名词]

酶的专一性、酶的活性中心、诱导契合学说、活化能、中间产物过渡态理论、别构调节、酶原激活。

酶是由活细胞产生的一类具有催化功能的生物大分子，在生物体内不仅作为各种复杂生物化学反应的催化剂，也作为生物体内能量转化的中间体。生物体新陈代谢所进行的一切生物化学反应几乎都是在酶的催化下进行的，可以说没有酶就没有生命。大量研究已经证明，酶与化学催化剂相比有其显著的特点，主要体现在催化反应的高效性、专一性、温和性及酶活性可调控性等四个方面。

酶作为生物大分子，不同的分子结构特征，赋予了酶不同的催化特性。酶的分子构象是维持活性中心构象稳定的前提条件，同时，由少数氨基酸残基构成的活性中心负责与底物结合，是催化反应的关键部位。酶催化高度专一性特征的结构基础就在于其特异的底物结合部位决定了其只能与特定结构的底物相结合。酶的催化活性中心通常由酸性氨基酸（天冬氨酸、谷氨酸）、碱性氨基酸（组氨酸、赖氨酸）、亲水性氨基酸（丝氨酸、酪氨酸）、疏水性氨基酸（半胱氨酸）中的几种组成，并通过广义酸碱催化、共价催化、金属离子的催化以及多元催化等方式发生高效催化反应。除此之外，细胞内错综复杂的代谢反应要协调进行，就要求酶在高效催化反应的同时，也必须可控可调。本章将就酶催化特性及专一性机制、酶催化反应的机制及活性调节主要方式等内容进行介绍。

第一节　酶的催化特性及专一性机制

一、 酶的催化作用的特点

（一） 酶作为一般催化剂的特点

酶作为生物催化剂，和一般催化剂相比有其共同性。首先，酶和一般催化剂一样，能加快反应的速率，使之快速达到平衡，但并不改变化学反应的平衡点和平衡常数。其次，酶作为催化剂自身在反应前后也不发生变化。第三，包括酶在内的催化剂都能降低化学反应的活化能。在一个化学反应体系中，因为各个分子所含的能量高低不同，每一瞬间并非全部反应物分子都能进行反应，只有那些具有较高能量、处于活化态的分子（即活化分子）才能在分子碰撞中发生化学反应。反应物中活化分子越多，则反应速率越快。在有催化剂参与反应时，由于催化剂能瞬时与反应物结合成过渡态，降低反应所需的活化能，因而只需较少的能量就可使反应进行。

（二） 酶作为生物催化剂的特点

1. 酶作为生物大分子，容易变性失活

能使蛋白质变性的因素，包括酸、碱、有机溶剂、高温、高压等都可能使酶的结构受到破坏，使酶失去催化活力。因此，酶所催化的反应往往都是在比较温和的条件下进行的（常温、常压和接近中性酸碱环境下）。同时，这也是其在工业应用中相比于化学催化剂的优势所在，可大大降低能耗、减少环境污染。

2. 酶具有很高的催化效率

催化反应的高效性是指极少量的催化剂就可以使大量的物质发生化学反应。酶是自然界中催化活性最高的一类催化剂，其性能远远超过非生物催化剂。酶的催化反应速率比非催化反应速率高出 $10^8 \sim 10^{20}$ 倍，比其他催化反应高 $10^7 \sim 10^{13}$ 倍，且无副反应。酶的催化效率通常用转换数（turnover number）来表示。转换数是指一定条件下，每秒钟每个酶分子转换底物的分子数，或每秒钟每微摩尔酶分子转换底物分子的微摩尔数。大部分酶的转换数为1000，最大可达几十万甚至上百万。例如，铁离子和过氧化氢酶同样都能够催化过氧化氢分解为水和氧气，但铁离子的催化效率仅为 6×10^{-4} mol/（mol·s），而过氧化氢酶的催化效率则为 5×10^{6} mol/（mol·s）。

3. 酶的催化活性可以被调控

有机体的生命活动表现在于它内部化学反应历程的有序性。这种有序性是受多方面因素调控的，一旦破坏了这种有序性，就会导致代谢紊乱，产生疾病，甚至死亡。生物体内一切生化反应都需要酶的催化才能进行，酶活力的可调控性是酶区别于一般催化剂的重要特征。在细胞内，对于酶的调控方式主要有：调节酶的浓度（具体包括诱导或抑制酶的合成、调节酶的降解两种方式）、通过激素调节酶活性、反馈抑制调节酶活性、抑制剂和激活剂对酶活性的调节等。乳糖合成酶是典型的受激素调节的例子。乳糖合成酶有两个亚基：催化亚基和修饰亚基。催化亚基本身不能合成乳糖，但可以催化半乳糖以共价键的方式连接到蛋白质上形成糖蛋白。修饰亚基和催化亚基结合后，改变了催化亚基的底物专一性，可以催化半乳糖和葡萄糖反应生成乳糖。修饰亚基的表达水平是受激素控制的，妊娠时，修饰亚基在乳腺生成；分娩时，由于激素水平急剧变化，修饰亚基大量合成，它和催化亚基结合，从而大量合成乳糖。

除此之外，酶活性的调节还可通过别构调控、酶原激活、可逆共价修饰、金属离子调节等途径来实现，这些调节方式将在本章第三节中具体介绍到。

4. 酶催化具有高度的专一性

酶的专一性是指对参与反应的底物具有严格的选择性，即一种酶只能作用于某一类或某一种特定的底物，具体又包括结构专一性和立体专一性。

（1）结构专一性

①绝对专一性：只作用于单一底物，对其他底物不起作用，如脲酶、生物素羧化酶、转酰基酶等。

②相对专一性：作用于某一类底物。根据其选择情况不同又分为族专一性和键专一性两类。族专一性（基团专一性）不但要求具有一定的化学键，而且对此键两端连接的两个原子基团也有一定的要求。例如肠麦芽糖酶可以水解麦芽糖及葡萄糖苷，它作用的对象，不仅是糖苷键，而且必须是 α－葡萄糖所形成的糖苷键。键专一性只要求作用于一定的键，而对键两端的基团并无严格的要求。这类酶对底物的要求最低。例如酯酶催化酯键的水解，对底物 R—CO—OR′中的 R 及 R′基团都无严格的要求，能催化甘油酯类及乙酰、丙酰、丁酰胆碱中酯键的水解。

（2）立体专一性

①旋光异构专一性：这类酶只对某一种构型的化合物起作用，对其对映体无作用。例如蛋白酶，只能水解 L－氨基酸形成的肽键，对 D－氨基酸无作用。

②几何异构专一性：当底物有几何异构体时，酶只能作用于其中的一种。例如，延胡索酸水化酶只能催化反－丁烯二酸水化生成苹果酸，而对顺－丁烯二酸没有作用。

酶催化的专一性特点使其在实践中具有很重要的应用价值。例如，某些药物只有某一种构型能够被相应受体识别，发挥其应有的生理效应。有机合成的药物一般都是混合构型的产物，而利用酶的立体专一性特点可进行不对称合成或不对称拆分。例如用乙酰化酶制备 L－氨基酸时，将有机合成的 D，L－氨基酸经乙酰化后，再用乙酰化酶进行处理，这时，只有乙酰－L－氨基酸被水解，通过这种方式可将 L－氨基酸与乙酰－D－氨基酸分开。基于酶的反应温和性和立体异构专一性特点进行手性药物拆分已经成为药物合成领域的重要方法。

二、 酶催化反应专一性机制

（一） 酶的活性中心

酶分子中那些与酶活性密切相关的基团称作酶的必需基团（essential group），而其中只有少数的氨基酸残基能与底物特异性结合并催化底物转变为产物，通常将由这些氨基酸残基形成的与酶活性相关的区域称为酶的活性中心（active center）。活性中心内起催化作用的部位称为催化部位或催化位点（active site），与底物结合的部位称为结合部位或结合位点（binding site）。对于大多数酶来说，催化部位和结合部位都不是只有一个，有时可以有多个。有些酶的结合部位同时兼有催化部位的功能。一般而言，组成酶蛋白的各种氨基酸参与构成活性中心的频率是有区别的。其中丝氨酸、组氨酸、半胱氨酸、酪氨酸、天冬氨酸、谷氨酸和赖氨酸七种氨基酸参与组成酶活性中心的频率最高。

值得注意的是，在酶蛋白一级结构上氨基酸顺序相近或相距较远的，甚至是在不同肽链上的氨基酸残基都可构成酶的活性中心。例如，组成 α－胰凝乳蛋白酶活性中心的几个氨基酸残基就分别位于 B、C 两条肽链上，依靠酶分子的空间折叠使这些氨基酸残基集中在酶蛋白的特定区域，从而形成催化活性中心，行使酶的催化功能。对于需要辅因子的酶来说，辅因子或它的部分结构也作为酶活性中心的重要组成部分。

酶活性中心外的必需基团虽然不参与催化反应，却是维持酶活性中心空间构象所必需的。构成酶活性中心的各基团在空间构象上的相对位置对酶活性至关重要，而维持酶的活性中心构象则主要依赖于酶分子空间结构的完整性。假如酶分子受变性因素影响导致空间结构的破坏，活性中心构象也会随着发生改变，甚至会因肽链松散而使活性中心各基团分散，导致酶失活。

酶活性中心的催化部位及结合部位空间构象对于酶的底物选择性具有重要影响，尤其是底物结合部位的作用更为明显。以脂肪酶为例，其活性中心通常位于酶的表面空隙或裂缝处，形成促进底物结合的非极性环境。不同类型脂肪酶的底物结合部位结构各异，由此赋予其不同的底物选择性。由于酯类化合物是由脂肪酸和醇脱水缩合形成的，所以脂肪酶底物结合部位具体又包含了脂肪酸结合部位和醇基结合部位。下面列举四类代表性脂肪酶及其各自结合部位的结构特征，并以此说明底物结合部位结构与底物选择性之间的关系（图 3－1）。第一类，RmL 类脂肪酶：具有较宽的醇基结合裂缝和相对狭小的脂肪酸结合裂缝。例如：米黑根毛霉（*Rhizomucor miehei*）脂肪酶、疏棉状嗜热丝孢菌（*Thermomyces lanuginosus*）脂肪酶、尖孢镰刀菌（*Fusarium oxysporum*）脂肪酶；第二类，CaLA 类脂肪酶：具有细长的脂肪酸碳链结合通道和较宽的醇基结合裂缝。例如：南极假丝酵母（*Candida antarctica*）脂肪酶 A、粗糙假丝酵母（*Candida rugosa*）脂肪酶；第三类，CaLB 类脂肪酶：具有较宽的脂肪酸结合裂缝和狭小的醇基结合裂缝。例如南极假丝酵母（*Candida antarctica*）脂肪酶 B、玉蜀黍黑粉菌（*Ustilago maydis*）脂肪酶 B；第四类，角质酶类：同时具有较宽的醇基结合裂缝和脂肪酸碳链结合裂缝。例如：腐皮镰孢菌（*Fusarium solani pisi*）角质酶、特异腐质霉（*Humicola insolens*）角质酶。对于由体积较大的醇基碳链组成的酯类底物，RmL 和 CaLA 类脂肪酶表现出较高的反应活性；相反的，CaLB 类脂肪酶对由体积较大的脂肪酸碳链组成的酯类底物表现出较高活力；而由体积较大的脂肪酸和芳香醇共同组成的酯类底物，只能被 CaLB 类脂肪酶的催化活性中心所容纳，从而发生进一步的水解反应。

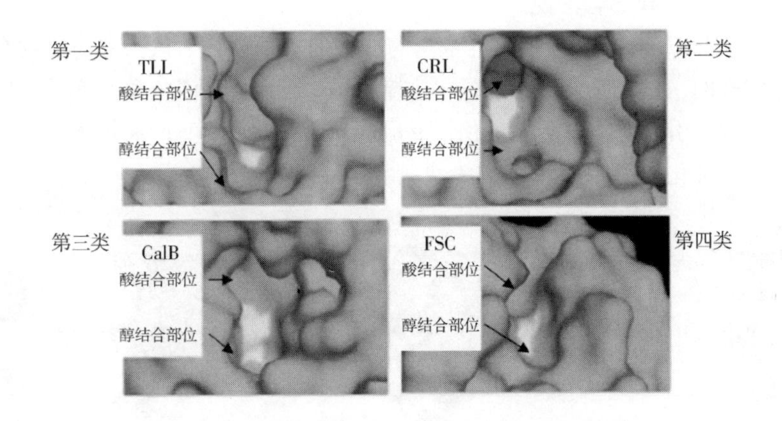

图3－1　四种代表性脂肪酶的活性中心结构特征

注：箭头分别指示其脂肪酸结合部位和醇基结合部位。第一类，RmL类脂肪酶［以疏棉状嗜热丝孢菌脂肪酶（TLL）为例］；第二类，CaLA类脂肪酶［以粗糙假丝酵母脂肪酶（CRL）为例］；第三类，CaLB类脂肪酶［以南极假丝酵母脂肪酶B（CalB）为例］；第四类，角质酶类［以腐皮镰孢菌角质酶（FSC）为例］

（二）酶催化的专一性机制

酶作用的专一性机制有许多学说，主要有锁钥学说和诱导契合学说。这些学说的共同特点是酶的作用专一性必须通过它的活性中心和底物结合后才能表现出来。在酶的催化活性中心，底物被多重的、弱的作用力结合（静电相互作用、氢键、范德华键、疏水相互作用），在某些情况下甚至被可逆的共价键结合。酶结合底物分子，形成酶－底物复合物（enzyme－substrate complex）。酶活性部位的活性残基与底物分子结合，首先将它转变为过渡态，然后生成产物，释放到溶液中。这时游离的酶再与另一分子底物相结合，开始又一轮循环。

1. 酶的刚性与锁钥配合学说

1890年，德国化学家E. Fisher提出“锁钥学说”（lock and key theory）来解释酶的专一性机制（图3－2）。该学说认为酶与底物结合时，酶活性中心的结构与底物的结构必须吻合，只有那些符合这种特征要求的物质，才能作为底物与酶结合。就如同锁与钥匙一样，非常配合地结合形成中间复合物。

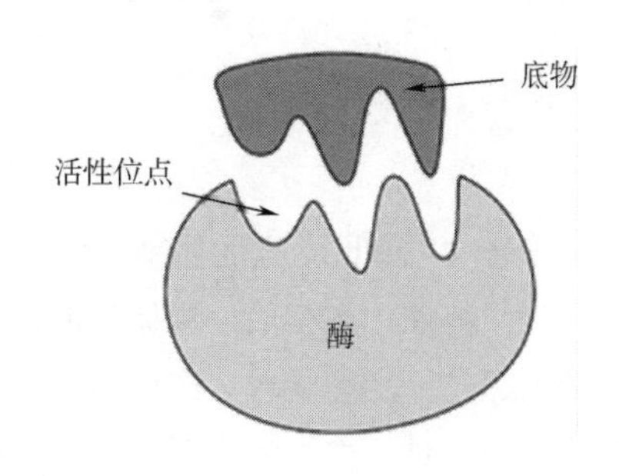

图3－2　酶的锁钥配合学说模型图

这一学说有相当多的事实支持，如乙酰胆碱酯酶催化乙酰胆碱化合物生成乙酸和胆碱。在该酶促反应中，乙酰胆碱酯酶要求底物中的胆碱氮带正电。据此特点可以推测出该酶分子中至少存在有一个阴离子型结合部位与一个酯解部位。事实也的确如此，这两个部位间有严格的距离，胆碱和酰基间多一个或少一个亚甲基的衍生物都不适合用作底物或竞争抑制剂。而符合这种键长、键角要求的化合物却都能与酶结合。

锁匙学说的前提是酶分子具有确定的构象，并具有一定的刚性。但该学说难以解释酶可以催化正逆两个反应。因为产物的形状、结构是与底物完全不同的，这也正是这一学说的局限所在。

2. 酶的柔顺性与诱导契合学说

该学说由 Koshland 于 1958 年提出。依据酶分子的柔顺性，他认为酶与底物在接触以前两者并不是完全契合的，只有底物与酶分子相碰撞时，才可诱导后者构象改变并与底物配合，形成中间复合物，进而引起底物分子发生化学反应（图 3 - 3）。即所谓通过诱导，达到酶与底物的完全契合而发生催化作用。

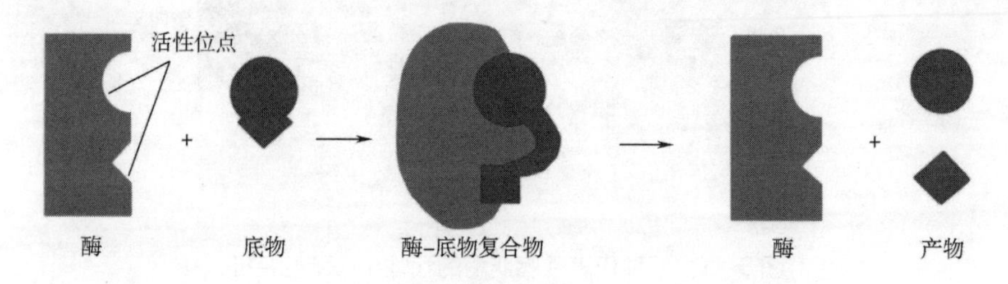

图 3 - 3 酶的诱导契合学说模型图

诱导契合学说的主要观点：①酶分子具有一定的柔顺性；②酶作用的专一性不仅取决于酶与底物的结合，也取决于酶对底物的催化，取决于催化基团的正确取位。该学说认为酶的催化部位要通过诱导才能形成，这可以很好地解释所谓的无效结合，因为这种物质不能诱导催化部位形成。

诱导契合学说不仅能解释锁钥学说不能解释的实验事实，而且已经通过 X - 射线衍射方法获得了溶菌酶、弹性蛋白酶等与底物结合后结构改变的信息，证实了诱导契合学说的可靠性。

第二节 高效酶促反应的催化机制

一、 酶催化作用的本质

（一） 降低反应活化能

与其他催化剂类似，酶促反应的本质在于降低反应活化能。在任何化学反应中，反应物分子必须超过一定的能域，成为活化状态，才能发生反应，形成产物。这种提高低能分子达到活化状态的能量，称为活化能（activation energy）。活化能是指在一定温度下，1mol 反应物达到活化状态所需要的自由能，单位是焦耳/摩尔（J/mol）。催化剂的作用，主要是降低反应所需的活化能，以致相同的能量能使更多的分子活化，从而加速反应的进行（图 3 - 4）。例如过氧化氢的分解反应，在无催化剂时，活化能为 75kJ/mol，当有过氧化氢酶催化时，活化能下降到 8kJ/mol。研究发现，能量每降低 5. 71kJ/mol（典型的氢键在水中的能量是 20kJ/mol），反应速率就能提升 10 倍。活化能降低 34. 25kJ/mol 将导致反应速率提升 10^6 倍。

（二） 酶催化的中间产物过渡态理论

20 世纪 40 年代，Pauling 把过渡态的概念从化学动力学引入生化领域用以解释酶催化反应的原理，由此产生了酶催化的中间产物过渡态理论。对于酶之所以能降低活化能，加速化学反

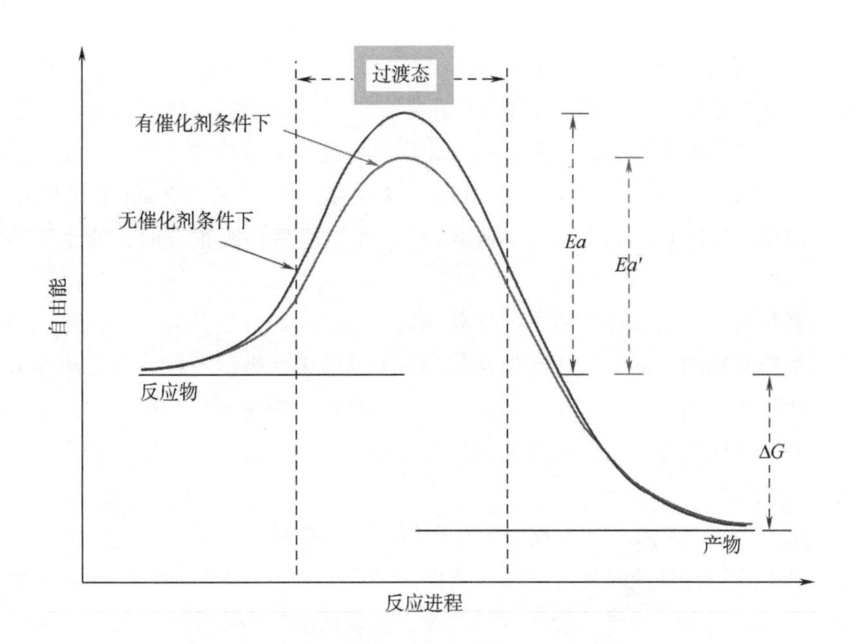

图3-4　催化过程与非催化过程中活化能的比较

Ea—无催化剂条件下的活化能　*Ea'*—催化剂存在下的活化能　Δ*G*—反应过程的自由能变化

应，中间产物过渡态理论给出的解释认为，在酶促反应中，酶（E）总是先与底物（S）形成不稳定的酶-底物复合物（ES），再分解成酶（E）和产物（P）。由于E与S结合，形成ES，致使S分子内的某些化学键发生极化，呈现不稳定状态，称为过渡态（transition state）。任何一个化学反应的进行都必须经过活性中间复合物阶段或者说过渡态阶段，并且反应速度与过渡态底物的浓度成正比。酶的活性中心对过渡态底物有更好的互补性，即酶和过渡态底物有更强的结合力。当底物和酶结合形成过渡态中间产物时，要释放一部分结合能，这部分能量的释放，使得过渡态中间产物处于比E+S更低的能级，整个反应的活化能进一步降低，从而大大加快反应速度。因此，在酶的作用下，使得原本的一步反应变成两步反应，而这两步反应所需的活化能都比原来一步反应时候要低很多。

形成过渡态中间产物是酶催化反应的关键。目前，中间产物过渡态理论已得到实验证据支持。例如用吸收光谱法证明了含铁卟啉的酶，如过氧化物酶催化的反应中，的确有中间产物的形成。因为过氧化物酶的吸收光谱在与过氧化氢作用前后有所改变，说明过氧化物酶与过氧化氢作用后，已经转变成了新的物质。过渡态中间复合物是一种极不稳定的物质，其寿命只有$10^{-12}\sim10^{-10}$s，正常情况下很难捕捉到。但通过低温处理，可以使中间复合物的寿命延长至2d，有些酶同底物结合的中间复合物甚至可以直接用电镜观察或X-射线衍射而证实其存在。

二、影响酶催化效率的主要因素

由上述酶催化反应的实质可看出，在一个催化反应过程中，降低活化能和形成过渡态中间复合物是反应得以进行的前提和关键，任何有助于过渡态形成和稳定的因素都有利于酶发挥其高效催化作用。

（一）底物与酶的邻近和定向效应

酶和底物复合物的形成既是专一性的识别过程，也是分子间反应转变为分子内反应的过程。这一过程具体包括两种效应：邻近效应（approximation）与定向效应（orientation）。

邻近效应是指酶与底物结合形成中间复合物以后，使底物与底物之间（如双分子反应）、酶的催化基团与底物之间相互靠近（邻近），并结合于同一分子，使底物的有效浓度得以极大提高，从而使反应速率大大增加的一种效应。化学反应速度与反应物浓度成正比，反应系统的局部底物浓度增加，则反应速度也相应加快。以双羧酸的单苯基酯分子内催化为例，当—COO—与酯键相距较远时，酯水解相对速度为1，而当两者相距很近时，酯水解速度可增加53000倍。

定向效应是指反应物的反应基团之间以及酶的催化基团与底物的反应基团之间的正确取位产生的效应。酶与底物的定向效应在酶催化作用中非常重要。普通有机化学反应中分子间常常是随机碰撞，难以产生高效率和专一性作用。而在酶促反应中由于活性中心的特定空间构象和相关基团的诱导，使底物分子结合到酶的活性中心部位，同时使作用基团互相靠近和定向，大大提高了酶的催化效率。

另外，“邻近”与“定向”还为反应物分子轨道交叉提供了良好的条件。两个反应物分子为了进入过渡态，它们的反应基团分子轨道需要交叉并伴有极强的方向性。稍稍脱离基团之间的正确方向就要付出多余的能量才能进入过渡态。所以反应物结合在专一的活性部位上给分子轨道交叉提供了良好的条件。如碳酸酐酶催化下列反应：$H_2O + CO_2 \rightleftharpoons HCO_3^- + H^+$。该酶广泛存在于动、植物组织中，是迄今为止已知催化效率最高的酶。人碳酸酐酶分子是一条肽链，含有261个氨基酸残基，肽链卷曲折叠成球形，酶活性部位含Zn^{2+}（图3-5）。Zn^{2+}与酶活性中心的三个组氨酸（His_{94}、His_{96}、His_{119}）侧链上的氮原子配位，第四个配位体是水或羟基。当酶与它的专一性底物反应时，与锌离子配位的水被快速转变为羟基。它精确定位并攻击CO_2分子，随之与CO_2结合。所以碳酸酐酶是一个有效的催化剂，它使底物与它“邻近”，进入活

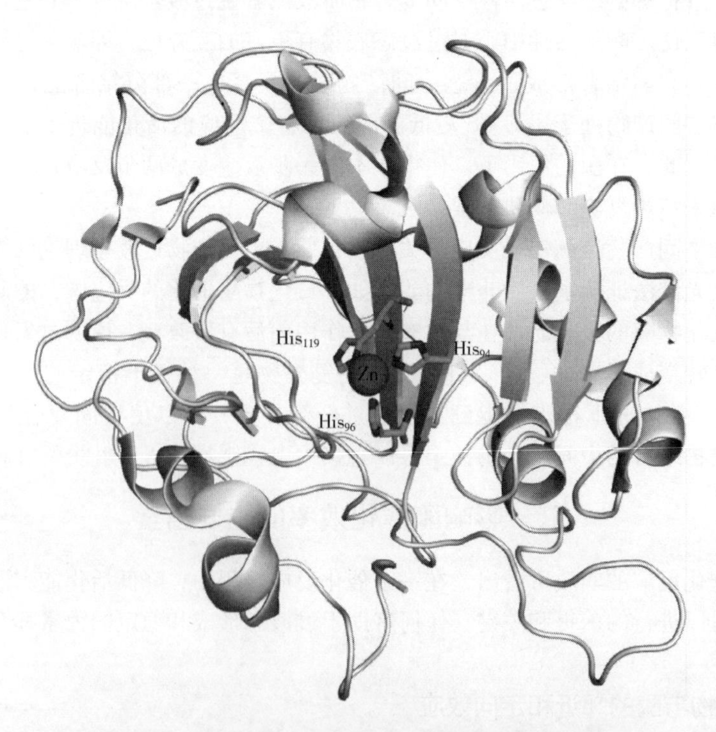

图3-5 人碳酸酐酶晶体结构及其催化活性部位特征

性中心部位，并正确地排列与“定向”，以利于反应的进行。

总的来说，要使邻近效应达到提高反应速率的效果，必须既靠近又定向。即酶与底物的结合达到最有利于形成过渡态，使反应高效进行。邻近和定向效应主要通过以下方式影响酶催化反应速率：

（1）酶对底物分子起电子轨道导向作用。

（2）酶使分子间反应内化成分子内反应。

（3）酶具有固定底物的作用。酶对底物的邻近、定向作用所生成的中间复合物寿命比一般双分子随机碰撞形成中间复合物的平均寿命要长，这也大大增加了产物形成的概率。

（二）扭曲形变和构象变化的催化效应

当酶与底物专一性结合后，酶很可能使底物分子中的敏感键发生变形或扭曲，使底物的敏感键更易于断裂，并使底物的几何和静电结构更接近于过渡态，从而降低了反应活化能，反应速率大大增加。例如酶对乙烯－环磷酸酯的水解速率是磷酸二酯水解速率的10^8倍，是因为乙烯－环磷酸酯的构象更接近于过渡态。溶菌酶与底物结合时，导致D－糖环构象发生改变，X－射线晶体结构分析证实其构象由椅式变为半椅式。

酶与底物结合时，底物构象发生变化的同时，酶自身的结构也发生形变，从而形成一个相互契合的酶－底物复合物，进一步转化成过渡态。“酶的扭曲与过渡态学说”可很好地解释该效应。这种学说认为，酶的作用专一性既利于酶与底物的结合，也利于酶对底物的催化，酶与底物的结合不仅促成了结合基团和催化基团的正确取位，同时也为下一步酶对底物的催化做好了准备。

总体上，扭曲变形和构象变化加速催化反应的主要原因包括以下三个方面：①当酶与底物结合时，酶蛋白的三维结构发生改变，使酶从低活性形式转变为高活性形式；②在酶的诱导下，底物产生各种类型的扭曲、变形和去稳定作用；③酶与底物结合时，底物构象发生改变，更接近过渡态结构，使反应活化能大大降低。

（三）活性中心微环境的影响

酶的活性中心常处于由非极性氨基酸残基组成的凹穴部位，即酶的活性部位是一个疏水的微环境，它极大地影响酶活性部位本身催化基团的解离状态。疏水区域的特点是介电常数低，化学基团的反应活性和化学反应的速率在极性和非极性介质中有显著差别。在非极性环境中两个带电基团之间的静电作用比在相应极性环境中要高很多，使得底物分子的化学键和酶的催化基团之间易发生作用，有助于加速酶催化反应。

溶菌酶的活性中心凹穴就是由多个非极性氨基酸侧链基团包围的和外界水溶液显著不同的微环境。在酶作用的最适条件下，溶菌酶分子中Glu_{35}的α－羧基基本是不解离的，而Asp_{52}的β－羧基处于解离状态，这是由它们所处的微环境不同造成的。Glu_{35}处在非极性微环境中，其H^+与COO^-结合较牢固；而Asp_{52}处于极性环境中，在较低的pH时就能解离。由于局部微环境的差别，使酶可以进行广义的酸碱催化反应。Glu_{35}的羧基可以提供一个质子给糖残基D（NAM）和E（NAG）之间1，4－糖苷键中的氧原子（NAM全称为*N*－乙酰胞壁酸、NAG全称为*N*－乙酰氨基葡萄糖），造成糖残基D中的C_1和糖苷键氧原子之间的键断裂，使得糖残基D的C_1带有一个正电荷，形成了一个正碳离子，使底物被水解。由于Asp_{52}侧链羧基处于解离状态，所带的负电荷正好可以稳定这个正碳离子，直至水分子中的羟基与正碳离子结合，进一步完成催化反应。

三、 酶促反应的催化机制

酶催化反应机制是酶学领域的重要研究内容，同时也是酶学学科面对的艰巨任务。至今，许多酶的催化反应机制仍未得到清晰的阐释。目前研究酶催化作用机制常用的方法是从酶的结构与功能关系研究中得到酶催化作用机制的相关证据。一般来说，对提出的一个酶催化作用机制，应该从底物转化为产物每一步过程的中间复合物及其基元反应的次序、中间复合物之间相互转化的速率常数、复合物的结构等几个方面予以论证。在这个过程中，酶反应动力学及结构方面的信息尤为重要。而要获得相应的信息，就需要分子生物学、X-射线衍射技术、晶体学、质谱学等相关技术的辅助，从而实现对酶催化反应过程中各个参数进行检测。根据目前的研究结果，酶的催化作用机制可能来自多个方面，包括了广义的酸碱催化、共价催化、金属离子催化、多元催化等。随着技术不断进步和研究的深入，还将不断有新的机制被揭示。在此，简要介绍几种常见的酶催化反应机制。

（一） 广义酸碱催化

酸碱催化是通过向反应底物提供质子或从反应底物中接受质子以稳定过渡态，加速反应进行的一类催化机制。酸与碱，在狭义上常指能离解 H^+ 与 OH^- 的化合物。广义的酸碱是指能供给质子（H^+）与接受质子的物质。例如 $HA \rightleftharpoons A^- + H^+$。在狭义上 HA 是酸，因为它能离解 H^+，但在广义上，HA 也称为酸，是由于它能供给质子。在狭义上，A^- 既不是酸，也不是碱。但在广义上，它能接受质子，因此它就是碱。与之相对应的，就有两种酸碱催化剂：一种是狭义的酸碱催化剂（specific acid - base catalyst），即 H^+ 和 OH^- 的催化；由于酶反应的最适 pH 一般接近中性，因此 H^+ 和 OH^- 的催化在酶反应中的重要性不大；另一种是广义的酸碱催化剂（general acid - base catalyst），即质子供体和质子受体所催化的反应。广义的酸碱催化在酶反应中的重要性要大得多。

影响酸碱催化反应速率的因素有两个：酸碱强度和质子传递的速率。在酶促反应中起催化作用的酸与碱，在化学上与非酶反应中酸与碱的催化作用是相同的。由于生物体内酸碱度偏于中性，在酶反应中起到催化作用的酸碱不是狭义的酸碱，而是广义的酸碱。在酶蛋白中有许多可起广义酸碱催化作用的功能基团，如氨基、羧基、巯基、酚羟基及咪唑基等，它们能在近中性 pH 的范围内，作为催化性的质子供体或质子受体参与广义的酸催化或碱催化。以酶活性中心最为常见的组氨酸残基为例，由于组氨酸的咪唑基解离常数约为 6.0，因此在接近于生理体液 pH（中性）的条件下，有一半以酸形式存在，另一半以碱形式存在。也就是说，咪唑基既可作为质子供体，也可作为质子受体在酶促反应中发挥催化作用。同时，咪唑基接受质子和供出质子的速率十分迅速，其半衰期小于 10^{-10}s，而且供出质子和接受质子速率几乎相等。正是由于咪唑基有如此特点，使其成为酶催化反应中最有效、最活泼的一个功能基团。组氨酸在大多数蛋白质中含量虽然很低，却占很重要的地位。

参与酸碱催化作用的酶种类很多，常见的如溶菌酶、牛胰核糖核酸酶、牛胰凝乳蛋白酶等，均包含有广义酸碱催化作用。

（二） 共价催化

亲核催化和亲电催化都属于共价催化（covalent catalysis），它们均是通过底物与酶形成一个反应活性很高的共价中间物，这种中间物可以很快转变为活化能更低的转变态，从而提高催化反应速度。底物可以越过较低的“能域”而形成产物。

1. 亲核催化（nucleophilic catalysis）

亲核催化是指具有一个非共用电子对的原子或基团（亲核试剂），攻击缺少电子而具有部分正电性的原子，并利用非共用电子对形成共价键的催化反应。简单地说，是从亲核试剂（催化剂）供给一个电子对到底物，迅速形成不稳定的共价中间复合物，从而降低反应活化能，加速反应的过程。反应速率的快慢取决于亲核试剂供出电子对的能力。所谓亲核试剂是指一种原子中心具有强烈供给电子能力的试剂。如 H_2N：的 N：、HO：的 O：、O ═C—O^- 的 O：及 HS：的 S：等。此外，酶的催化基团如丝氨酸的—OH 基团，半胱氨酸的—SH 基团及组氨酸的—CH—N ═CH—基团也属于常见的亲和试剂。

酶活性中心部位常见的亲核基团有巯基、羟基、咪唑基。如 3 - 磷酸甘油醛生成 1,3 - 二磷酸甘油酸的反应：反应的第一步是酶分子中 149 位半胱氨酸的巯基对底物的醛基进行亲核攻击，形成硫代半缩醛（硫酯共价键），然后转变为酰基酶，酰基酶进行磷酸解作用而转变为产物，释放出自由的酶。

2. 亲电催化（electrophilic catalysis）

亲电催化剂正好与亲核催化剂相反，它是指亲电子催化剂从底物中汲取一个电子对的过程。它从底物移去电子的步骤是影响反应速率的决定因素。所谓亲电试剂就是一种原子中心具有强烈亲和电子能力的试剂。最典型的亲电催化剂是酶中非蛋白组分的辅助因子，如 Mg^{2+}、Mn^{2+}、Fe^{2+} 等。酶蛋白组分的酪氨酸羟基及亲核碱基被质子化了的共轭酸，如 NH_4^+ 等也可作为亲电催化剂。含有—C—O—及—C ═N—基团的化合物也是亲电子的，其中—C—O—的 O 及—C ═N—的 N 都有吸引电子的倾向，使得邻近的 C 原子缺乏电子。为了表示这种状态，可以 δ^+ 表示，而吸引电子的 O 与 N 则可以 δ^- 表示。

此外，酶分子中的氨基、羧基、巯基、咪唑基等既可以作为酸碱催化剂，又可作为亲核催化剂。在不同的微环境中其作用方式不同。事实上，亲电步骤与亲核步骤常常一起发生。当催化剂为亲核催化剂时，它就会进攻底物中的亲电核心，反之亦然。

脂肪酶是一类丝氨酸水解酶，催化三联体是其催化底物水解的结构基础。来自米根霉（*Rhizopus oryzae*）的脂肪酶 ROL 的催化三联体由 Ser_{144}、His_{257} 和 Asp_{203} 构成。如图 3 - 6 所示，其催化酯类水解的具体机制为：酸性氨基酸 Asp_{203} 与碱性氨基酸 His_{257} 以氢键结合，组氨酸残基上咪唑基氮原子的 p*K*a 由此升高，这使得组氨酸变为一种广义碱，可将 Ser_{144} 去质子化。Ser_{144} 羟基基团亲核性提高，对油脂底物中酯键的羰基碳原子进行亲核攻击，打开 C ═O 双键，Ser_{144} 羟基 O 原子与羰基 C 原子形成一个共价键，形成中间四面体。接着 C—O 酯键间发生电子转移后，醇类化合物被释放，形成酰基 - 酶中间体。H_2O 分子进一步将它的 H^+ 质子转移给 His_{257}，将 OH^- 转移给酸类化合物，释放出酸类化合物之后，His_{257} 将质子转移给 Ser_{144}，恢复到原始状态。

（三）金属离子的催化

过渡态也可通过底物的荷电基团与催化剂的荷电基团加以稳定。正碳离子可以通过负电荷的羧基稳定，同样，含氧阴离子的负电荷，也可通过金属离子加以稳定。很多酶发挥催化活性需要金属离子参与，如 Fe^{2+}、Fe^{3+}、Cu^{2+}、Zn^{2+}、Mn^{2+}、Na^+、K^+、Mg^{2+} 和 Ca^{2+} 等金属离子常与酶紧密或疏松结合，在酶促反应中发挥作用。在已知 1/4 左右需要金属参与催化的酶中，金属离子所起的作用也有所不同：有的参与酶和底物的结合，并起稳定催化构象的作用，如某些碱土金属 Ca^{2+} 与 Mg^{2+}；有的和酶的结合力很弱，起活化作用，如碱金属 K^+ 是某些与磷酸基

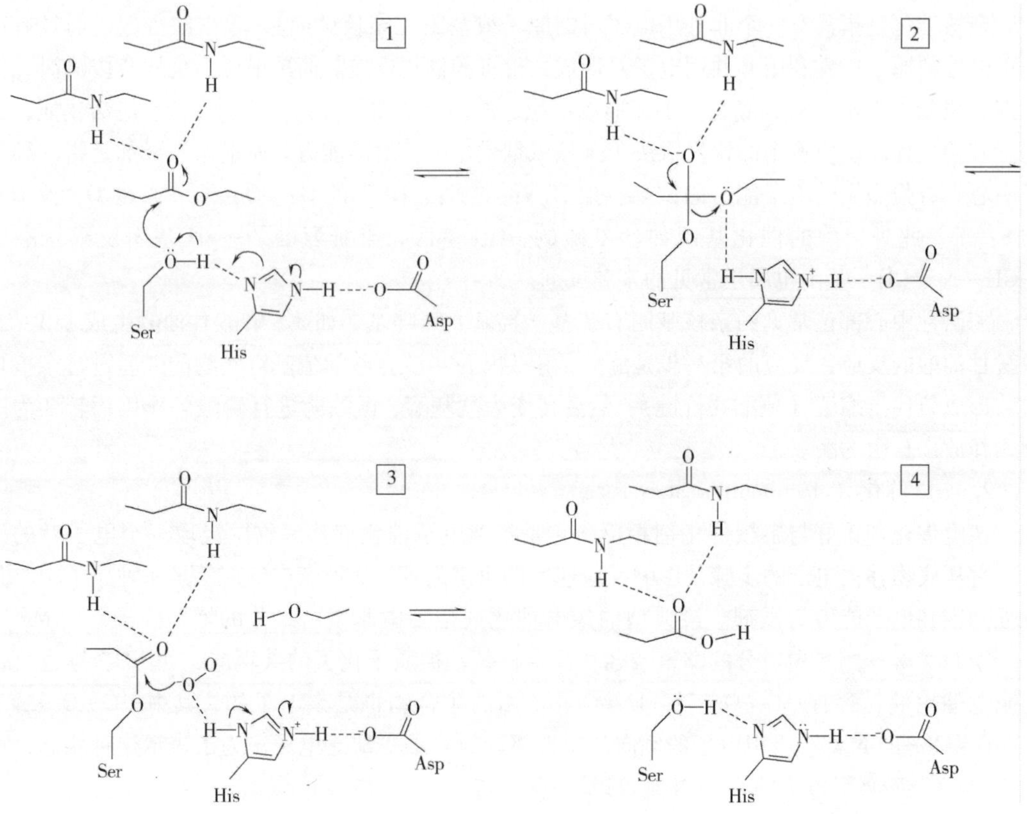

图3－6　脂肪酶催化水解反应机制

转移有关酶的活化剂；至于过渡态金属，它们或者通过静电结合导致底物扭曲、形变，或者作为亲核电子试剂进行共价催化。它们通过结合底物为反应定向，从而可逆性改变金属离子的氧化状态，调节氧化还原反应的进行。还有的通过静电来稳定或屏蔽负电荷。例如，来自解蛋白弧菌（*Vibrio proteolyticus*）的氨肽酶（AAP），其催化机制目前比较清晰，典型的金属氨肽酶AAP的催化机制如图3－7所示。

由图3－7可知，AAP催化中心含有2个Zn^{2+}离子和一个H_2O分子。无底物存在状态下，H_2O分子与Glu_{151}羧基O原子形成一个氢键，与两个Zn^{2+}离子各形成一个离子键，处于稳定状态。当Phe－Leu二肽底物进入后，Glu_{151}羧基O原子首先进行质子化，OH负离子在Zn^{2+}稳定情况下对肽键C原子进行亲核攻击，肽键C原子原来的C═O双键被打开，并与OH负离子形成共价键；接着通过电子传递，负电荷传递到肽键的N原子上面，N原子从质子化的Glu_{151}羧基O原子中夺取一个质子（H^+）中和负电荷，肽键的C—N单键断开，Phe释放。接着，一个新的H_2O分子进入，与两个Zn^{2+}离子重新形成两个离子键，Leu被释放，恢复稳定状态。

（四）多元催化与协同效应

酶分子是一个由多种不同侧链基团组成活性中心的大分子，这些基团在催化过程中根据各自的特点发挥不同作用。而酶的催化作用往往是一个综合的结果，是通过这些侧链基团的协同作用共同完成的，常常是几个基元催化反应配合在一起共同起作用。例如米根霉（*Rhizopus oryzae*）脂肪酶是通过Asp_{203}、His_{257}和Ser_{144}组成的“电荷中继网”催化酯键水解，其中包括亲

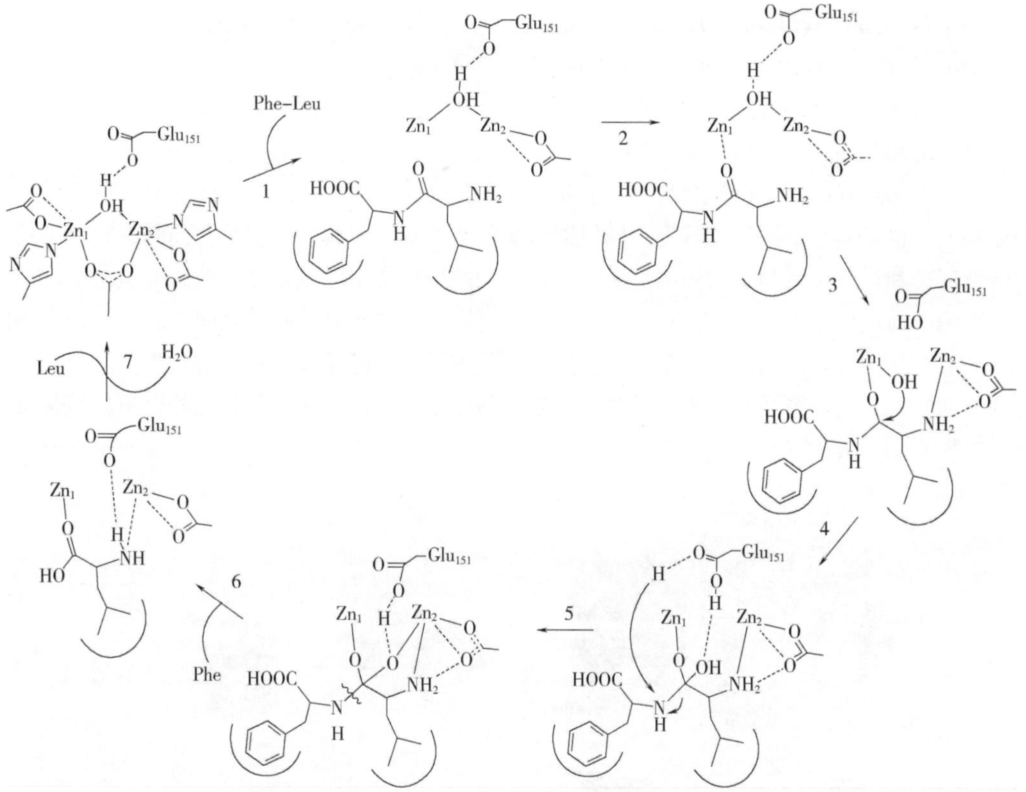

图3－7　解蛋白弧菌氨肽酶AAP催化机制示意图

核催化和碱催化共同作用。

多元催化与协同作用的效果远胜于单元催化的效果。以甲基葡萄糖在苯中的变旋反应为例，在没有催化剂存在时，反应进行得极为缓慢；酚与吡啶同时存在时，催化效率又可进一步提高；如果将酚羟基与吡啶再结合于同一分子（即α－羟吡啶），则催化效率的升高更为显著，当它的浓度为0.001mol/L时，其催化效率比酚与吡啶的混合液要高出7000倍。

第三节　酶活性的调节控制

酶活性的可调控性是酶区别于一般催化剂的重要特征，其调控的方式多种多样。本节将重点介绍别构调节、酶原激活、可逆共价修饰调节、金属离子调节等几种常见的调控方式。

一、别构调节

别构调节，是指某种不直接涉及蛋白质活性的物质，通过与蛋白质活性位点以外的其他位点（别构位点）相结合，从而引起蛋白质分子的构象变化并导致蛋白质活性改变的现象。别构效应是一种有效且普遍存在的功能活性调控机制。具有别构调节作用的酶称为别构酶（allosteric enzyme)，而使酶分子发生别构作用的物质称为效应物（allosteric effector)，效应物一般是辅因子或小分子代谢物（如 ATP)。由于别构作用而使酶活性增强的物质称为正效应物（positive effector)，反之称为负效应物（negative effector)。

传统的观念认为别构酶一般是寡聚酶，由多个亚基组成，通过亚基之间的次级键（如静电作用力、范德华力等）结合。别构酶分子中，存在结合底物的活性部位（binding site)、催化底物的活性部位（active site)、结合效应物的调节部位（allosteric site)。这些部位可能在同一个亚基上，也可能在不同的亚基上。同促别构酶的活性部位和调节部位是相同的，异促别构酶的活性部位和调节部位是不相同的。活性部位与调控部位在空间上是分开的，但这两个部位可相互影响，通过构象变化，从而产生协调效应，可以发生在底物-底物之间、底物-调节物之间、调节物-调节物之间。经化学试剂或加热等处理后，可能导致别构酶的解离，从而失去别构调节活性。失去调节活性的酶分子表现为米氏酶的动力学双曲线。除此之外，单体酶蛋白中也可以发生别构效应（图 3-8)。

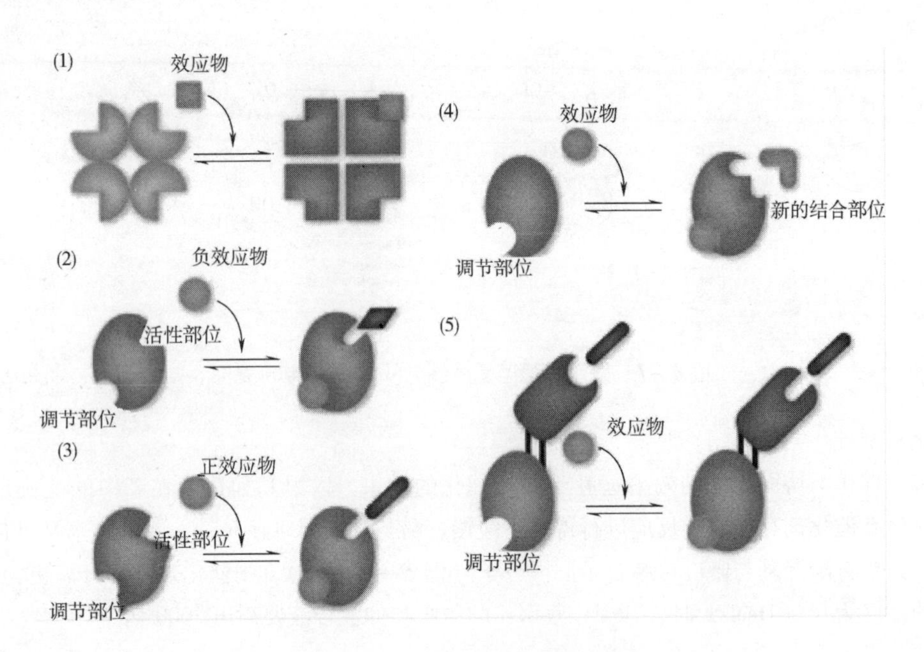

图 3-8 不同类型的别构调节模式

注：(2)、(3)、(4)、(5) 都是单体酶发生的别构调控

二、酶原激活

酶原激活是指胞内合成的非活化的酶前体蛋白，分泌到胞外后，在适当的条件下，受到 H^+ 离子或特异的水解酶限制性水解，切除某段肽或断开酶分子上某个肽键而转变为有活性的酶。典型的如胃蛋白酶原和胰蛋白酶原的激活。

（一）胃蛋白酶原激活

胃蛋白酶原（pepsinogen）由胃壁细胞分泌，包含 392 个氨基酸残基。pH < 5 时，酶蛋白酶原在胃酸 H^+ 的作用下，自动激活，从 N 端失去 44 个氨基酸残基前体片段，转变为高度酸性，有活性的胃蛋白酶（图 3-9)。晶体结构研究表明，在中性 pH 条件下，胃蛋白酶原中部

分 Glu 和 Asp 残基的羧基与前体片段中的 6 个 Lys 和 Arg 残基侧链形成盐桥，尤其是前体片中的 Lys 侧链与活性部位的一对天冬氨酸残基（Asp_{32}和 Asp_{215}）之间的静电相互作用使胃蛋白酶原的活性部位堵塞，因此不表现催化活性。当 pH 降低时，Glu 和 Asp 残基的羧基质子化，与前体片段形成的盐桥被破坏，引起整个酶原分子构象重排，暴露出活性位点，水解自身前体片段与成熟肽片段之间的肽键，使得胃蛋白酶原被激活。

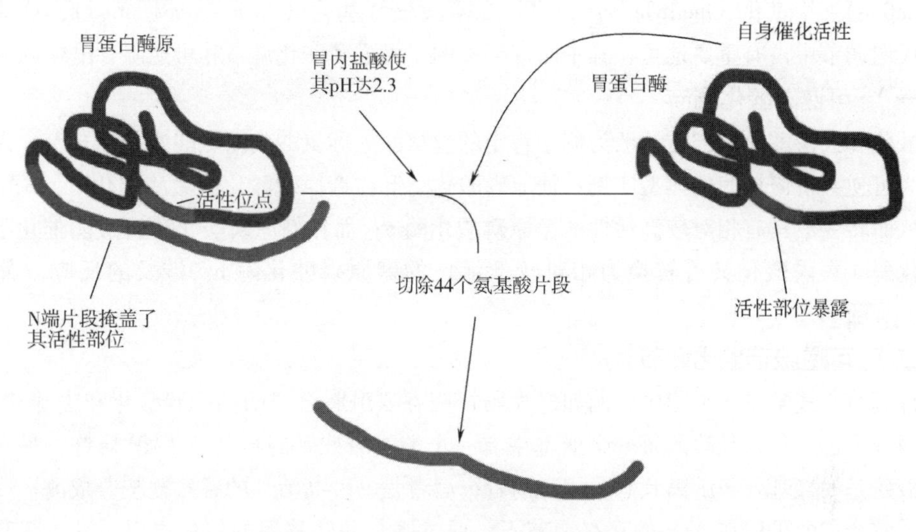

图 3 -9　胃蛋白酶原激活过程示意图

（二）胰蛋白酶原激活

胰蛋白酶原（trypsinogen）是由胰腺细胞分泌，进入小肠后，在 Ca^{2+} 环境中，由肠激酶切断其 Lys_6和 Ile_7之间的肽键，去除 N 端的酸性六肽片段之后，胰蛋白酶原分子构象发生变化，形成丝氨酸蛋白酶特有的催化三联体（His_{57} - Asp_{102} - Ser_{195}）的活性部位，从而由酶原转变成有活性的胰蛋白酶（图 3 - 10）。

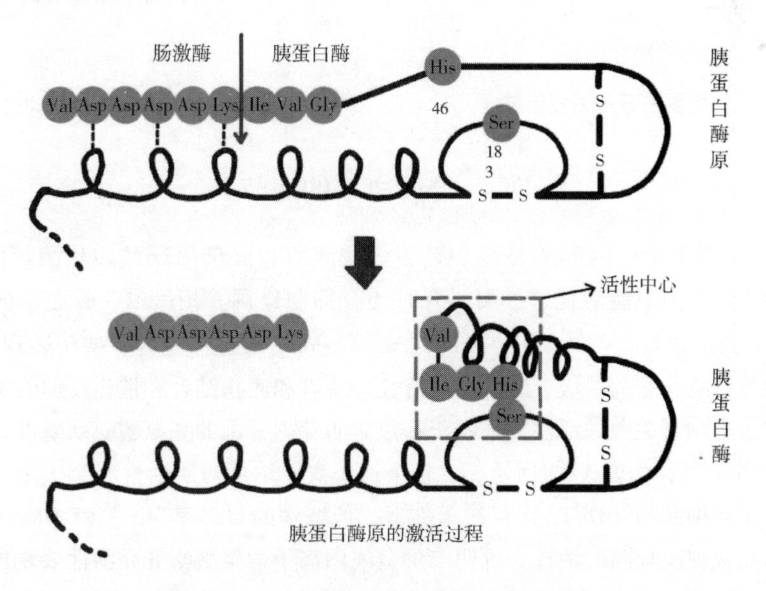

图 3 -10　胰蛋白酶原的激活过程示意图

三、可逆共价修饰调节

共价修饰（covalent modification）调节是酶活性调节的另一种重要方式。某些酶在其他酶的作用下，对其结构进行共价修饰，使其在高活性形态和低活性形态之间相互转变。可逆共价修饰的方式包括：可逆磷酸化（phosphorylation）、可逆腺苷酰化（adenylylation）、尿苷酰化（uridylylation）、甲基化（methylation）、腺苷二磷酸核糖基化（ADP－ribosylation），这些调节方式在代谢调节中占有重要地位，其中研究最多的是可逆磷酸化调节和可逆腺苷酰化调节。

（一）可逆磷酸化调节

磷酸化和去磷酸化的部位一般为酶中特定的丝氨酸、苏氨酸或酪氨酸残基的羟基。磷酸化酶可作为可逆共价修饰酶的典型实例：糖原磷酸化酶 b 在糖原磷酸化酶激酶催化下，Ser_{14} 被磷酸化，从而转变成具有相对较高活性的糖原磷酸化酶 a；而在糖原磷酸化酶磷酸酶催化下，糖原磷酸化酶 a 去磷酸化又可转换为相对较低活性的糖原磷酸化酶 b。涉及的反应方程式如图 3－11 所示。

（二）可逆腺苷酰化调节

这种调节方式常见于细菌中，例如，大肠杆菌谷氨酰胺合成酶的腺苷酸化和去腺苷酸化。该酶有两种形态：一种是酶的每一个亚基中有一个酪氨酸残基的羟基被 AMP 修饰，另一种是该酪氨酸残基的羟基处于游离状态，相对前者，后者是一种高活性的谷氨酰胺合成酶。高活性的谷氨酰胺合成酶可以在 ATP 的存在调节下，通过腺苷酸转移酶的催化作用，进行腺苷酰化而转变成低活性的谷氨酰胺合成酶。而腺苷酸转移酶的催化反应，在一系列的调节因子的作用下是可逆的。涉及的反应方程式如图 3－12 所示。

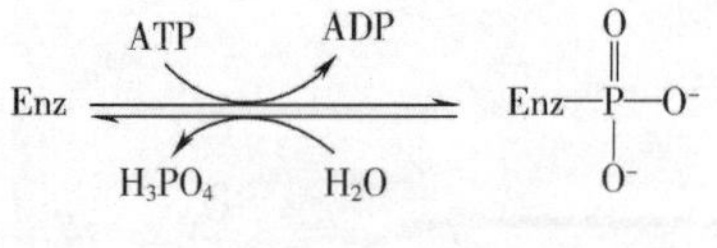

Enz ⇌ Enz—P(=O)(O⁻)—O⁻（正向：ATP → ADP；逆向：H_2O → H_3PO_4）

图 3－11　酶蛋白可逆磷酸化过程

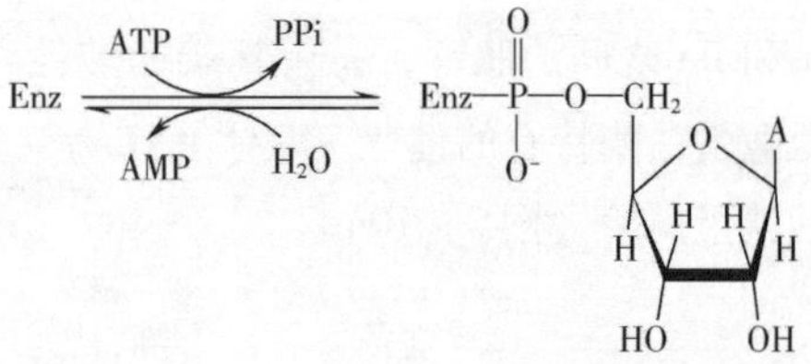

Enz ⇌ Enz—P(=O)(O⁻)—O—CH_2—核糖（A）（正向：ATP → PPi；逆向：H_2O → AMP）

图 3－12　酶蛋白可逆腺苷酰化过程

四、金属离子的调节

L－高丝氨酸脱氢酶、丙酮酸激酶、天冬氨酸激酶和酵母丙酮酸羧化酶等酶需要 K^+ 或 NH_4^+ 活化，而 Na^+ 不但不能活化这些酶，有时还有抑制作用。相反的，肠道中的蔗糖酶可受 Na^+ 激活。还有二价金属离子如 Ca^{2+}、Zn^{2+}、Mg^{2+}、Mn^{2+} 等往往也为一些酶表现酶活所必需。这其中可能和维持酶分子的三级、四级结构有关，或者和底物结合和催化反应有关。这些离子浓度的变化都会影响有关酶的活性。来源于嗜热脂肪芽孢杆菌的亮氨酸氨肽酶Ⅱ，属于金属蛋白酶的 M29 家族成员，如表 3－1 所示，二价金属阳离子浓度对酶活性有至关重要的影响，相比于无金属离子或抑制剂（DETA）存在条件下，低浓度的 Co^{2+} 和 Zn^{2+}（1.0mmol/L）存在条件下酶蛋白明显表现出较高的活性，说明二价金属阳离子为氨肽酶Ⅱ高活性表现所必需，同时 Co^{2+} 比 Zn^{2+} 可能更适合处于氨肽酶Ⅱ的活性中心，对酶促反应产生更强的激活作用。

表 3－1　　不同二价金属阳离子对重组表达亮氨酸氨肽酶Ⅱ的活性影响

金属离子	浓度/（mol/L）	相对活力/%
无	—	100
Hg^{2+}	1×10^{-5}	3
	1×10^{-4}	2
	1×10^{-3}	1
	2×10^{-3}	0
Mn^{2+}	1×10^{-4}	156
Cu^{2+}	1×10^{-4}	132
Ni^{2+}	1×10^{-4}	105
Ba^{2+}	1×10^{-4}	124
Mg^{2+}	1×10^{-4}	306
Fe^{2+}	1×10^{-4}	220
Ca^{2+}	1×10^{-4}	141
Zn^{2+}	1×10^{-3}	469
	1×10^{-4}	582
	1×10^{-5}	379
	5×10^{-5}	282
Li^{2+}	1×10^{-4}	316
Fe^{3+}	1×10^{-4}	207
Co^{2+}	1×10^{-4}	2635
EDTA	5×10^{-4}	85

思考题

1. 酶作为生物催化剂的特点有哪些？
2. 酶催化反应的专一性包括哪些方面？
3. 酶催化反应的本质是什么？
4. 酶反应的中间产物过渡态理论的基本内容是什么？
5. 试举例说明共价催化反应的具体机制。
6. 试述生物体内酶原激活调节方式的存在意义。
7. 酶活性调节控制的方式有哪些？试举例说明。

参考文献

[1] Naik S, Basu A, Saikia R, et al. Lipases for use in industrial biocatalysis: Specificity of selected structural groups of lipases [J]. Journal of Molecular Catalysis B Enzymatic, 2010, 65 (1-4): 18-23.

[2] 王艳萍. 生物化学 [M]. 北京: 中国轻工业出版社, 2013.

[3] 吴梧桐. 生物化学 [M]. 北京: 中国医药科技出版社, 2010.

[4] Dodson G, Wlodawer A. Catalytic triads and their relatives [J]. Trends in Biochemical Sciences, 1998, 23 (9): 347-352.

[5] Holz R C. The aminopeptidase from Aeromonas proteolytica: structure and mechanism of co-catalytic metal centers involved in peptide hydrolysis [J]. Coordination Chemistry Reviews, 2002, 232 (1-2): 5-26.

[6] Goodey N M, Benkovic S J. Allosteric regulation and catalysis emerge via a common route [J]. Nature Chemical Biology, 2008, 4 (8): 474-82.

[7] 黄熙泰. 现代生物化学 [M]. 北京: 化学工业出版社, 2012.

[8] 王镜岩. 生物化学教程 [M]. 北京: 高等教育出版社, 2008.

[9] Wang F, Ning Z, Lan D, et al. Biochemical properties of recombinant leucine aminopeptidase II from *Bacillus stearothermophilus* and potential applications in the hydrolysis of Chinese anchovy (*Engraulis japonicus*) proteins. [J]. Journal of Agricultural & Food Chemistry, 2012, 60 (1): 165-172.

CHAPTER 4

第四章 酶促反应动力学

[内容提要]

本章主要介绍了酶活力和酶活力单位的概念，酶活力的测定方法和酶促反应动力学(各种因素对酶促反应的影响)，尤其是米氏方程式的推导，米氏常数的意义和米氏常数的求法。

[学习目标]

1. 掌握酶活力的测定方法和注意事项。
2. 了解酶促反应的特点及与一般化学反应的区别。
3. 了解影响酶促反应的速度的因素。
4. 掌握单底物酶促反应动力学米氏方程的推导以及 K_m、V_m 和 k_{cat} 的计算。
5. 了解稳态法和快速平衡法推导酶促反应动力学方程。
6. 了解酶促反应的抑制动力学。

[重要概念及名词]

酶活力、比活力、酶促反应动力学、米氏方程、乒乓反应模型。

酶促反应动力学是研究酶促反应的速率及其影响因素的科学。影响因素主要包括酶的浓度、底物的浓度、pH、温度、抑制剂和激活剂等。在探讨各种因素对酶促反应速度的影响时，通常以测定其初始速度来代表酶促反应速度，即底物转化量 $<5\%$ 时的反应速度。

酶促反应动力学的研究有助于阐明酶的结构与功能的关系，并为酶作用机制的研究提供有价值的信息；有助于寻找最有利的反应条件，以最大限度地发挥酶催化反应的高效率；有助于了解酶在代谢中的作用或者与某些药物作用的机制等，因此对它的研究具有重要的理论意义和实践意义。

第一节　酶活力及其测定

酶促反应动力学的研究可为酶催化反应机制以及酶与底物和抑制剂等之间的相互作用提供丰富的信息。酶促反应动力学参数的测定可根据准确测定特定条件下酶催化反应的速率来反映。酶最重要的特征是具有催化一定化学反应的能力，在酶催化下的化学反应进行的速度，就代表酶的活力。因此酶活力的测定，实质上就是一个测定酶所催化的反应速度的问题。无论在酶的分离提纯过程或是在对酶的性质研究过程中，都需要对酶的活力进行经常的大量的测定工作。

一、酶活力与酶活力单位

由于酶催化的反应速度受温度、pH、离子强度及使用的底物等多种因素的影响，因此所谓的酶活力都是指在特定的反应体系和条件下测到的反应速率。

酶活力的大小用酶活力单位（activity unit）表示，简称酶单位（U），是指在一定条件下（温度、pH 和底物浓度等），一定时间内将一定量的底物转化为产物所需要的酶量。这样规定的酶单位可以用每克酶制剂或每毫升酶制剂所含的酶单位来表示，即 U/g 或 U/mL。为了酶活力单位的标准化，国际酶学委员会（EC）曾规定在 1min 内转化 1μmol 底物所需的酶量为一个国际单位（IU），同时规定反应必须在 25℃，在具有最适底物浓度、最适缓冲液离子强度和 pH 的系统内进行。1972 年“EC”推荐了一个新的酶活力国际单位 katal，符号为 kat。一个 kat 单位定义为：在最适条件下，每分钟能使 1mol 底物转化的酶量。

$$1\text{kat} = 1\text{mol/s} = 60\text{mol/min} = 60 \times 10^6 \mu\text{mol/min} = 6 \times 10^7 \text{IU} \quad (4-1)$$

二、酶的转换数与比活力

酶的转换数（turnover number），指在单位时间内，酶分子中每一个活性中心转换的底物分子数目，或每摩尔酶活性中心单位时间转换底物的物质的量。转换数也用来表示催化中心的活性。如果每一个酶分子只有一个催化中心，那么“催化中心活性”和“摩尔催化活性”是相等的。如果一个酶分子有 n 个催化中心，那么“催化中心活性”等于“摩尔催化活性”除以 n。

比活力是纯度的量度，是指单位重量的蛋白质中所含的某种酶的催化活力，一般可以表示为 IU/mg、kat/kg 等。比活力是酶的生产和研究过程中经常使用的基本数据。比活力越高，表示酶越纯。对于不纯的酶，特别是含有大量的盐或其他蛋白质的商品酶制剂，单位重量酶制剂中酶活力只能表示重量制剂的酶含量，不宜称为比活力，比活力必须通过测定酶制剂中的蛋白质含量才能确定。

三、酶活力的影响因素

酶催化体系很复杂，因此酶活力的影响因素很多，包括温度、pH、抑制剂和激活剂等。

（一）温度

每一种酶的催化反应都有其最适应的温度范围，并且只在最适的温度下，酶的催化速度才能达到最大值。温度对酶活力的影响如图4－1所示。一般而言，随着温度的增加，分子运动加快，酶的催化效率也会随之增加。通常情况，温度每提高10℃，化学反应速度提升1～2倍。但是酶的本质是蛋白质，随着温度的升高，容易破坏其固有结构，导致酶的性能受到影响，甚至引起变性，致其失活。因此酶的催化效率通常受到这两个因素的综合影响。在某一特定的催化温度下，其催化效率达到最大值，即酶的最适温度。一般情况下，酶的最适温度低于60℃，高于该温度容易导致酶失活，但是有些酶，例如广泛使用的耐高温的α－淀粉酶，其可在90℃以上的环境中具有催化活性。考虑到大部分工业过程需要较高的温度，因此其在很多工业领域中都有较好的应用前景。近年来，为了扩大酶的应用范围，开发高温酶一直是相关研究的热点。

（二）pH

酶活力受反应体系pH的影响很大，酶均有其各自的最适pH，酶的最适pH也是其最重要的酶学特征之一。但是酶的最适pH还受到底物种类和浓度、辅酶含量、缓冲液离子强度和种类等因素的影响，因此其最适pH要受到该类因素的限制。pH对酶活力的影响如图4－2所示。大多数酶的最适pH通常在5～7。过酸或过碱的环境往往破坏酶的结构，导致酶的活力下降，甚至引起酶的失活。但是自然界中也可发现少数酶可适应极端pH，例如，胃蛋白酶其最适pH为1.5，而精氨酸酶其最适pH则可达到9.7。pH对酶活性的影响主要包括：使酶的空间结构破坏，引起酶失活；影响酶活性部位催化基团的解离状态，使底物不能分解为产物；影响酶活性部位结合后不能生成产物。

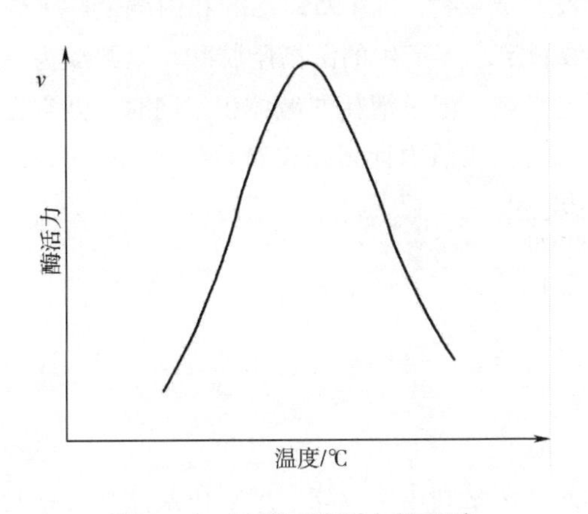

图4－1 温度对酶活力的影响

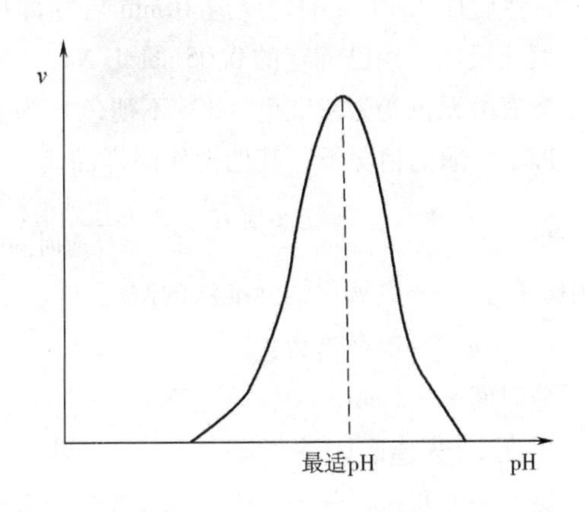

图4－2 pH对酶活力的影响

（三）激活剂

能够增加酶的催化活性的物质称为酶的激活剂或活化剂。常见的活化剂一般为无机盐离子或简单的有机小分子。常用的金属离子包括K^+、Ca^{2+}、Mg^{2+}、Zn^{2+}、Fe^{2+}、Mn^{2+}等，阴离子包括Cl^-、Br^-、PO_4^{3-}、I^{2-}等，如Mg^{2+}是葡萄糖异构酶的激活剂，Cl^-是唾液淀粉酶的激活剂。有些有机小分子化合物也可以提高酶的活性，例如半胱氨酸可以激活含巯基的木瓜蛋白酶的活性。甚至有些酶也可以作为激活剂，例如，胰蛋白酶可以使天冬氨酸酶的催化活力提高4～5倍。通常情况下，酶的激活剂对酶的作用具有一定的选择性和专一性，通常一种活化剂能够激活一种酶，但是对另外一种酶却又起到抑制作用。为了得到合适活化剂，通常需要大量的前期试验进行筛选，以适应其工业应用需求。

四、 酶活力的测定方法

为了测定某一反应的进程，始终都需测定酶活力的变化。测定的要求是：准确、快速、微量、高度的灵敏和专一等。由于新方法和新技术的不断推出和应用，使得酶活力的测定方法也日趋完善。下面介绍几种比较常用的酶活力测定方法。

（一）化学法

在一些化学反应中生成的产物不具有明显的物理特征，因此采用简单的物理方法不能对其进行定量。化学法就是借助某一化学反应使产物变成一个可以用某种物理方法测定的另一种化合物来计算酶活力的方法，如比色法、酸碱测定和量热量气法等就是将产物转化为可以通过观察颜色、酸碱消耗的体积和产生气体的体积等物理方法来定量产物，进而计算酶活力。

化学分析法的优点是在分析底物或产物时，最常使用的滴定或比色方法都不需要特殊仪器，有恒温水槽、滴定管、小型离心机及比色计即可进行测定。对于绝大多数的酶，都可以根据其底物及产物的化学性质设计具体的测定方法，应用范围较广。其缺点是由于测定结果是根据间隔时间取样分析所得，取样过多，则工作量较大，取样过少，则不能得到酶反应过程的全貌；并且在实际操作过程中，取样及停止作用时间不易控制，因此对于反应较快的酶反应，结果不够准确。下面以橄榄油乳化法测定脂肪酶的水解活力为例介绍化学法测定酶活力的方法：

在100mL具塞三角瓶中加入橄榄油乳化液4g（其中椰子油与2%的聚乙烯醇溶液体积比为1∶3，10000r/min均质10min）和磷酸盐缓冲液（pH 7.4）5g，于45℃恒温水浴振荡器中预热5min，然后加入10mg酶，反应10min后立即加入15mL终止剂（95%乙醇和丙酮，1∶1体积比）终止反应，用已标定的0.05mol/L NaOH溶液滴定水解产生的游离脂肪酸，以酚酞为指示剂，溶液由无色变为粉红色（30s不褪色）为滴定终点，记录消耗的碱体积。同时，做空白实验，即不加酶的情况下，其他操作同样品测试组进行。酶活力计算公式如下：

$$\text{酶活力} = \frac{\text{氢氧化钠消耗体积(mL)}}{\text{反应时间(min)}} \times C_{NaOH} \times n(\text{U}) \quad (4-2)$$

式中 C_{NaOH}——氢氧化钠标准液的浓度（0.05mol/L）；

n——稀释倍数；

反应时间——5min。

（二）光谱吸收法

该方法主要是指分光光度法和荧光法。分光光度法是利用反应物和产物在紫外和可见光部分光吸收的不同，选择适当的浓度，连续测定读出反应过程中光吸收的变化，该法适用于一些反应速度较快的酶。自动记录仪的普遍使用使该法容易被人们接受。

很多酶都可以根据反应过程中反应混合物光吸收性质的改变而测定其活力。如对硝基苯酚（p-NP）法测定脂肪酶的活力，脂肪酶可以水解对硝基苯酚脂肪酸酯（无色）形成p-NP（黄色），p-NP在405nm处有最大吸收光值，因此可以通过405nm的吸收光的变化来测定酶活力。其方法如下：

标准曲线的制备：用乙醇系列浓度的p-NP标准品溶液，在酶标板的孔中依次加入10μL p-NP标准品溶液、90μL缓冲液、100μL终止液，异丙醇作为终止液。混匀后测定OD_{405}，得出OD_{405}与对硝基苯酚的浓度的线性关系图如图4-3所示。

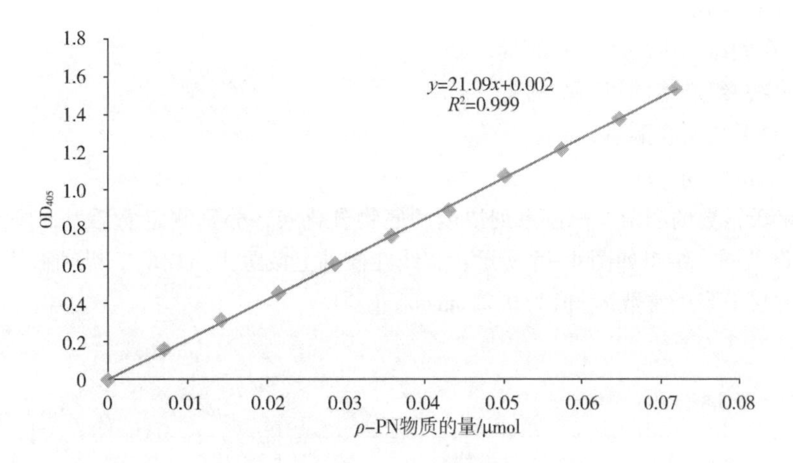

图4－3　对硝基苯酚的标准曲线

酶活力的测定：在酶标板的孔中加入80μL缓冲液和10μL底物溶液，在所需反应温度下预热5min之后，实验组加入10μL酶液，对照组加入10μL蛋白所在的缓冲液，置于所需温度下反应5min，反应结束后立即加入100μL终止液终止反应，于酶标仪上测定OD_{405}处的吸光值。根据吸光值计算p－NP的生成量进而计算脂肪酶活力。因此计算公式如下：

$$\text{脂肪酶活力} = \frac{(OD_{405} - 0.002)}{21.09TV}(\text{U/mL}) \tag{4-3}$$

式中　T——反应时间，min；

　　　V——酶液的体积，mL。

荧光法是指具有荧光性的化合物吸收了某一波长的光后发射出更长波长的光。只要酶反应的底物或产物之一具有荧光的变化就可表示出酶反应的速度。如NAD(P)H在340nm处吸收光后发射出460nm的光。因而，这两个辅因子的任何反应都可以用荧光法测定。又如一些荧光源底物（底物为非荧光而产物有荧光）的反应：

$$\text{二丁酸荧光素(无荧光)} \xrightarrow{\text{脂肪酶}} \text{荧光素(有荧光)}$$

有荧光的双乙酰酯常用作酯酶的底物，强荧光性的4－甲基苯甲酰肼衍生物已广泛用作酯酶、糖苷酶、磷酸（酯）酶和硫酸（酯）酶研究的底物。

由于酶分子中常有氨基酸Tyr和Trp，它们在紫外光范围可以吸收和发射荧光，因此荧光法测定酶活力应尽可能选择可见光范围。此外，测定中较麻烦的是由于荧光剂猝灭（吸收的光转移到另外一个分子或基团，如碘化物、重铬酸盐，而不再发射出来）导致荧光强度的降低。

（三）色谱法

目前采用色谱法测定酶活力的方法主要是指气相色谱法和高效液相色谱法。下面以气相色谱法测定脂肪酶活力为例介绍：

三丁酸甘油酯在脂肪酶的作用下水解成甘油和正丁酸。产物正丁酸可以通过气相色谱进行定量分析（图4－4）。由此，可以计算出脂肪酶的活力单位。脂肪酶活力单位，在pH为7.5，温度为32℃条件下，每分钟催化三丁酸甘油酯水解生成1μmol正丁酸的量，定义为一个酶活力单位。计算公式为：

$$X = \frac{B - A}{Ct} \tag{4-4}$$

式中 X——脂肪酶活力，U/mg；

B——实验组产生的正丁酸的量，μmol；

A——空白组产生的正丁酸的量，μmol；

C——体系中所含酶量，mg；

t——反应时间，min。

脂肪酶米氏常数的测定：配制系列浓度的底物乳化液，分别测定酶活力，按 Lineweaver - Burk 法做双倒数图。结果如图 4 - 5 所示，直线在横轴上截距为 $-1/K_m$，纵轴截距为 $1/V_m$。计算出该实验方法下米氏常数 K_m 值为 0.25mmol/mL。

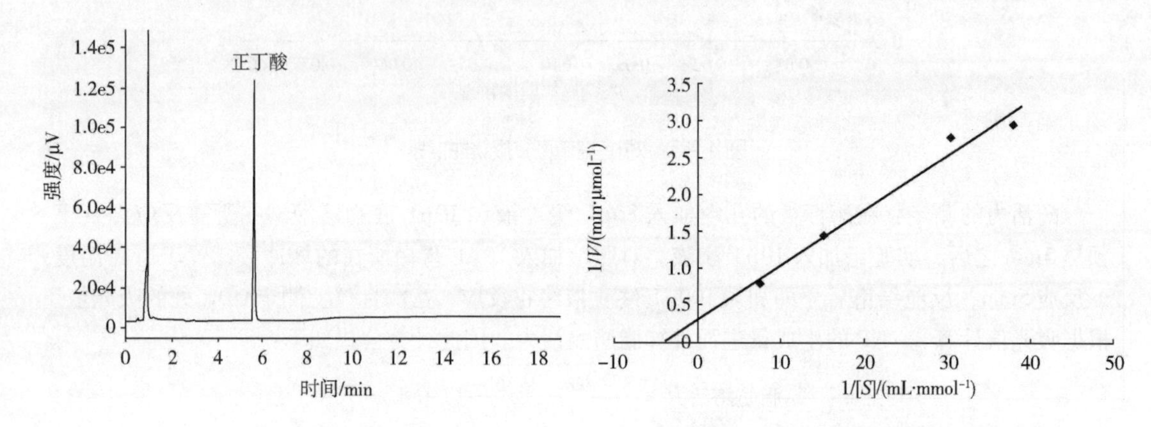

图 4 - 4 正丁酸的气相色谱图

图 4 - 5 脂肪酶活性的 Lineweaver - Burk 双倒数图

（四） 放射性同位素法

经同位素标记的底物在酶活力测定中有很重要的价值。用于标记的同位素一般有 ^{3}H、^{14}C、^{32}P、^{35}S、^{131}I。当同位素衰变时放出 β 射线（粒子）。放射性同位素法在反应终止后，必须把放射性标记的底物和产物分离，多用层析和电泳法，然后测定产物（或底物）的放射性，就可测得酶的活性。^{32}P 和 ^{131}I 产生的高能 β 射线，可用盖格 - 米勒（Geiger Mmuiller）计数器直接计数，^{3}H、^{14}C 和 ^{32}P 产生的低能 β 射线，则通常用液体闪烁计数器计数。放射性同位素法测定酶活力的一个典型的例子是胆碱酯酶水解 ^{14}C - 乙酰胆碱：

$$^{14}CH_3 \cdot CO_2CH_2CH_2\overset{+}{N}(CH_3)_3 \longrightarrow {}^{14}CH_3 \cdot CO_2H + HOCH_2CH_2\overset{+}{N}(CH_3)_3$$

^{14}C - 乙酰胆碱　　　　^{14}C - 乙酸　　　　胆碱

经保温反应后，未反应的底物和胆碱用离子交换树脂除去，测定放射性乙酸的生成。

一般来说，放射性同位素法非常灵敏，可直接应用于酶活力测定，也可以用于体内酶活性测定。特别适用于低浓度的酶和底物的测定。缺点是操作繁琐，样品需分离，反应过程无法连续跟踪，且同位素对人体有损伤作用。此外，辐射猝灭会引起测定误差，如 ^{3}H 发射的射线很弱，甚至会被纸吸收。

（五） 酶偶联法

如果酶所催化的反应底物和产物均不能通过上述方法直接定量测定，则可以加入一个辅助酶，使此反应的产物转变成为另外一个可以测定的产物，此方法称为酶偶联法。因为 NAD(P)H在 340nm 处有较大吸收，故在一些底物和产物较难测定的反应中，往往把一些酶的反应通过与脱氢酶的偶联转变成与 $NAD(P)^+$ 变化有关的反应。如己糖激酶催化 ATP 和葡萄糖的磷酰化反应：

$$葡萄糖 + ATP \longrightarrow 葡萄糖-6-磷酸 + ADP$$

此反应不能直接测定酶活力。而葡萄糖-6-磷酸脱氢酶可以催化以下反应

$$葡萄糖-6-磷酸 + NADP^+ \longrightarrow 6-磷酸葡萄糖酸 + NADPH$$

NADPH 可以通过测定 340nm 的光吸收值的变化来定量测定。为了真实反映所测得的酶活力是代表第 1 个反应中已糖激酶的活力，酶联反应中必须使已糖激酶的催化反应成为限速步骤，因此第 2 个反应中葡萄糖-6-磷酸脱氢酶和 $NADP^+$ 必须是过量的。

（六）其他方法

1. 电化学法

很多不同类型的电化学方法已用于酶反应测定中，其中最重要的是电位计技术。其基本原理是溶液的电势取决于被测物质的浓度和性质。采用这一原理制成的离子选择性电极，如 pH 电极可测定酶反应过程中反应液 pH 变化，从而测得参与反应的酶的活力。实际上，H^+ 变化的酶促反应需要不断加入酸和碱来恒定溶液的 pH，才能使酶活力不发生变化。滴加酸或碱的速度即表示反应速度，已有商品化的 pH 自动滴加仪，使用十分方便。

极谱法是另一种常用的电化学方法。溶液中浸入两个电极，其间加上一个恒定电位，通过监测反应过程中电流的变化来计算参与反应的酶活力，氧电极法即是基于这一原理。在有些酶促反应过程中，由于氧气的生成或消耗，引起溶液中溶氧的变化，从而引起电极之间电流大小的变化，即可计算酶活力，如葡萄糖氧化酶催化的反应，可通过检测电流随时间的变化，了解反应过程中氧气的生成或消耗。这比气压法灵敏度高。

进一步改进的方法是将氧电极（或其他一些专一性电极）与固定化酶偶联，形成了可分析专一性底物的酶电极。如在氧电极上涂一层用聚丙烯酰胺凝胶固定的葡萄糖氧化酶膜，可用于分析 D-葡萄糖，这一方法灵敏度高，专一性强，且非常方便。

电化学法的优点是测定系统若有某物质污染，不会影响结果。

2. 测压法

若酶催化反应过程中，某一底物或产物是气体，则可通过测定反应系统中气体的体积变化和时间的关系，即可求得酶反应速度，这种技术称测压法。这种方法最先是由 Bancoft 提出的，后来 Warburg 又加以改进。最常用的气体测量仪器为瓦（勃）氏测压仪。该方法测定酶活力的优点是可以连续测定整个反应酶活力的变化，缺点是灵敏度、准确度较光谱法低。

3. 旋光法

在某些磷酸化的反应中，底物和产物的旋光有所不同，这时就可以根据旋光的变化来跟踪酶反应过程。在某些情况下，可通过形成配合物来提高旋光度。如乳酸与钼酸盐反应形成高比旋配合物，故可用旋光计跟踪乳酸脱氢酶（LDH）催化的乳酸和丙酸之间的转换。然而，在通常情况下，由于该法与其他方法相比灵敏度低，因而很少采用。

第二节　酶促反应动力学

酶促反应动力学（enzyme kinetics）主要研究酶促反应的速率以及各种因素对反应速率的

影响。对酶促反应进行动力学研究，可以识别酶分子与催化相关的结构部分，有助于阐明酶的结构与功能关系；为酶的作用机制研究提供实验证据；有助于研究某些药物对于疾病的作用机制以及了解酶在代谢中的作用。

一、单底物酶促反应动力学

单底物酶促反应是由一种底物参与的不可逆反应，是最简单的酶促反应，包含水解酶、异构酶及多数裂解酶的催化反应（表4－1）。

表4－1　单底物的酶促反应

酶分类	酶促反应	举例
水解酶	$A \cdot B + H_2O \rightleftharpoons A \cdot OH + B \cdot H$	脂肪酶、淀粉酶、蛋白酶
异构酶	$A \rightleftharpoons B$	葡萄糖异构酶、消旋酶
裂合酶	$A \rightleftharpoons B + C$	脱羧酶、脱氨酶

注：由于水解酶催化的反应在水溶液中进行，水作为底物不需要额外添加，因此认为是单底物反应。

1913年，Michaelis和Menten最先对酶促反应套用数学模型，为酶促反应提供定量参数。单底物的酶促反应可以分成两步，反应模型以式（4－5）表示。首先，游离的酶分子（E）与底物（S）结合形成酶－底物（ES）复合物，紧接着复合物通过不可逆的分解反应，释放酶分子与产物（P）。

$$E + S \underset{k_{-1}}{\overset{k_1}{\rightleftharpoons}} ES \xrightarrow{k_2} E + P \tag{4-5}$$

单底物酶促反应有快速平衡动力学和稳态动力学两种反应模型。

（一）快速平衡动力学模型

在快速平衡动力学模型中，假设酶与底物可以快速结合形成酶－底物复合物，再较慢地释放游离的酶分子和产物。由于酶与底物结合的速度远大于酶－底物复合物的分解速度，即$k_{-1} \gg k_2$，因此酶与底物的结合处于稳定状态。在快速平衡动力学模型中，游离酶的浓度为$[E]_f$，底物浓度以$[S]$表示，而底物浓度远高于酶的浓度，即$[S] \gg [E]_f$。因此，酶与底物结合的平衡解离常数（K_S）为：

$$K_S = \frac{k_{-1}}{k_1} = \frac{[E]_f[S]}{[ES]} \tag{4-6}$$

游离酶的浓度等于酶的总浓度减去与底物结合的部分：

$$[E]_f = [E] - [ES] \tag{4-7}$$

平衡解离常数可以表示为：

$$K_S = \frac{([E] - [ES])[S]}{[ES]} \tag{4-8}$$

因此，酶－底物复合物的浓度为：

$$[ES] = \frac{[E][S]}{K_S + [S]} \tag{4-9}$$

酶－底物复合物ES需要通过多个化学反应步骤分解形成产物，并释放游离酶。为简便起见，把这些化学反应步骤的整体反应速率定义为一级反应速率常数k_{cat}。因此，酶促反应的模型可以简化为：

$$E + S \underset{K_S}{\rightleftharpoons} ES \xrightarrow{k_{cat}} E + P \qquad (4-10)$$

酶促反应的速率则以一级反应公式表示：

$$v = k_{cat}[ES] = \frac{k_{cat}[E][S]}{K_S + [S]} \qquad (4-11)$$

可以看出，反应速率是底物浓度的双曲线函数，当底物浓度无限大时，反应速率达到最大（K_S 相对于底物浓度可以忽略不计）：

$$V_{max} = \lim_{[S]\to\infty} v = k_{cat}[E] \qquad (4-12)$$

与式（4－11）结合，可推导出反应速率的公式为：

$$v = \frac{V_{max}[S]}{K_S + [S]} = \frac{V_{max}}{1 + \frac{K_S}{[S]}} \qquad (4-13)$$

式（4－13）表示了酶反应速率与底物浓度之间的定量关系，通常称为米氏方程。

（二）稳态动力学模型

实际上大部分酶促反应实验都是酶－底物复合物在一个恒定浓度下测定的。1925 年，Briggs 和 Haldane 提出稳态动力学模型，假设在底物浓度过量时，酶－底物复合物的浓度在一定时间内保持恒定，即酶－底物复合物生成和分解的速率相同。该模型要求反应中的所有酶都发挥催化作用，因此要求底物的浓度远大于游离酶的浓度，即［S］≫［E］，但不要求 $k_{-1} \gg k_2$。根据假设条件，在稳态动力学过程中，酶－底物复合物的浓度保持恒定：

$$\frac{d[ES]}{dt} = 0 \qquad (4-14)$$

酶－底物复合物生成和分解的速率相同：

$$k_1[E]_f[S]_f = (k_{-1} + k_2)[ES] \qquad (4-15)$$

移项后，酶－底物复合物的浓度为：

$$[ES] = \frac{[E]_f[S]_f}{\frac{k_{-1} + k_2}{k_1}} \qquad (4-16)$$

以 K_m 替代简化所有的动力学常数：

$$K_m = \frac{k_{-1} + k_2}{k_1} = \frac{[E]_f[S]_f}{[ES]} \qquad (4-17)$$

以（［E］－［ES］）替换 $[E]_f$，$[S] \approx [S]_f$，得酶－底物复合物的浓度为：

$$[ES] = \frac{[E][S]}{K_m + [S]} \qquad (4-18)$$

同样的，以 k_{cat} 代表酶－底物复合物的分解速率，则酶促反应速率为：

$$v = k_{cat}[ES] = \frac{k_{cat}[E][S]}{K_m + [S]} \qquad (4-19)$$

当底物浓度趋向无限大时，反应速率达到最大值（K_m 相对于底物浓度可以忽略不计）：

$$V_{max} = \lim_{[S]\to\infty} v = k_{cat}[E] \qquad (4-20)$$

与式（4－19）结合，得到稳态动力学模型的反应速率公式，即米氏方程：

$$v = \frac{V_{max}[S]}{K_m + [S]} = \frac{V_{max}}{1 + \frac{K_m}{[S]}} \qquad (4-21)$$

当底物浓度等于 K_m 时：

$$v = \frac{V_{max}[S]}{[S]+[S]} = \frac{V_{max}}{2} \tag{4-22}$$

此时酶促反应速率为$\frac{1}{2}V_{max}$。因此，把 K_m 定义为在底物浓度饱和的前提下，酶促反应速率达到最大反应速率一半时的底物浓度，K_m 也称为米氏常数（Michaelis constant），当 $k_{-1} \gg k_2$ 时，K_m 与快速平衡动力学模型中的 K_S 相等。

上述两种模型中，稳态动力学模型更为常用。因为在稳态阶段中，底物消耗量少，可以认为底物浓度恒定；产物生成较少，避免了产物对酶的抑制作用；同时在催化反应的起始阶段，酶不会有显著的失活，酶的有效浓度较为恒定。因此稳态动力学模型消除了不必要的干扰，简化了酶促反应速率的模型，是描述酶动力学特征的最佳选择。

（三）米氏常数 K_m 与催化常数 k_{cat}

通过米氏常数 K_m 的定义，可知当底物浓度等于 K_m 时，有一半的酶的活性中心被底物分子占据。米氏常数 K_m 也是酶-底物复合物的平衡解离常数，与酶-底物复合物分解为游离酶和底物的速率相关［式（4-19）］。米氏常数的倒数（$1/K_m$）则与游离酶与底物结合形成酶-底物复合物的速率相关［式（4-19）］。

$$K_m: ES \longrightarrow E + S$$

$$1/K_m: E + S \longrightarrow ES$$

因此可以通过对比 K_m 值的大小，比较或衡量某种底物与酶的亲和力强弱。K_m 值越小，表示酶与底物的亲和力越大；K_m 值越大，酶与底物的亲和力越小。

催化常数 k_{cat}（catalytic constant）定义为在酶被底物完全结合的状态下，在单位时间内每一催化活性中心可以转化的底物分子数，也称为酶的转换数（turnover number）。由式（4-19）可知，k_{cat} 可以通过酶的最大反应速率 V_{max} 和酶的浓度［E］计算得出。k_{cat} 的单位是时间的倒数，如 min^{-1}、s^{-1}。酶与底物结合形成酶-底物复合物后，需要通过多个化学反应步骤分解形成产物，催化常数 k_{cat} 就是综合若干化学反应步骤的表观速率常数，与酶促反应中的限速反应步骤的速率最为接近［式（4-19）］。

$$k_{cat}: ES \longrightarrow ES^{\ddagger} \longrightarrow E + P$$

$ES^{\ddagger}$ 为酶-底物复合物过渡态。

酶的催化过程离不开酶与底物的结合以及随后的催化反应步骤，米氏常数 K_m 和催化常数 k_{cat} 分别衡量这两个步骤的反应速率，而两个常数的比值 k_{cat}/K_m 则可以表征酶的整体催化效率（catalytic efficiency）。k_{cat}/K_m 是二级反应速率常数，反应酶催化全过程的宏观二级速率常数：

$$k_{cat}/K_m: E + S \longrightarrow ES \longrightarrow ES^{\ddagger} \longrightarrow E + P$$

通过比较 k_{cat}/K_m 的大小，可以比较酶对不同底物的催化效率，以及测定反应条件（温度、pH）或基因突变对酶的催化能力的影响。

（四）酶促反应动力学参数的测定

1. 拟合米氏方程

要获得动力学参数 V_{max} 和 K_m，首先要测定不同底物浓度下的初始反应速率（图4-6）。

然后以底物浓度为横坐标，初始反应速率为纵坐标作图，数据以非线性最小二乘法拟合至米氏方程，即可求出动力学参数 V_{max} 和 K_m（图4-7）。KaleidaGraph、GraphPad 等数据处理软

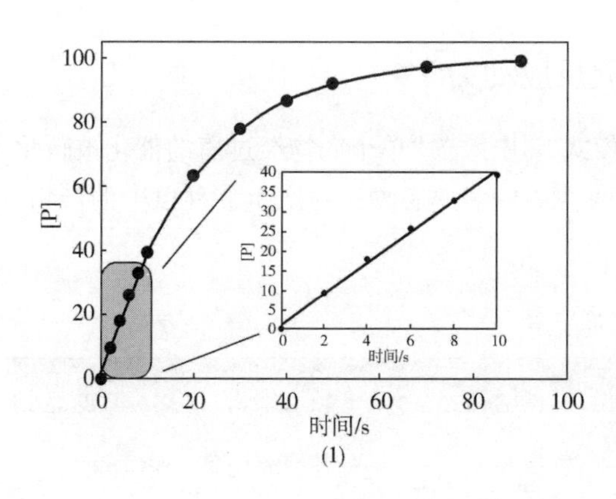

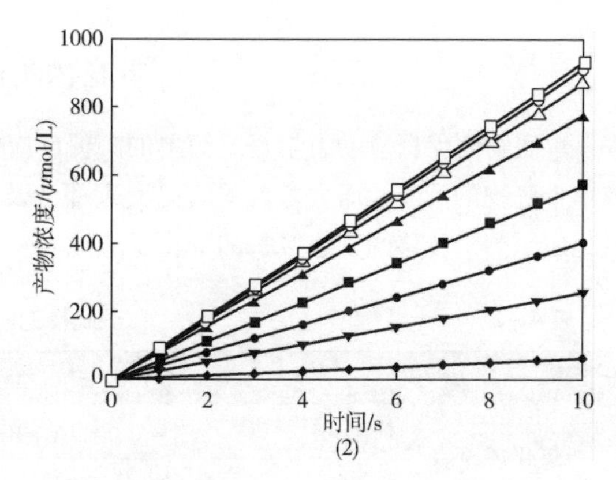

图4-6　不同底物浓度下初始反应速率的测定

（1）某一底物浓度下的初始反应速率　（2）不同底物浓度下的初始反应速率

件都含有拟合米氏方程曲线的模块，并自动分析 V_{max}、K_m 以及偏差、拟合优度等参数。该方法可获得较准确的动力学参数。

2. Lineweaver - Burk 双倒数作图法

利用数据处理软件对动力学实验数据进行非线性拟合在近年来才逐渐使用。常用的动力学数据处理方法，是把米氏方程线性化，再将实验数据转换后代入：

$$v = V_{max}\left(\frac{1}{1+\frac{K_m}{[S]}}\right) \tag{4-23}$$

等号两边取倒数，得：

$$\frac{1}{v} = \left(\frac{K_m}{V_{max}}\frac{1}{[S]}\right)+\frac{1}{V_{max}} \tag{4-24}$$

该式可以看成 $\frac{1}{v}$ 与 $\frac{1}{[S]}$ 的线性方程（图4-8），方程的斜率为 $\frac{K_m}{V_{max}}$，在 y 轴上的截距为 $\frac{1}{V_{max}}$，恰好符合 $\frac{1}{[S]}=0$ 即 $[S]=\infty$ 时达到酶的最大反应速率。在适当的底物范围内，该方程能得到较好的线性和较准确的动力学参数。

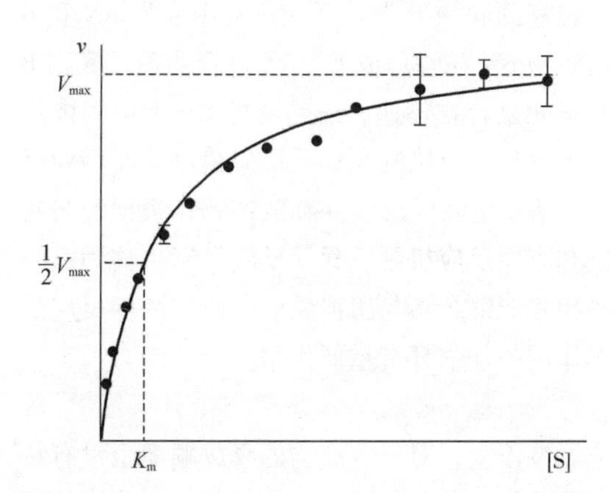

图4-7　米氏方程的拟合与动力学参数

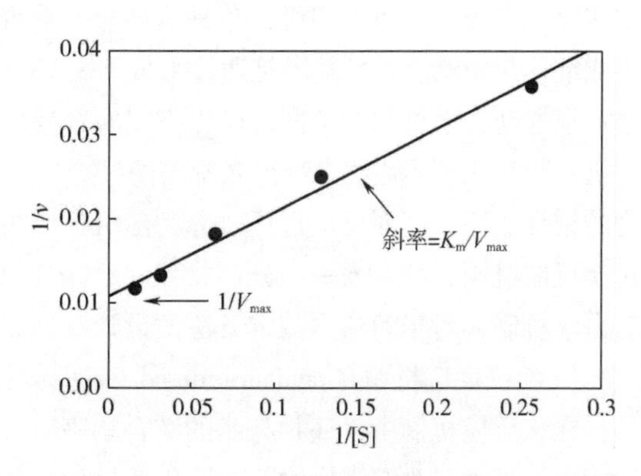

图4-8　Lineweaver-Burk 双倒数作图法求得动力学参数

二、多底物酶促反应动力学

单底物酶促反应动力学是最简单的酶促反应模式，用于描述单个底物经过酶的催化被转化成单个底物的反应。而大多数的酶促反应都涉及两种或更多的底物，并产生一种以上的产物。氧化还原酶、转移酶、连接酶的催化反应见表4-2。

表4-2 多底物的酶促反应

酶分类	酶促反应	举例
氧化还原酶	$AH + B \rightleftharpoons A + BH$ $A + O \rightleftharpoons AO$	葡萄糖氧化酶、脱氢酶
转移酶	$A \cdot X + B \rightleftharpoons A + B \cdot X$	甲基转移酶、转氨酶、己糖激酶
连接酶	$A + B + ATP \rightleftharpoons AB + ADP + P_i$	DNA 连接酶

(一) 按底物分子数分类

根据酶促反应中底物和产物的分子数，表4-3所示为以单分子、双分子、三分子英文单词的前缀 uni、bi、ter 对反应进行命名。

表4-3 酶促反应按底物分子数命名

酶促反应	命名
$A \rightarrow P$	Uni uni
$A + B \rightarrow P$	Bi uni
$A + B \rightarrow P_1 + P_2$	Bi bi
$A + B + C \rightarrow P_1 + P_2$	Ter bi

(二) 按动力学机制分类

多底物酶促反应涉及底物和产物的结合以及释放顺序。以 Bi-bi 反应为例：

$$E + AX + B \rightleftharpoons E + A + BX$$

该反应属于基团转移反应，X 基团从底物 AX 转移到底物 B 上。反应过程中底物 AX 和 B 是按照一定顺序，还是随机与酶进行结合？是否当底物 AX 与酶形成 E·AX 复合物后，底物 B 才能继续与酶结合？X 基团是通过形成 E·AX·B 三元复合物传递，还是通过 E·X 中间体传递？根据动力学机制的不同，可以把双底物反应分为序列反应机制和乒乓反应机制。在序列反应机制中，只有当底物 AX 和 B 都与酶结合后，才开始发生酶促反应并释放产物；根据酶与底物的结合顺序，序列反应还可以分为随机反应机制和有序反应机制。乒乓反应机制也称为双-置换反应机制，只有当一部分产物释放后，其他底物才能继续参与酶促反应。研究酶促反应的动力学机制，对于酶活力测定方法的设计、抑制剂作用的评估都有重要作用。

1. 随机反应机制（random ordered reactions）

在该反应机制中，底物与酶的结合顺序对反应影响不大，对任意产物的释放顺序也没有特定要求。不过，只有当底物 AX 与 B 都与酶结合，形成 E·AX·B 三元复合物后，X 基团才能从底物 AX 直接转移到底物 B 上（图4-9）。酶的作用是让两种底物相互接近，并把两种底物的活性基团带到酶活性中心的正确相邻位置，再产生催化作用。

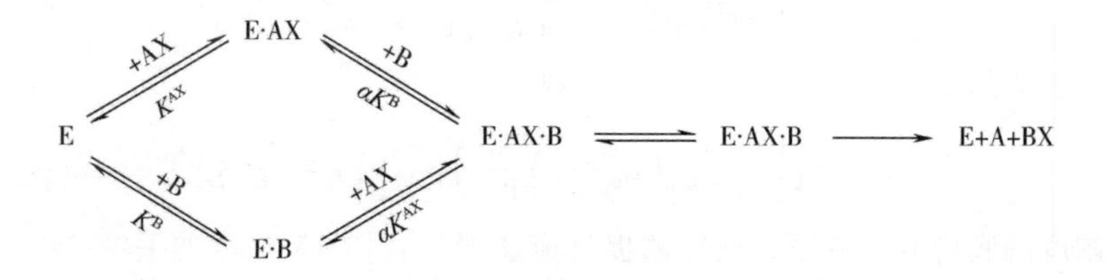

图 4 -9　多底物酶促反应的随机反应机制

2. 有序反应机制（compulsory ordered reactions）

与随机反应机制类似，只有当酶与两种底物都结合形成三元复合物中间体 E · AX · B 后，催化反应才开始发生，但该机制要求只有当一种底物与酶结合后，另一种底物才可以继续与酶结合。如图 4 - 10 所示，只有当底物 AX 与酶分子结合形成 E · AX 复合物后，底物 B 才能继续结合。换言之，底物 B 无法与游离的酶分子直接结合，因为通常底物 B 对游离酶的亲和力较低，而对 E · AX 复合物的亲和力较高。

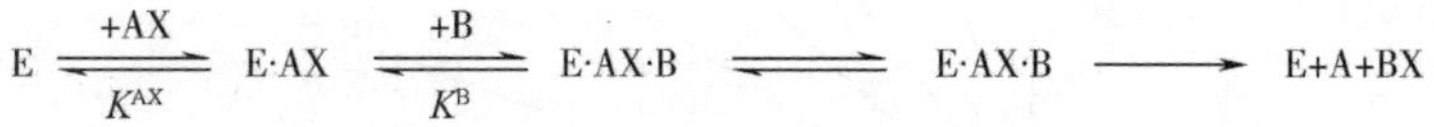

$$E \underset{K^{AX}}{\overset{+AX}{\rightleftharpoons}} E\cdot AX \underset{K^{B}}{\overset{+B}{\rightleftharpoons}} E\cdot AX\cdot B \rightleftharpoons E\cdot AX\cdot B \longrightarrow E+A+BX$$

图 4 - 10　多底物酶促反应的有序反应机制

3. 乒乓反应机制（ping - pong reactions）

乒乓反应机制也称为双 - 置换反应机制（double replacement reactions），该机制不形成三元复合物中间体，而是分为两部分反应。如图 4 - 11 所示，底物 AX 首先与酶结合，X 基团被转移到酶分子的活性中心形成 EX 复合物中间体（通常 EX 为共价复合物），产物 A 释放离去；然后底物 B 与 EX 复合物结合，X 基团从酶分子上传递到底物 B 上，最后形成产物 BX 离去。在该反应机制中，底物 B 只能与 EX 复合物结合，而不能与游离的酶分子结合。

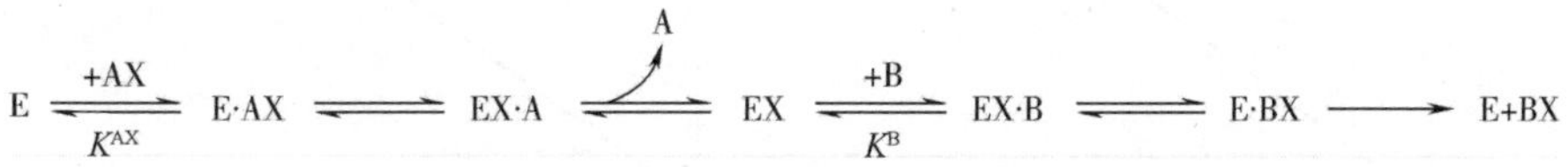

$$E \underset{K^{AX}}{\overset{+AX}{\rightleftharpoons}} E\cdot AX \rightleftharpoons EX\cdot A \overset{A}{\rightleftharpoons} EX \underset{K^{B}}{\overset{+B}{\rightleftharpoons}} EX\cdot B \rightleftharpoons E\cdot BX \longrightarrow E+BX$$

图 4 - 11　多底物酶促反应的乒乓反应机制

（三）双底物酶促反应动力学

1. 随机反应机制

如图 4 - 12 所示，K^{AX}和 K^{B}分别表示酶与底物的平衡解离常数，α 表示一种底物与酶分子结合后对另一种底物与酶的结合亲和力的影响。当底物 B 达到饱和浓度时，αK^{AX}等于底物 AX 的米氏常数 K_m^{AX}；同样当底物 A 的浓度达到饱和时，$\alpha K^{B} = K_m^{B}$。根据 v、V_{max}与催化常数 k_{cat}的关系，以及各反应步骤的平衡解离常数与底物浓度的关系，可以推导出反应速率的公式：

$$v = k_{cat}[E\cdot AX\cdot B]K^{AX} = \frac{[E][AX]}{[E\cdot AX]}K^{B} = \frac{[E][B]}{[E\cdot B]} \tag{4-25}$$

$$\alpha K^{AX} = K_m^{AX} = \frac{[E\cdot B][AX]}{[E\cdot AX\cdot B]}\alpha K^{B} = K_m^{B} = \frac{[E\cdot AX][B]}{[E\cdot AX\cdot B]} \tag{4-26}$$

$$V_{max} = k_{cat}[E_t] = k_{cat}([E] + [E \cdot AX] + [E \cdot B] + [E \cdot AX \cdot B]) \quad (4-27)$$

$$v = \frac{V_{max}[AX][B]}{K^{AX}K_m^B + K_m^B[AX] + K_m^{AX}[B] + [AX][B]} \quad (4-28)$$

其中 $[E_t]$ 为酶的总浓度。公式两边取倒数：

$$\frac{1}{v} = \frac{1}{V_{max}}\frac{1}{[AX]}\left(K_m^{AX} + \frac{K^{AX}K_m^B}{[B]}\right) + \frac{1}{V_{max}}\left(1 + \frac{K_m^B}{[B]}\right) \quad (4-29)$$

在不同浓度的底物B条件下，测定酶促反应速率与底物AX浓度的关系，以Lineweaver－Burk双倒数作图法作图，得到在第一象限有同一交点的系列直线（图4－12）。把各直线的斜率与1/［B］作图，以及在不同浓度的底物B条件下的表观最大反应速率 V_{max}^{app} 与1/［B］作图，即可求出各动力学参数 K_m^{AX}、K_m^B 以及 V_{max}。V_{max}^{app} 是当一种底物浓度固定（不饱和），而另一种底物达到饱和时的最大反应速率，也称为表观最大反应速率；只有当两种底物都达到饱和时，测得的 V_{max} 才是真正的最大反应速率。

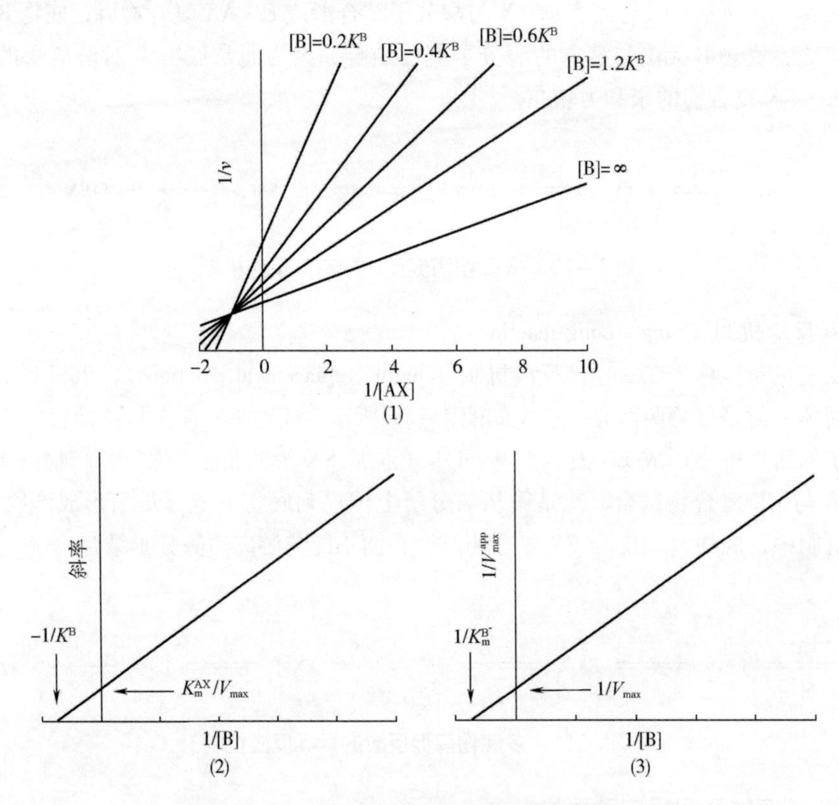

图4－12 随机反应机制动力学参数的测定

（1）不同浓度底物B条件下，$1/v$ 与1/［AX］的双倒数作图　（2）图A中直线斜率与1/［B］的双倒数作图　（3）$1/V_{max}^{app}$ 与1/［B］的双倒数作图

2. 有序反应机制

假设 E·AX·B $\rightleftharpoons$ E·A·BX 是整体酶促反应的限速步骤，则反应速率的方程为：

$$v = \frac{V_{max}[AX][B]}{K^{AX}K^B + K^B[AX] + [AX][B]} \quad (4-30)$$

该动力学方程的计算方法与随机反应机制类似。但如果 E·AX·B $\rightleftharpoons$ E·A·BX 不是整体反应的限速步骤，则稳态动力学方程更适用于该机制：

$$v = \frac{V_{max}[AX][B]}{K^{AX}K_m^B + K_m^B[AX] + K_m^{AX}[B] + [AX][B]} \tag{4-31}$$

式中　K^{AX}——E · AX 的平衡解离常数；

K_m^{AX}、K_m^B——底物 AX、底物 B 在另一种底物浓度饱和条件下的米氏常数。

有序反应机制中动力学参数的测定方法与计算方法与随机反应机制相同。由于两种机制的动力学方程的相似性，所得动力学双倒数图与随机反应机制相似，因此无法根据双倒数图区分两种动力学机制。

3. 乒乓反应机制

乒乓反应机制的稳态动力学方程为：

$$v = \frac{V_{max}[AX][B]}{K_m^B[AX] + K_m^{AX}[B] + [AX][B]} \tag{4-32}$$

其双倒数方程为：

$$\frac{1}{v} = \frac{K_m^{AX}}{V_{max}[AX]} + \frac{1}{V_{max}}\left(1 + \frac{K_m^B}{[B]}\right) \tag{4-33}$$

测定在不同浓度的底物 B 条件下，反应速率与底物 AX 浓度的关系，以 Lineweaver - Burk 双倒数作图法作图，可以得到相互平行的系列直线（图 4 - 13）。把不同 B 浓度下的表观最大反应速率 V_{max}^{app}与 1/［B］作图，以及不同 B 浓度下的表观米氏常数 $K_m^{AX,app}$ 与 1/［B］作图，即可求出各动力学参数 K_m^{AX}、K_m^B 以及 V_{max}。

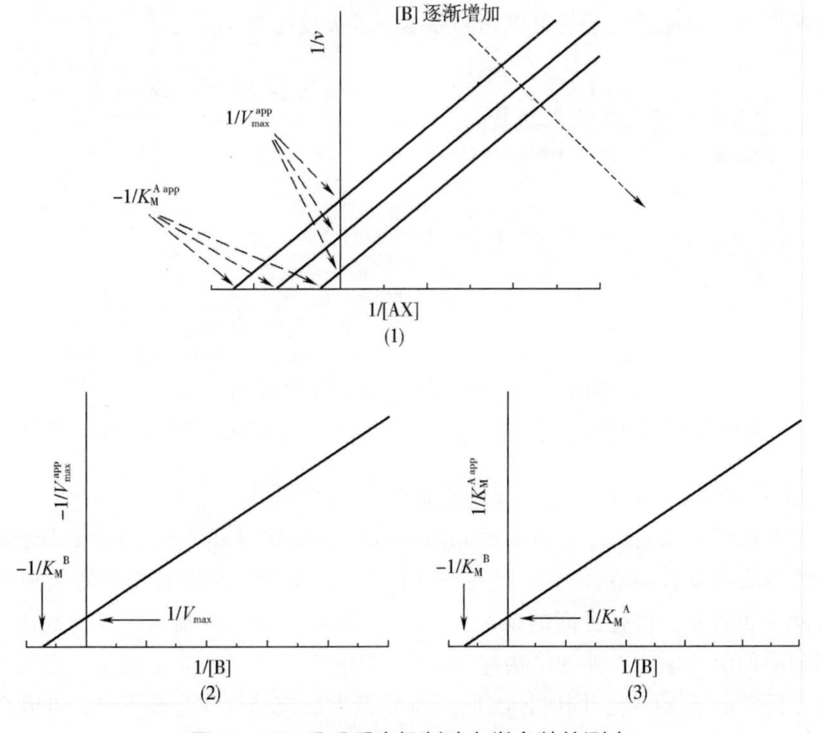

图 4 - 13　乒乓反应机制动力学参数的测定

（1）不同浓度底物 B 条件下，1/v 与 1/［AX］的双倒数作图　（2）1/V_{max}^{app}与 1/［B］的双倒数作图

（3）1/$K_m^{AX,app}$ 与 1/［B］的双倒数作图

三、 酶促反应的抑制动力学

对酶分子的抑制作用进行研究，可以帮助我们研究酶的催化机制，识别酶的活性中心结构，研究酶的结构与功能的关系。在实际应用中，大部分药物通过抑制与疾病相关的酶类达到治疗作用；农药产品通过抑制相关酶类达到杀虫和除草效果；在食品加工过程中添加多酚氧化酶抑制剂，可以防止食物的酶促褐变。抑制剂对酶促反应的作用可以分为可逆和不可逆的抑制作用。

（一） 可逆的抑制作用

对酶的活性具有可逆抑制作用的抑制剂，通常以氢键、离子键、疏水作用和范德华力等非共价相互作用与酶进行结合。以透析、超滤等物理方法除去抑制剂后，酶的活性即可恢复。可逆型抑制剂对酶促反应的影响可以分为竞争性、非竞争性和反竞争性抑制作用。

1. 竞争性抑制（competitive inhibition）

如图 4－14 所示，抑制剂（I）与底物（S）同时竞争结合游离酶（E）分子的活性中心，当抑制剂占据酶的活性中心，底物无法进入酶的活性中心产生催化作用。这类抑制剂通常与底物有类似的化学结构，只与游离酶分子进行结合，不能与酶－底物复合物结合。酶促反应模型中，K_m 为酶－底物（ES）复合物的平衡解离常数，k_{cat} 为总体的一级反应速率常数，K_i 为酶－抑制剂（EI）复合物的平衡解离常数。由于竞争性抑制剂干扰了酶与底物的结合过程，因此酶与底物的亲和力降低，酶促反应的米氏常数 K_m 增大。在酶分子没有完全被抑制剂占据的情况下，未与抑制剂结合的游离酶仍然对底物有催化作用；只要继续提高底物的浓度，克服抑制剂对酶活的抑制作用，酶促反应还是可以达到原本的最大反应速率。

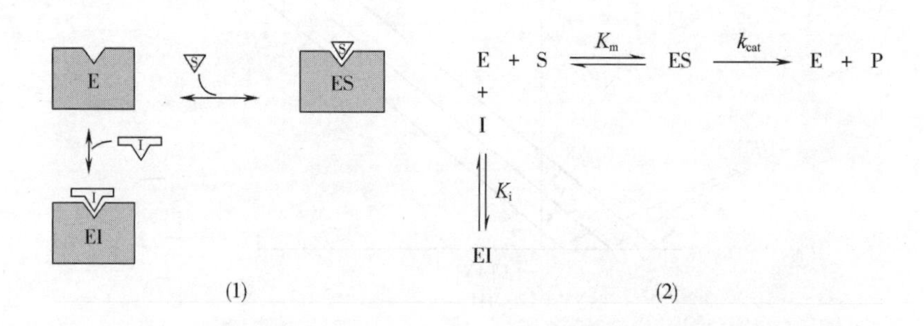

图 4－14　酶促反应的竞争性抑制作用

（1）抑制剂与底物竞争结合酶分子的活性中心　（2）竞争性抑制剂存在下的酶促反应模型

2. 非竞争性抑制（noncompetitive inhibition）

非竞争性抑制剂可以同时结合游离酶和酶－底物复合物（图 4－15）。α 因子表示抑制剂对游离酶和酶－底物复合物结合的选择性：$\alpha=1$ 表示抑制剂对两者有相同的亲和力；$\alpha<1$ 表示抑制剂对酶－底物复合物有更高的亲和力；$\alpha>1$ 表示抑制剂更倾向于与游离酶结合。非竞争性抑制剂与酶的活性中心以外的结构进行结合，因此不会对酶与底物的结合造成影响，因此酶促反应的米氏常数 K_m 不变。同时，酶促反应的最大反应速率 V_{max} 会下降，非竞争性抑制剂对酶活的抑制作用也不会因为底物浓度的提高而减弱。

3. 反竞争性抑制（uncompetitive inhibition）

反竞争性抑制剂只与酶－底物复合物结合，而不与游离酶结合，不会与底物形成竞争关系

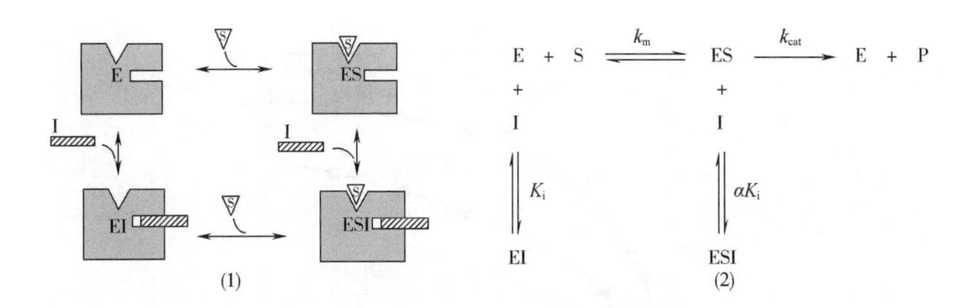

图 4-15　酶促反应的非竞争性抑制作用

(1) 抑制剂可以与游离酶或酶-底物复合物结合　(2) 非竞争抑制的酶促反应模型

(图 4-16)。并且这类抑制剂会促进酶与底物结合的平衡，增加酶与底物的亲和力，因此酶促反应的米氏常数 K_m 会下降。反竞争性抑制剂还会影响酶与底物结合后的催化反应步骤，使酶促反应的最大反应速率 V_{max} 下降。但酶促反应的催化效率 V_{max}/K_m 不变。

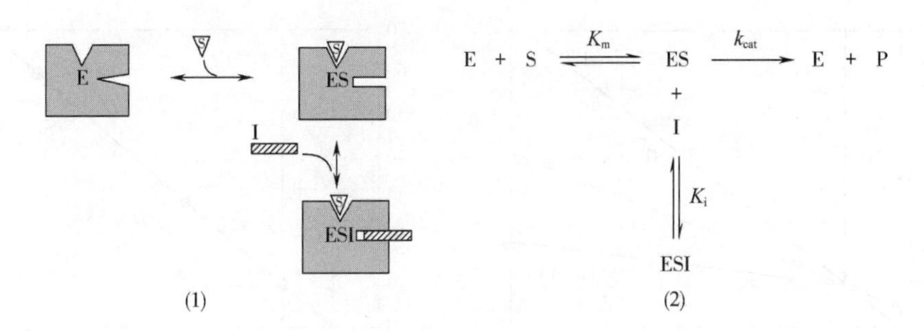

图 4-16　酶促反应的反竞争性抑制作用

(1) 抑制剂只与酶-底物复合物结合　(2) 反竞争抑制的酶促反应模型

(二) 可逆抑制作用动力学

1. 竞争性抑制

根据 v、V_{max} 与催化常数 k_{cat} 的关系，以及酶-底物复合物、酶-抑制剂复合物的平衡解离常数的定义，可以推导出反应速率的公式：

$$v = k_{cat}[ES]K_m = \frac{[E][S]}{[ES]}K_i = \frac{[E][I]}{[EI]} \tag{4-34}$$

$$V_{max} = k_{cat}[E_t] = k_{cat}([E] + [ES] + [EI]) \tag{4-35}$$

$$v = \frac{V_{max}[S]}{[S] + K_m\left(1 + \frac{[I]}{K_i}\right)} \tag{4-36}$$

其中 $[E_t]$ 为酶的总浓度。公式两边取倒数得：

$$\frac{1}{v} = \frac{1}{V_{max}} + \frac{K_m}{V_{max}}\frac{1}{[S]}\left(1 + \frac{[I]}{K_i}\right) \tag{4-37}$$

在固定的不同抑制剂浓度下，测定酶促反应速率与底物浓度的关系（图 4-17）。

以 Lineweaver-Burk 双倒数作图法作图，得到在 $1/[S]=0$ 处有同一交点的系列直线（图 4-18）。把在不同抑制剂浓度下测得的表观米氏常数 K_m^{app} 与抑制剂浓度作图，即可求得抑

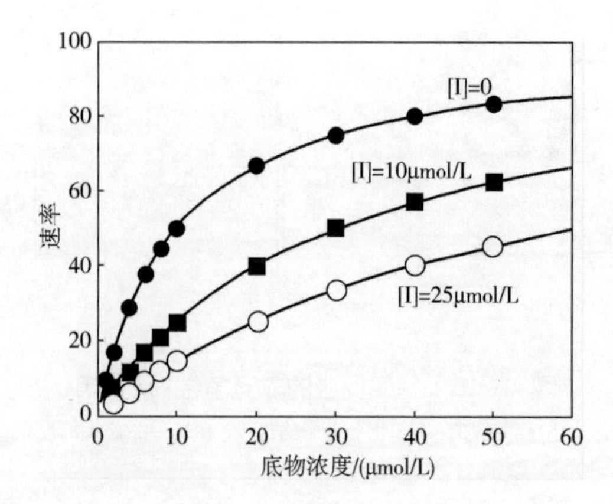

图 4－17　不同抑制剂浓度下的酶促反应动力学

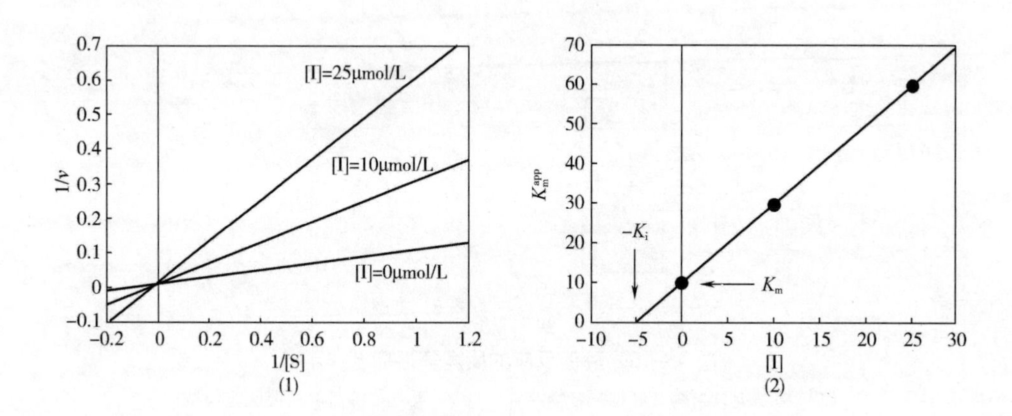

图 4－18　酶促反应竞争性抑制的动力学参数的测定

制剂常数（inhibitor constant）K_i 和米氏常数 K_m。

2. 非竞争性抑制

在非竞争性抑制剂存在的情况下，酶促反应的速率为：

$$v = \frac{V_{max}[S]}{[S]\left(1 + \frac{[I]}{\alpha K_i}\right) + K_m\left(1 + \frac{[I]}{K_i}\right)} \tag{4-38}$$

$$\frac{1}{v} = \frac{1 + \frac{[I]}{\alpha K_i}}{V_{max}} + \frac{K_m}{V_{max}}\frac{1}{[S]}\left(1 + \frac{[I]}{K_i}\right) \tag{4-39}$$

在固定的不同抑制剂浓度下，测定酶促反应速率与底物浓度的关系（图 4－19）。

以 Lineweaver－Burk 双倒数作图法作图，得到在 1/［S］＜0 处有同一交点的系列直线，根据 α 因子的不同，双倒数图有不同的情况（图 4－20）。

把在不同抑制剂浓度下测得的最大反应速率的倒数 $1/V_{max}$ 与抑制剂浓度作图［图 4－21（1）］，以及各直线的斜率与抑制剂浓度作图［图 4－21（2）］，即可求得抑制剂常数 K_i 和 α 因子。

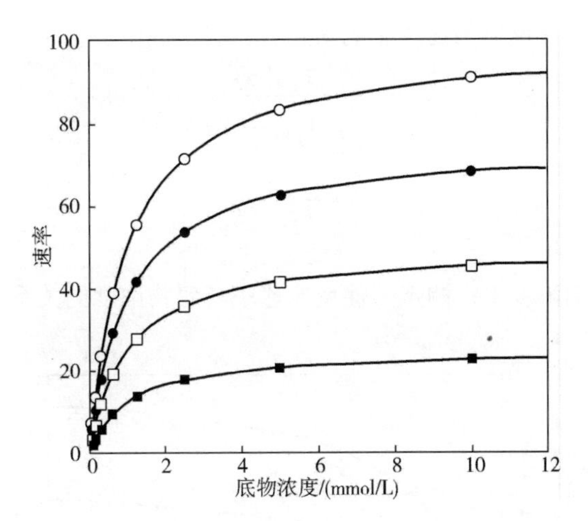

图 4－19　酶促反应非竞争性抑制的动力学参数的测定

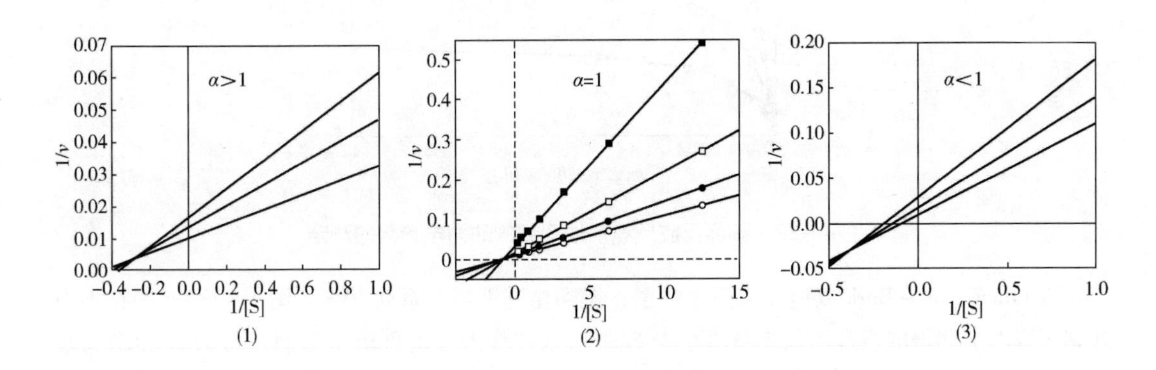

图 4－20　酶促反应非竞争性抑制的双倒数图

(1)—$\alpha>1$　(2)—$\alpha=1$　(3)—$\alpha<1$

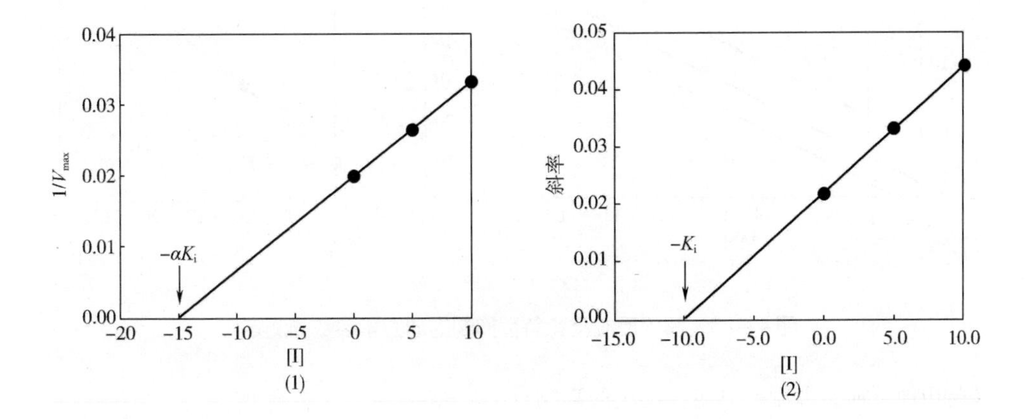

图 4－21　酶促反应非竞争性抑制的动力学参数的测定

3. 反竞争性抑制

反竞争性抑制剂对酶促反应的速率影响为：

$$v = \frac{V_{max}[S]}{[S]\left(1 + \frac{[I]}{K_i}\right) + K_m} \tag{4-40}$$

$$\frac{1}{v} = \frac{1 + \frac{[I]}{K_i}}{V_{max}} + \frac{K_m}{V_{max}}\frac{1}{[S]} \tag{4-41}$$

在固定的不同抑制剂浓度下，测定酶促反应速率与底物浓度的关系（图4-22）。

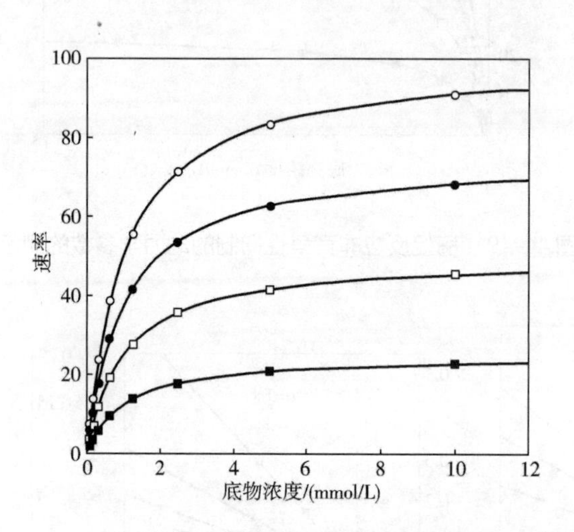

图4-22 酶促反应反竞争性抑制的动力学参数的测定

以 Lineweaver - Burk 双倒数作图法作图，得到相互平行的系列直线（图4-23）。把在不同抑制剂浓度下测得的表观米氏常数 K_m^{app} 与抑制剂浓度作图，即可求得抑制剂常数 K_i 和米氏常数 K_m。

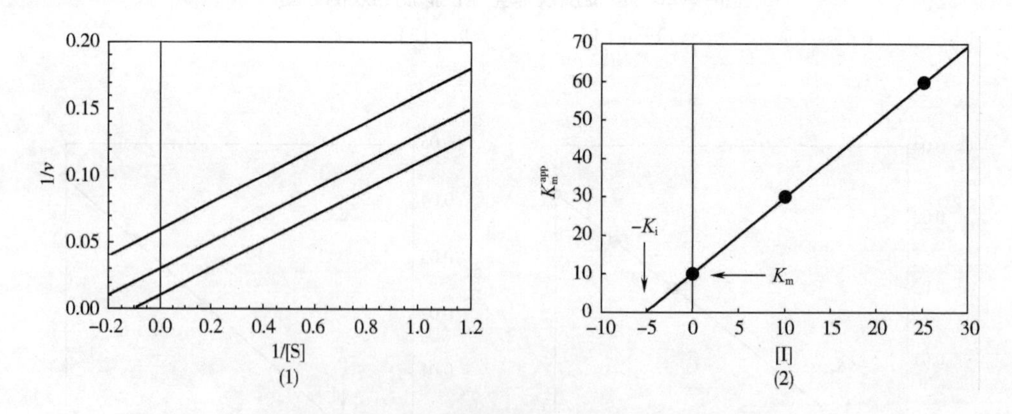

图4-23 酶促反应反竞争性抑制的动力学参数的测定

以上几种可逆型抑制剂对酶促反应的影响总结见表4-4。

表 4-4　可逆型抑制剂对酶促反应的影响

抑制类型	无抑制剂	竞争性抑制	非竞争性抑制	反竞争性抑制
作用对象	—	游离酶	游离酶、酶-底物复合物	酶-底物复合物
影响步骤	—	E + S→ES	E + S→ES→E + P	ES→E + P
动力学方程	$v=\frac{V_{max}[S]}{K_m+[S]}$	$v=\frac{V_{max}[S]}{[S]+K_m\left(1+\frac{[I]}{K_i}\right)}$	$v=\frac{V_{max}[S]}{[S]\left(1+\frac{[I]}{\alpha K_i}\right)+K_m\left(1+\frac{[I]}{K_i}\right)}$	$v=\frac{V_{max}[S]}{[S]\left(1+\frac{[I]}{K_i}\right)+K_m}$
米氏常数	K_m	增加	不变	减小
最大反应速率	V_{max}	不变	减小	减小
催化效率	V_{max}/K_m	减小	减小	不变

（三）不可逆的抑制作用

对酶的活性具有不可逆抑制作用的抑制剂，通常以共价键与酶分子的一些功能性部位（比如活性中心）进行不可逆结合，使酶丧失活性。这类抑制剂与酶分子永久性结合，不会因为稀释处理或随着时间变化再恢复酶的活力（不能用透析、超滤等方法予以除去）。不可逆抑制剂也称为酶的灭活剂。

不可逆抑制剂最初用于酶的亲和标记或共价修饰。抑制剂可以与酶结合并共价修饰催化反应必需的氨基酸或其他氨基酸。一些不可逆抑制剂对特殊的氨基酸具有很高的选择性，因此可以用于识别一些与酶催化反应有关键作用的氨基酸。一些不可逆抑制剂可以被酶识别为底物类似物，与酶的活性中心结合形成共价的酶-抑制剂加合物。

思考题

1. 什么是酶活力？测定酶活力时需要注意什么？
2. 酶活力的表示单位有什么？酶的转化数和比活力有什么区别？
3. 酶活的测定方法主要有哪些？简单描述各种方法的优缺点。
4. 什么是酶的最适 pH？pH 如何影响酶的活力？
5. 测定酶活力时为什么要加过量的底物？
6. 单底物酶促反应有哪些反应模型？
7. 稳态动力学模型提出的前提条件是什么？
8. 什么是米氏方程？有哪些重要参数？
9. 米氏常数、催化常数的意义是什么？如何测定和计算？
10. 多底物酶促反应有哪些分类方法？
11. 在多底物酶促反应中，随机反应、有序反应和乒乓反应的反应模型分别是什么？它们的动力学方程分别是什么？
12. 酶促反应的可逆抑制作用有哪些类型？
13. 可逆型抑制剂如何影响酶促反应的动力学参数？

参考文献

[1] 王镜岩，朱圣庚，徐长法．生物化学（第三版）［M］．北京：高等教育出版社，2009.

[2] 袁勤生，赵健．酶与酶工程［M］．上海：华东理工大学出版社，2005.

[3] 陈清西．酶学及其研究技术［M］．厦门：厦门大学出版社，2014.

[4] 李谭瑶，邓克国，陈波，等．气相色谱法测定脂肪酶的活力［J］．药学学报，2009，44（6）：628－631.

[5] Kuby S A. A Study of Enzyme［M］. Boca Raton：CRC Press，1991.

[6] Robert A. Copeland. ENZYMES：A Practical Introduction to Structure，Mechanism，and Data Analysis［M］. New York：A JOHN WILEY & SONS，INC.，2000.

[7] Yang J. G.，Wang Y. H，Yang B.，et al. Degumming of vegetable oil by a new microbial lipase［J］. Food Technology and Biotechnology，2006，44（1）：101－104.

[8] Xu H，Lan D. M.，Yang B，Wang Y. H. Biochemical Properties and Structure Analysis of a DAG－Like Lipase from Malassezia globosa［J］. International Journal of Molecular Sciences，2015，16（3）：4865－4879.

CHAPTER 5

第五章

酶的稳定性及酶失活动力学

[内容提要]

本章主要介绍了影响酶活力的因素、评价酶稳定性的方法以及研究酶失活动力学的方法。

[学习目标]

1. 掌握影响酶稳定性具体因素以及导致酶失活的具体原因。
2. 掌握评价酶稳定性的方法。
3. 掌握酶失活动力学的类型。
4. 了解酶失活动力学模型在实际研究中的相关计算。

[重要概念及名词]

酶的稳定性、疏水相互作用、范德华力、蛋白质变性剂、半衰期、变性的焓、递减时间。

酶的稳定性是指酶抵抗各种因素的影响，保持其催化活性的能力。酶由天然蛋白质组成，因此蛋白质结构基础不仅决定酶的催化性质，也影响酶的稳定性。同时，酶的稳定性还受外部环境因素影响，如温度、pH、离子浓度、化学物质等。在酶贮存与工业应用中维持酶的稳定性具有实际意义，酶失活动力学方法可以研究酶失活发生的动态过程，对如何保护酶制剂具有指导意义。

第一节 酶的稳定性

一、影响酶稳定性的内部因素

酶的特定功能是由其特殊的空间结构决定的。显然，要保持其生物活力，必须保持其空间结构的稳定性。稳定蛋白质三维结构的作用力主要是一些非共价键（或称次级键），包括氢键、盐键（离子键）、范德华力、疏水相互作用。此外，二硫键在稳定某些蛋白质的构象方面也起着重要作用。二硫键虽然不参与多肽链的折叠过程，但酶的三维结构形成后，二硫键可稳定该构象。

（一）氢键

氢键在稳定蛋白质的结构中起到极其重要的作用。由电负性原子与氢形成的基团，如N—H和O—H具有很大的偶极矩，成键电子云分布偏向负电荷性大的原子，因此，氢原子核周围的电子分布就少，正电荷的氢核就裸露在外侧。这一正电荷氢核遇到另一个负电荷性强的原子时，就产生静电吸附，形成氢键。大多数蛋白质采取的折叠策略是使主链肽基之间形成最大数目的分子内氢键（如α-螺旋、β-折叠），同时保持大部分能成氢键的侧链处于蛋白质分子表面，与水相互作用。氢键在维持蛋白二级结构α-螺旋、β-折叠、β-转角中起到重要作用。

x□H···y

x，y是电负性强的原子（N、O、S等），x□H是共价键，H···y是氢键。

（二）盐桥

盐桥也称为离子键（盐键），是蛋白质中带有相反电荷的侧链之间的一种静电相互作用，是一种正负电荷之间的相互吸引力。吸引力F与电荷数量的乘积（Q_1Q_2）成正比，与电荷质点间的距离平方（R^2）成反比。在溶液中吸引力随周围介质的介电常数ε增大而降低：

$$F=\frac{Q_1\,Q_2}{\varepsilon R^2} \tag{5-1}$$

在生理pH条件下，酸性氨基酸（Asp、Glu）侧链解离成负离子，碱性氨基酸（Lys、Arg、His）离解成正离子。而多数情况下，这些基团分布在球状蛋白质分子的表面，与水分子形成排列有序的水化层，偶尔有少数带相反电荷的侧链在分子的疏水内部形成盐键。

（三）范德华力

广义的范德华力由3种较弱的作用力组成，即定向效应、诱导效应和分散效应。定向效应发生在极性分子或极性基团之间，是永久偶极间的静电相互作用，氢键被认为属于这种范德华力。诱导效应发生在极性物质与非极性物质之间，这是永久偶极与由它诱导偶极之间的静电作用。分散效应在多数情况下起主要作用的是范德华力，是非极性分子或基团间仅有的一种范德华力即狭义范德华力，也称London分散力。几种重要原子的范德华力半径和共价键半径如表5-1所示。

表5－1 几种生物学上重要原子的范德华力半径和共价键半径

原子	范德华半径/nm	共价键半径/nm
H	0.12	0.030
C	0.20	0.077
N	0.15	0.070
O	0.14	0.066
S	0.18	0.104
P	0.19	0.110

（四）疏水相互作用（熵效应）

球状蛋白质中疏水残基（非极性）有一种自然的避开水相并互相聚集在分子内部的趋势，这种现象称为疏水相互作用。它在维持蛋白质的三维结构方面有重要的作用，对蛋白质的结构和稳定性非常重要。疏水相互作用在生理温度范围内随温度升高而加强（$\Delta G=\Delta H-T\Delta S$，$T$的升高与熵增加具有相同的效应），但超出一定温度后（50～60℃，因侧链而异），又趋于减弱。因为超过这个温度，疏水基团周围的水分子有序性降低，因而有利于疏水基团进入水中。非极性溶剂、去垢剂可以破坏疏水相互作用，因此可以作为变性剂来破坏蛋白结构。

（五）二硫键

二硫键在稳定某些蛋白质的构象方面起着重要作用。由于交联即蛋白质中形成二硫键，伸展蛋白质的熵急剧降低，这个稳定化效应值随着肽链中氨基酸数目的增加而增加。二硫键的形成并不指导多肽链的折叠，但二硫键对蛋白质三维结构有稳定的作用。在多数情况下，二硫键可以选择性被还原，从而引起蛋白质天然构象的改变而失去生物活性。在多数情况下，二硫键出现在β－转角附近。

二、影响酶稳定性的外部因素

多年以前，人们研究发现在某些试剂（如高浓度盐酸胍或脲）的作用下，蛋白质可以在水溶液中去折叠。为了开发有效的稳定化方法，必须研究酶的失活机制，酶的特有活性构象是分子中各种相互作用的结果。影响酶稳定性的因素有：

（一）pH 环境

pH 改变可引起催化必需基团的电离，导致酶失活。pH 较小变化对酶结构没有严重影响，重新调节 pH，可恢复活力。一旦远离等电点，蛋白质分子内相同电荷间的静电斥力会导致其伸展。而且在蛋白质伸展后，埋藏在内部的非电离残基也发生电离，His 残基主要负责酸性 pH 下的蛋白质伸展，对蛋白酶来说，常会导致自溶。极端 pH 能启动改变、交联或破坏氨基酸残基的化学反应，引起不可逆失活。

肽键水解在强酸条件下或中等 pH 和高温相结合的条件下也容易发生。在极端条件下（浓度为6mol/L HCl，24h，110℃），蛋白质可完全水解成氨基酸。在 Asp 残基处的肽键水解在酸的环境下短时间也能发生，Asp－Pro 键特别易受攻击，此外，在强酸、中性和碱性 pH 下容易发生 Asn 和 Gln 的脱氨作用，在蛋白质的疏水性内部引入电荷，导致酶失活。食品加工时，蛋白质一般要暴露于碱性条件下，发生各种各样的反应，其中包括肽键水解、脱氨、精氨酸水解成鸟氨酸、β-消除和外消旋化、双键形成、氨基酸残基破坏和形成新的氨基酸。例如，碱催化的β-消除反应可破坏二硫键，同时形成脱氢丙氨酸和硫代半胱氨酸残基，脱氢丙氨酸与赖氨酸的ε-氨基发生加成反应，形成一个新的分子内交联键（赖氨丙氨酸）。

（二）氧化作用

许多氧化剂能氧化带芳香族侧链的氨基酸以及 Met、Cys 和胱氨酸残基。分子氧、H_2O_2和氧自由基是常见的蛋白质氧化剂。在过渡金属离子（如 Cu^{2+}）存在及碱性条件下，Cys 可氧化成胱氨酸。然而，根据氧化剂强度，Cys 也可转变成次磺氨酸、亚磺氨酸或磺半胱氨酸。

H_2O_2是非专一性氧化剂。在酸性条件下，它主要使 Met 氧化成它的亚砜。此反应限制了酶在工业上的贮存和应用。在生物系统中，蛋白质的氧化失活是通过活性氧（$\cdot OH$、O_2^-、H_2O_2、OCl^-）来完成的。

（三）表面活性剂

表面活性剂在水溶液中的行为结构：由“头”和“尾巴”组成。头（亲水）部可分为带电（正负电都可-离子型）和不带电（非离子型）。尾巴（疏水）由碳氢长链决定。表面活性剂在水中是先溶解成单分子，当单分子浓度达到临界胶束浓度时，自动缔合成胶束（热力学上的稳定状态），胶束中心疏水，外围亲水。酶在表面活性剂中的失活机制是因为酶蛋白疏水区和表面活性剂的胶束中心相互靠近，结合的胶束增多导致酶分子结构伸展，内部疏水基团暴露，从而结合更多表面活性剂。当酶伸展超过一定程度，酶变性失活。表面活性剂变性效力顺序：SDS（阴离子）>癸基三甲基氯化铵（阳离子）>Triton-100（非离子）。

（四）蛋白质变性剂

1. 脲和盐酸胍

变性剂可消除维持三级结构中起重要作用的疏水相互作用，直接与酶分子作用，导致蛋白质三级结构破坏而导致酶不可逆失活。因此新配制的脲和盐酸胍致酶失活后，只有通过透析才能使酶复活。

2. 高浓度盐

高浓度盐对蛋白质具有双重作用，一方面可能有稳定作用，另一方面可能有变性作用。盐的性质和盐的浓度决定了酶稳定性。离子促变序列如下：阳离子：$(CH_3)_4N^+ > NH_4^+ > K^+ > Na^+ > Mg^{2+} > Ca^{2+} > Ba^{2+}$；阴离子：$SO_4^{2-} > Cl^- > Br^- > NO_3^- > ClO_4^- > SCN^-$；越靠前的（极性小、带电少）稳定作用越强，越靠后的（电负性强、带电多）变性作用越强。

3. 螯合剂

螯合剂（如 EDTA）的两重性：对于需要金属辅酶的酶来讲，螯合剂因会夺去金属离子而使酶失活；有些酶的天然构象需要金属离子，螯合剂的存在会因络合金属而破坏酶构象，导致其失活。对于不需金属辅酶的酶来讲，螯合剂可以去除酶周围的重金属离子，使酶稳定。

4. 有机溶剂

酶在绝对无水的非极性溶剂中构象稳定，但活性表现不出来，酶只在含极少量水的非极性有机溶剂中具有酶活。在酶的水溶液中加入极性有机溶剂（乙醇等），可引起酶失活。原因是酶催化所需要的必需水被夺走，酶蛋白的构象也发生了变化，蛋白质由里往外翻，表面溶解度降低，内核溶解度增加。

5. 重金属离子和巯基

已知重金属阳离子如汞、镉、铅、铜、银等能和酶蛋白的巯基、二硫键、组氨酸、色氨酸反应，改变一级或二级结构。此外，银或汞能催化水解二硫键，催化有关改变结构的反应。巯基试剂通过还原二硫键能使酶失活，这个作用常是可逆的。

（五）温度

工业上的酶法加工大多在较高温度下进行，这样可以增加溶解度和反应速度以及降低黏度、防止微生物污染。所以酶的热失活在工业上最常遇到。热失活通常也是两步过程，有两种构象过程能引起不可逆热失活：第一，由于热伸展，包埋的疏水区域一旦暴露于溶剂，则会发生蛋白质聚合；第二，单分子构象扰动能引起酶失活。高温下，酶丧失其常规的非共价相互作用，当恢复常规条件时，酶天然构象不可逆改变。

（六）机械力

机械力（如压力、剪切力、振动）和超声波能使蛋白质变性。从理论上讲，变性是可逆的，但常伴随引起不可逆失活的聚合或共价反应。能产生机械力的因素有四种：

（1）振动　振动引起蛋白质疏水核外露，进而聚合。

（2）剪切　剪切引起蛋白质构象变化，导致原先埋藏的疏水区域暴露，然后聚合，失活随剪切速度的增大和暴露时间的增长而增加。

（3）超声波　超声波压力使溶解的气体产生小气泡，引起的空化作用既产生机械力，又产生自由基等化学变性剂，使蛋白质失活。

（4）压力　10～600MPa 的压力可使酶失活。

（七）冷冻和脱水

低温减弱了疏水相互作用，引起酶蛋白解离或变性（可逆）。在低温下因水分子的结晶，酶和盐被浓缩，微环境中 pH 和离子强度的改变会引起酶变性或四级结构解离，-3℃时水中氧浓度是0℃的 1150 倍，浓缩后酶中巯基浓度增大，巯基氧化和二硫交换反应加快。

（八）辐射作用

在自由基存在时，直接会使酶的一级结构共价改变而失活，也可以在水溶液中产生·OH、H_2O_2、溶解的电子等而伤害酶（间接）。在接受非电离辐射（如光辐射）时，光敏化染料可吸收可见光能，再氧化酶分子的敏感基团（Cys、Try、His），紫外辐射能直接破坏酶蛋白的氨基酸导致失活。

三、酶稳定性的评价方法

酶稳定性分为热力学稳定性和动力学稳定性。热力学稳定性是研究未折叠和部分折叠的蛋白与天然的和具有功能活性的蛋白之间的平衡，动力学稳定性是研究酶的高自由势能（high free - energy barrier），能够用于区分天然态的酶和无活性的酶（未折叠的，或不可逆失活的蛋白）。

（一）热力学方法

1. 变性焓和变性熵

用热力学的方法评价酶稳定性时，酶的失活认为是一步反应，天然酶和变性酶的可逆转换如下式：

$$N \xrightarrow{K_D} D \qquad (5-2)$$

式中 K_D——酶变性平衡常数。

$$K_D = \frac{[D]}{[N]} \qquad (5-3)$$

在酶稳定的热力学研究中，最关键的步骤是酶变性常数的测定。酶变性常数是指在特定温度下天然酶和变性酶的比例，变性常数的计算如下：

$$K_D = \frac{f_D}{f_N} = \frac{f_D}{1-f_D} \qquad (5-4)$$

式中 f_D——变性酶的比例；

f_N——天然酶的比例。

这些比例的计算有多种方法，天然酶或变性酶在特定温度下的计算公式如下：

$$f_D(T) = \frac{N_0 - N_{min}(T)}{N_0 - N_{lim}} \qquad (5-5)$$

$$f_N(T) = \frac{N_{min}(T) - N_{lim}}{N_0 - N_{lim}} \qquad (5-6)$$

式中 N_{lim}——酶完全变性后残留酶活的最低限，背景活力是0。

因此实验过程中需要设计一系列的酶变性的温度函数，酶平衡常数可以通过这一系列函数计算。

显然，在特定温度下平衡常数越大，酶的稳定性越弱。变性的焓、熵和自由能可以直接根据平衡常数计算，标准的变性自由能的计算如下：

$$\Delta G_D^0 = -RT\ln K_D \qquad (5-7)$$

标准的变性焓值可以根据平衡常数对温度的倒数作图的自然对数的斜率计算，用 van’t Hoff 等式：

$$\ln K_D = \frac{\Delta S_D^0}{R} - \frac{\Delta H_D^0}{RT} \qquad (5-8)$$

式中 ΔS_D^0——变性的标准熵。

因此标准熵可以由 van’t Hoff 中的 y－截距直接计算。标准熵也可以根据过渡中点温度（transition midpoint temperature）（T_m）计算，其中 $f_D = f_N$，$K_D = 1$，因此，$\ln K_D = 0$，$\Delta G_D^0 = 0$。

$$\Delta G_D^0(T_m) = \Delta H_D^0 + T_m \Delta S_D^0 = 0 \qquad (5-9)$$

因此，标准熵的计算如下：

$$\Delta S_D^0 = \frac{\Delta H_D^0}{T_m} \qquad (5-10)$$

或者 ΔS_D^0 也可以根据 ΔG_D^0（特定温度）和 ΔH_D^0 计算：

$$\Delta S_D^0 = \frac{\Delta H_D^0 - \Delta G_D^0(T)}{T} \qquad (5-11)$$

上式中假定天然酶和变性酶的热容量没显著差异以及在研究的温度范围内热容量残留量保持不变。

变性的焓（$J \cdot mol^{-1}$）是指酶变性所需要的热，焓值越大酶越稳定。变性的熵（$J \cdot mol^{-1} \cdot K^{-1}$）是指酶变性所需要的能量，通常，正的 ΔS_D^0 代表变性，变性体系的熵值变化越大，酶越不稳定。另外，自由能代表焓和熵，更容易反映蛋白的稳定性，所以 ΔG_D^0 越小的，负值越小，表明酶越容易变性，酶越不稳定。

2. 变性活化能（Energy of Activation）

如果有不同温度下的速率常数，那么变性的活化能很容易计算，可以将实验数据代入线性或非线性模型计算：

$$\ln k_{D} = \ln A - \frac{E_{a}}{RT} \tag{5-12}$$

$$k_{D} = Ae^{-E_{a}/RT} \tag{5-13}$$

式中　A——频率因子，化学反应中的碰撞总数，$time^{-1}$；

E_{a}——活化能，$kJ \cdot mol^{-1}$；

R——大气压常数，$kJ \cdot mol^{-1} \cdot K^{-1}$；

T——溶液的温度，K。

上述等式中，A 为常数，E_{a}活化能越低，变性常数 k_{D} 越大，变性常数速率越大，酶的热稳定性越高，因此变性速率常数 k_{D} 和活化能 E_{a}是很有价值的评价酶稳定性的参数。

3. Z 值

和活化能相近的另外一个参数是 Z 值。Z 值是指 D 值减低一个 log10（即减低 90%）所需要的温度增加量，其计算可以根据 $\log_{10}D$ 对温度作图：

$$\log_{10}D = \log_{10}C - \frac{T}{Z} \tag{5-14}$$

$$D = C \cdot 10^{-T/Z} \tag{5-15}$$

式中　C——与频率因子 A 相关的一个常数。

如果 D 在两个温度条件下，Z 值的计算如下：

$$\log_{10}\frac{D_{2}}{D_{1}} = -\frac{T_{2} - T_{1}}{Z} \tag{5-16}$$

由此可知，Z 值和活化能呈负相关：

$$Z = \frac{2.303RT_{1}T_{2}}{E_{a}} \tag{5-17}$$

式中　T_{1}、T_{2}——测定 E_{a} 的两个温度。

这种酶稳定性的评价方法严格遵守自然现象，没有必要解释酶降解的真实机制。

4. 半衰期（half-life time）

评价酶稳定性的一个通用常数是半衰期（$t_{1/2}$），某一反应的半衰期是指初始反应物浓度降低 1/2 所需要的时间。一级反应的半衰期可以根据数量常数计算：

$$t_{1/2} = \frac{\ln 2}{k_{D}} = \frac{0.693}{k_{D}} \tag{5-18}$$

（二）动力学方法

1. 模型建立

动力学评价酶的稳定性必须假定酶活或天然酶浓度随时间的降低遵循一阶降解模型，这一过程可以建模为：

$$N \xrightarrow{k_{D}} D \tag{5-19}$$

式中　N——天然酶；

D——变性酶；

k_{D}——一阶降解常数。

一阶常微分方程和酶质量平衡关系如下：

$$\frac{d[N]}{dt} = -k_D[N - N_{min}] \tag{5-20}$$

$$[N_0] = [N] + [N_{min}] \tag{5-21}$$

式中　$[N_{min}]$ ——$t=\infty$ 时的酶活或天然酶的浓度，在 $t=0$ 时，$N=N_0$。

对等式积分：

$$\int_{N_0}^{N} \frac{d[N]}{[N - N_{min}]} = -k_D\int_0^t dt \tag{5-22}$$

得出一阶指数衰减函数，可以表示为线性或非线性的形式：

$$\ln\frac{[N - N_{min}]}{[N_0 - N_{min}]} = -k_D t \tag{5-23}$$

$$[N] = [N_{min}] + [N_0 - N_{min}]e^{-k_D t} \tag{5-24}$$

速率常数可以根据线性或非线性回归方法，变性的速率常数越高表明酶越不稳定。

如果可以得到变性酶的量随时间变化的函数，那么变性酶浓度的增加和酶质量平衡的一阶常微分方程为：

$$\frac{d[D]}{dt} = k_D[N - N_{min}] = k_D[D_{mix} - D] \tag{5-25}$$

$$[N_{min} + N_{max}] = [N + D] = [N_0 + D_0] \tag{5-26}$$

式中　D_{max}——变形酶在 $t=\infty$ 时变性酶的浓度。

边界条件为 $t=0$ 时，对 $D=D_0$ 进行积分：

$$\int_{D_0}^{D} \frac{d[D]}{[D_{max} - D]} = k_D\int_0^t dt \tag{5-27}$$

因此，一阶指数增长函数可以表示为线性和非线性形式：

$$\ln\frac{[D_{max} - D]}{[D_{max} - D_0]} = -k_D t \tag{5-28}$$

或

$$[D] = [D_{max}] - [D_{max} - D_0]e^{-k_D t} \tag{5-29}$$

如果在上述等式两边同时减去 D_0，那么一阶指数增长函数可以表示为：

$$[D] = [D_0] + [D_{max} - D_0](1 - e^{-k_D t}) \tag{5-30}$$

速率常数的计算可以根据上述标准的线性或非线性回归方程计算。变性速率常数越大表明酶越不稳定。

2. 递减时间（decimal reduction time）

评价酶稳定性的另一个参数是递减时间，某一反应的递减时间是指反应物浓度或活性降低一个 $\log_{10}$（也就是反应物的浓度或活性降低 90%）所需要的时间。递减时间可以根据 $\log_{10}([N_t]/[N_0])$ 对时间作图的斜率来计算。因此，改进的一阶综合速率方程为：

$$\log_{10}\frac{[N_t]}{[N_0]} = -\frac{t}{D} \tag{5-31}$$

或

$$[N_t] = [N_0]\cdot 10^{-t/D} \tag{5-32}$$

递减时间（D）和一阶速率常数（k_r）的关系为：

$$D = \frac{2.303}{k_r} \tag{5-33}$$

第二节　酶失活动力学

酶是一种不稳定的物质，由于温度、pH 等条件的影响而产生不可逆的活力下降。通常情况下，胞外酶较为稳定，而胞内酶在外部环境易失活。在保存或者在参与反应过程中都有可能导致酶失活，失活越快说明酶稳定性越差。而酶的热失活是最重要的一种酶失活形式，以下主要是讨论热失活的动力学。

一、　未反应时热失活动力学

测定酶未反应时的热失活动力学方法：在一定条件下，使酶保存在一定温度中维持一定时间，在酶最适温度和 pH 下测定残留的酶活，即残余酶活力。在不同温度下测定相应的酶活，即可获得一条曲线，该曲线可表示为酶失活的特性，称之为酶的热失活曲线，如改变温浴时间，即可获得不同的热失活曲线。可对残余的酶活对失活的时间作图，即得到酶在未反应时的失活速率。酶的热失活是一个复杂的过程，一般将其分为可逆失活与不可逆失活两类，并提出多种失活动力学模型。

1. 一步失活模型（one step model）

$$E \underset{K_r}{\overset{K_d}{\rightleftharpoons}} D \qquad (5-34)$$

式中　E——活性酶；

D——失活酶；

K_d——正反应的速率常数；

K_r——负反应的速率常数。

则活性酶的浓度随时间净减少率或失活反应方程式表示如下：

$$-\frac{dC_{Et}}{dt} = K_d C_{Et} - K_r C_D \qquad (5-35)$$

系统中酶的总浓度以 C_{E0} 表示，则存在下述关系式：

$$C_{E0} = C_{Et} + C_D \qquad (5-36)$$

将式（5－35）代入式（5－36），并利用边界条件 $t=0$，$C_{E0}=C_{Et}$ 积分，整理得：

$$C_{Et} = \frac{C_{E0}}{K_d + K_r}\{K_r + K_d \exp[-(k_d + k_r)t]\} \qquad (5-37)$$

对不可逆失活反应，$k_r=0$

$$C_{Et} = C_{E0}\exp(-k_d t) \qquad (5-38)$$

多数酶的热失活服从式（5－38），k_d 可称为一步失活常数或衰变常数，单位是（时间）$^{-1}$。K_d 的倒数称之为时间常数 t_d。当 C_{Et} 为 C_{E0} 的一半的时间称为半衰期，用 $t_{1/2}$ 表示。K_d、t_d 和 $t_{1/2}$ 之间的关系为：

$$k_d = \frac{1}{t_d} = \frac{\ln 2}{t_{1/2}} \qquad (5-39)$$

2. 多步失活模型（multi－shep model）

A 多步串联失活模型：酶的失活过程经历多个步骤，即 D→E→F。

B 同步失活模型：全部酶分子可划分为热稳定性不同的若干组分，每个组分均符合一步失活模型。该模型全部酶中残留酶活力的比率为：

$$\xi(t) = \frac{C_E}{C_{E0}} = \sum X_i \exp(-k_t) \tag{5-40}$$

式中 C_{E0}——酶的初始浓度；

X_i——失活速率常数为 k_i 的酶组分的分率。

因此，

$$\sum X_i = 1 \tag{5-41}$$

对一级失活模型，有失活反应 Arrihenius 方程

$$k_d = A_d \exp\left(-\frac{E_d}{RT}\right) \tag{5-42}$$

式中 k_d——衰变常数；

A_d——失活反应 Arrihenius 方程的前值因子；

E_d——失活反应活化能。

一般蛋白质的变性或失活的活化能为 125kJ/mol，高于一般化学反应的活化能（20 ~ 83125kJ/mol），这意味着酶失活对温度十分敏感。同时考虑温度和时间对酶失活影响的关系式：

$$A(t,T) = \frac{C_E}{C_{E0}} = \exp\left[-A_d t \exp\left(-\frac{E_d}{RT}\right)\right] \tag{5-43}$$

二、 反应过程酶热失活动力学

酶在反应中的稳定性称为机械稳定性，可通过分批测定、连续测定及圆二色谱分析等方法测定，测量不同温度下反应转化率随时间的变化曲线，即反应过程曲线。

对于某一反应时间，存在转化率最高的温度，该温度称为最适温度。不同的反应时间，有不同的最适温度，最适温度是温度对酶催化速率和酶失活速率双重作用的结果。

关于底物浓度的变数对酶失活的影响，提出了以下模型：

$$\begin{array}{ccccc} E+S & \underset{k_{-1}}{\overset{k_1}{\rightleftharpoons}} & ES & \xrightarrow{k_2} & P+E \\ \downarrow k_d & & \downarrow \delta k_d & & \\ D & & D+S & & \end{array}$$

从上述机制看出，无论是游离酶还是酶的复合物，均有可能失活，其失活速率方程表示为：

$$-\frac{dC_{Et}}{dt} = k_d \frac{k_m + \delta C_s}{k_m + C_s} \cdot C_{Et} \tag{5-44}$$

$$k_m = \frac{k_{-1} + k_2}{k_1}, \quad C_{Et} = C_{Ef} + C_{Es} \tag{5-45}$$

式中 δ——底物对酶失活的影响系数；

C_{Es}——游离酶浓度。

根据上述模型可知：

（1）当 $\delta=0$ 时，反应时酶失活速率达到最低。从反应机制中可以看出，复合物 ES 完全不

失活，或者说酶完全被底物保护。

（2）当 $\delta=1$ 时，反应时与未反应时酶失活速率完全相同，从反应机制中可以看出，复合物 ES 与游离酶 E 失活成熟完全相同，或者说底物对酶失活没有影响。

（3）当 $0<\delta<1$ 时，反应酶失活速率低于未反应时酶失活速率。从反应机制可以看出，复合物 ES 失活速率常数低于游离酶 E，或者说底物对酶失活有部分保护作用，能在一定程度上抑制酶的失活。

（4）当 $\delta>1$ 时，反应时酶失活速率高于未反应时酶失活速率。从反应机制可以看出，复合物 ES 失活速率常数大于游离酶 E，或者说底物加速酶的失活。

由上述分析可见，δ 反映了底物对酶失活速率的影响，因此称 δ 为底物对酶失活影响系数，也称为稳定性影响系数。

若只有游离酶失活时，其分批反应的动力学方程为：

$$-\frac{\mathrm{d}C_{\mathrm{s}}}{\mathrm{d}t}=\frac{k_2 C_{\mathrm{s}}}{K_{\mathrm{m}}}\left(C_{\mathrm{E0}}-\frac{k_{\mathrm{d}}K_{\mathrm{m}}}{k_2}\cdot\ln\frac{C_{\mathrm{s0}}}{C_{\mathrm{s}}}\right) \tag{5-46}$$

对零级不可逆反应，C_{s} 值趋于无穷大，因此有：

$$-\frac{\mathrm{d}C_{\mathrm{s}}}{\mathrm{d}t}=k_2 C_{\mathrm{Et}} \tag{5-47}$$

对该式积分，得到

$$C_{\mathrm{s0}}-C_{\mathrm{st}}=k_2\int_0^t C_{\mathrm{Et}}\mathrm{d}t \tag{5-48}$$

当 C_{s} 值足够大时，可简化为：

$$-\frac{\mathrm{d}C_{\mathrm{Et}}}{\mathrm{d}t}=k_{\mathrm{d}}\delta C_{\mathrm{Et}}=k'dC_{\mathrm{Et}} \tag{5-49}$$

进行记分，得到

$$C_{\mathrm{Et}}=C_{\mathrm{E0}}\exp(-k'\mathrm{d}t) \tag{5-50}$$

代入式中积分可得

$$C_{\mathrm{s0}}-C_{\mathrm{st}}=\frac{k_2 C_{\mathrm{E0}}}{k'_{\mathrm{d}}}\cdot[1-\exp(-k'\mathrm{d}t)] \tag{5-51}$$

式中　k_2、k'——温度的函数。

思考题

1. 简述影响酶稳定性的因素有哪些？并举例说明其中一种因素影响酶稳定性的机制。
2. 提高酶稳定性的方法有哪些？并说明具体理由。
3. 评价酶稳定性方法有哪些？如何选择酶稳定性的评价方法？
4. 酶失活动力学具体包括几个方面？
5. 在酶催化反应中，如何测定酶失活动力学参数？
6. 酶制剂在工业生产中具有重要的应用价值，请举例说明一种或多种酶制剂在生产中如何避免酶失活的问题。

参考文献

[1] 王镜岩，朱圣庚，徐长法．生物化学［M］．北京：高等教育出版社，2003.

[2] 袁勤生，赵健．酶与酶工程［M］．上海：华东理工大学出版社，2005.

[3] 陈清西．酶学及其研究技术［M］．厦门：厦门大学出版社，2014.

[4] H. Deleuze，G. Langrand，H. Millet，et al. Lipase - catalyzed reactions in organic media：competition andapplications［J］. Biochim Biophys Acta，1987，911：117 - 120.

[5] A. Fersht，W. H. Freeman. Enzyme Structure and Mechanism［M］. 2nd ed. New York：1985.

[6] Y. Fukagawa，M. Sakamoto，T. Ihsikura. Micro - computer analysis of enzyme - catalyzed reactions by the michaelis - Menten equation［J］. Agric Biol Chem，1985，49：835 - 837.

CHAPTER 6

第六章 酶的发酵与分离

[内容提要]

本章主要介绍了主要的发酵产酶菌株、酶发酵的条件及调控方式、酶的分离纯化的一般原则及主要方法。

[学习目标]

1. 了解酶的主要发酵菌株，掌握影响酶发酵的主要条件及调控方式。
2. 掌握酶分离纯化的一般原则及主要方法。
3. 掌握细胞破碎及固液分离的主要手段和应用范围。
4. 掌握酶分离纯化的主要方法和技术特征。

[重要概念及名词]

基因工程菌种、发酵工艺条件、酶分离纯化、固液分离、有机溶剂沉淀法、反胶束萃取、亲和层析、离子交换层析、喷雾干燥。

所有的生物体在一定的条件下都能产生酶。传统的酶制剂生产方法包括动物组织、植物体提取以及微生物发酵培养。提取或培养的酶通常需要经过复杂的分离和纯化工艺才能达到工业生产对酶制剂的要求。而复杂的分离工艺也导致酶的分离成本居高不下，严重影响其工业应用。近年来，随着基因工程技术的蓬勃发展，利用基因工程菌发酵生产酶的技术取得了飞速进步。该策略不但能够大幅提高酶的产量，而且可以减少杂蛋白的生成，简化酶的分离纯化工艺。因此，目前利用基因工程菌发酵产酶逐渐取代传统的原始菌发酵工艺成为行业的主流技术。

第一节　酶的发酵

酶产品的应用已有100多年历史，早在19世纪30年代，已有人用酒精沉淀麦芽淀粉酶，称之为“diastase”，用于棉布退浆。1884年，Takamine从米曲霉中获取高峰淀粉酶，用于棉布退浆，开创利用微生物产酶的先河。此后半个世纪内，酶的生产逐步发展，但仍停留在从动植物组织或微生物细胞中提取酶的阶段，这种方法工艺较为繁杂，不利于进行大规模工业化生产。直至20世纪40年代，日本采用深层液体发酵技术大规模生产α-淀粉酶，使酶制剂的生产进入了工业化阶段。以后几十年，自然酶的发酵生产工艺得到逐步提高，但仍不能满足大部分酶大规模生产的要求。1985年多聚合酶链式反应技术（PCR技术）问世以来，基因工程发展带动着酶工程快速发展，使酶的制备不再只受限于自然产酶宿主微生物。利用基因克隆与表达技术，可将酶基因导入特定的工程菌株体内，从而实现对酶基因的大规模可调可控表达，同时避免了自然酶生产菌株生长缓慢、酶蛋白产量低、不能高密度培养、产酶组分复杂难以分离等缺点。当前利用基因工程菌产酶已经成为主流的酶制备手段，只有少部分酶使用自然产酶菌株发酵产酶。

一、　酶的发酵菌种

（一）自然产酶菌种

酶在生物体内合成的过程主要称为酶的生物合成。酶广泛存在于生物体中，但实际应用中除了一些特殊用途的酶来源于动物和植物，大部分酶来源于微生物。微生物发酵产酶可以通过工业化大规模生产来降低成本，同时不像动植物产酶那样受地理、气候、土地等环境和资源的限制。经过人为预先设计及操控，利用微生物的生命活动获得所需酶的技术过程，称为酶的发酵生产。由于微生物具有种类多、繁殖快、易培养、代谢能力强的特点，酶的发酵生产是当今大部分酶的主要生产方法。

从19世纪80年代开始，从自然环境中选育特定的产酶微生物，是酶发酵生产的前提之一。一般来说，优良的产酶微生物应当具备以下条件：①酶的产量高；②产酶稳定性好；③容易培养和管理；④利于酶的分离和纯化；⑤安全可靠、无毒性等。常用的产酶微生物有细菌、放线菌、霉菌和酵母等。细菌主要有枯草芽孢杆菌、大肠杆菌；放线菌主要有链霉菌；霉菌有黑曲霉、米曲霉、青霉、木霉、根霉、毛霉；酵母有酿酒酵母、毕赤酵母、假丝酵母。

（二）基因工程菌种

现在使用工业用酶的种类还十分有限，还不能满足工业日益增长的需求。为了获得更多更优良的酶生产菌株，基因工程技术越来越受到关注。基因工程是在分子水平，通过人工方法将外源基因引入细胞而获得具有新的遗传性状细胞的技术，又称为克隆技术或重组DNA技术。基因工程改造产酶微生物，就是将特定的酶基因克隆到一个合适的载体，然后转化工程宿主菌，最后获得高效表达酶的工程菌株。这样通过改造后的工程菌株发酵产酶不但可以大幅提高酶产量，还可以改变酶蛋白分泌方式和改良酶催化性质，从而达到提高产量、降低生产成本的目的。

用于基因表达的宿主菌，是酶基因高效表达的关键因素之一。当前常用的基因工程表达宿主菌有原核细菌（例如大肠杆菌、枯草芽孢杆菌、乳酸菌和链霉菌等）和真菌（例如酿酒酵母、巴斯德毕赤酵母和丝状真菌）。然而，被美国联邦食品与药品管理局认定属于 GRAS（generally recognized as safe）和 FDA（food - additive）范围的表达宿主菌有：枯草芽孢杆菌、乳酸菌、酿酒酵母，以及丝状真菌中的黑曲霉、米曲霉和里氏木霉。合理选用工程菌株与表达策略是酶大量表达生产的前提，下面将简单介绍各个常用工程宿主菌的特点。

1. 大肠杆菌

大肠杆菌生长快，生长使用的培养基廉价，遗传背景和生化特性清楚，目前以大肠杆菌作为基因工程酶的宿主研究较多。例如，1980 年 Beppu 等首先尝试在大肠杆菌中表达凝乳酶。随后不同形式的凝乳酶被陆续在大肠杆菌中成功表达，包括：凝乳酶的成熟肽、凝乳酶原和酶原前体。但大肠杆菌表达系统也存在不足之处：①所表达的外源蛋白难以进行翻译后的修饰和加工；②所表达的蛋白容易形成不溶性的包含体，增加了下游提取分离的难度，需经过复杂的复性才能恢复其构象和活性；③背景蛋白多，给分离纯化带来了一定的难度。

2. 枯草芽孢杆菌

枯草芽孢杆菌（*Bacillus subtilis*）是一种重要的原核表达宿主，具有很高的应用价值，其培养简单快速，具有较强的分泌蛋白质的能力、非致病性及良好的发酵基础和生产技术。目前用于生产各种工业用酶，如碱性蛋白酶、中性蛋白酶 A 和 B、α - 淀粉酶、β - 淀粉酶、支链淀粉酶、木聚糖酶、脂肪酶、β - 半乳糖苷酶等。枯草芽孢杆菌是微生物研究领域中的一种重要模式菌株。

但枯草芽孢杆菌表达系统也存在不完善的地方，大部分外源蛋白在其体内的表达量不高，这主要是因为：①枯草芽孢杆菌在其对数生长末期表达和分泌大量蛋白酶，影响外源蛋白的稳定性和产量；②质粒的分化和结构不稳定，有时外源蛋白的组成型表达会影响质粒的稳定性；③有些外源蛋白的表达分泌到培养基中会影响宿主菌的生长。

3. 酵母

酵母作为凝乳酶基因的表达宿主，具有以下的特点：①酵母生长速度快，生长所需培养基廉价；②不产生内毒素，适合食品基因的表达；③酵母作为一种真核生物，所表达的外源蛋白可得到正确的翻译后修饰和加工。酿酒酵母最先被作为真核表达宿主菌得以应用，但其具有一定的局限性：缺乏强有力的启动子、表达分泌效率差、表达菌株不够稳定。近年来发展的毕赤氏酵母表达系统受到广泛的关注。该表达系统具有许多其他蛋白表达系统不具有的优点：①具有强有力的乙醇氧化酶启动子，可严格调控外源蛋白的表达；②可对表达蛋白进行折叠加工和翻译后的修饰；③营养要求低，生长快，培养基廉价，表达水平高；④表达的外源蛋白易于分离和纯化，基因工程菌株比较稳定；⑤对需氧生长有强的偏好，可进行高密度发酵培养，有利于工业化生产。

4. 丝状真菌

工业上用于异源蛋白表达的丝状真菌生产菌株主要是黑曲霉（*A. niger*）、米曲霉（*A. oryzae*）、里氏木霉（*T. reesei*）、泡盛曲霉（*A. awamori*）、构巢曲霉（*A. nidulans*）、酱油曲霉（*A. sojae*）和长枝木霉（*T. longibrachiatum*）等，其中前 4 种是最为常用的。丝状真菌在发酵工业上长期以来一直用于抗生素、酶类和有机酸等的生产，尤其在工业用酶生产中确立了核心地位，因为相比于其他工程宿主菌，丝状真菌具有众多优点：①丝状真菌具有强大的分泌酶类等蛋白质的能力；②丝状真菌能够完成真核蛋白质精确的翻译后修饰，如糖基化修饰、蛋白酶切割和二硫键的形成等；③丝状真菌糖基化作用与哺乳动物的更接近，甚至可形成与哺乳动物一致的糖基化结构（G1cNac2Man5），而酵母生产的蛋白总是表现出高甘露糖型（G1cNac2Man20）；④工业丝状真菌在安全性高；⑤丝状真菌培养简便，成本低，而且生长迅速，容易大规模开发形成产业化；⑥分离纯化等下游加工过程简单，由于产物可分泌到培养基中，不需要破壁提取产物。

然而，丝状真菌生产异源蛋白也存在一些问题，主要是大多数哺乳动物、植物和细菌来源的蛋白远低于真菌内源蛋白表达水平（每升发酵液数 10g），通常仅为每升发酵液几十毫克。为了使丝状真菌获得异源蛋白的高表达和分泌产量，克服该瓶颈的研究一直在不断开展。造成异源蛋白产量低的原因可能是多方面的，可以发生在不同水平，如转录、翻译、翻译后修饰加工、分泌和胞外降解等。先前的研究主要集中在通过增强启动子、增加基因拷贝数、密码子优化、降低蛋白水解活力以及与内源基因融合等可以一定程度提高目的蛋白的产量。而后续的研究开始转向胞内蛋白质量控制的细胞机制、分泌途径研究、糖基化作用和工程菌的稳定性等方面。

二、 酶的发酵工艺条件

（一） 发酵培养基

培养基作为提供细胞生长、繁殖和新陈代谢的营养物质，其组成对酶的生产具有重要的影响。虽然培养基成分多种多样，但一般均包含碳源、氮源、无机盐和生长因子这几类。碳源主要为细胞提供碳水化合物及必要能量，常用的碳源包括淀粉、葡萄糖和甘油等，某些特殊的细胞也可利用石油、乙醇和甲醇等。而氮源作为蛋白质合成的最重要营养物质，对酶的生产具有举足轻重的作用，通常的氮源包括蛋白胨、酵母粉等有机氮以及硫酸铵、硝酸钾等无机氮两类。一般情况，碳源和氮源的比例，即碳氮比（C/N）被认为对酶的产量具有最为显著的影响，通常操作人员会在不同的发酵时期流加或补充碳氮源、调节碳氮比，以获得最优的酶产量。另外，调节无机盐浓度、添加玉米浆和麸皮水解物等生长因子对生产也有重要的促进作用。

（二） pH

细胞培养液的 pH 与细胞的生长以及酶的代谢生产密切相关，发酵过程必须对其进行必要的调节。如图 6－1 所示，不同的细胞菌株，其最适生长 pH 往往有所差异。而即使同一株菌，不同的 pH 下，菌株的代谢也有所不同，因此为了获得最优的酶产量，通常需要在菌的不同生长时期，保持不同的 pH，以协调菌的生长及产酶能力。通常通过在培养基中添加缓冲液成分或在发酵过程中流加酸或碱等成分，调节培养基 pH，以满足细胞生长和产酶最大化的需求。

（三） 温度

一般而言，细胞只在一定的温度范围内，才能正常的生长、繁殖及新陈代谢。和 pH 对细胞的影响类似，不同的温度下，菌株的代谢可能会有很大差异，从而导致其最佳的生长温度和产酶温度往往存在一定的差异，通常情况下，细胞的最适产酶温度要低于菌的最适生长温度（图 6－2）。为了获得最佳酶产量也需要在不同的发酵阶段控制不同的发酵温度。由于细胞的代谢过程是一个逐渐放热的过程，而且不同的阶段放热量差异较大，在细胞生长或代谢最旺盛时期通常会产生大量的热，而此时又往往是最优的产酶期，因此发酵过程中的降温通常非常关

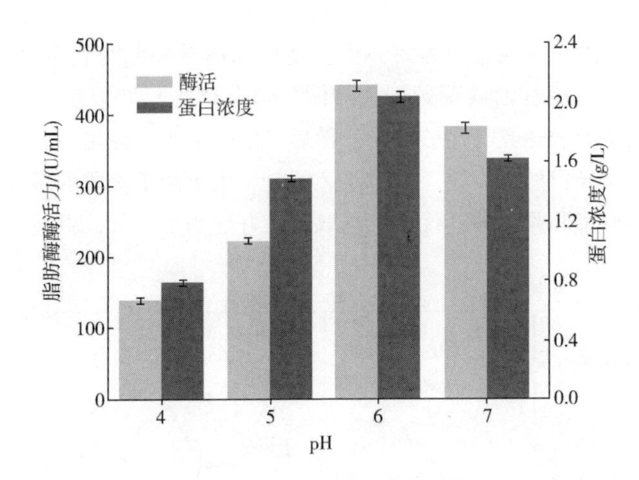

图6－1　pH对脂肪酶MAS1发酵产量及活力的影响

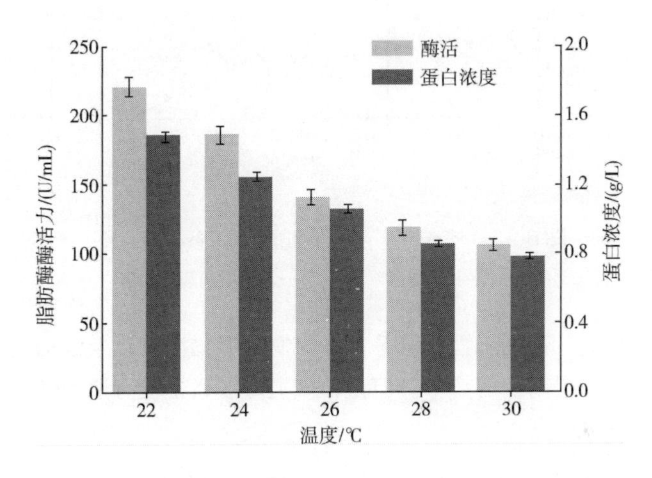

图6－2　温度对脂肪酶MAS1发酵产量及活力的影响

键，这一时期通常选用深井水甚至冷冻机组进行降温，以保证最优的产酶量。

（四）溶氧

大部分的产酶菌，尤其是基因工程菌，均是好氧菌。通常在酶的产生过程中，为了满足细胞生长和代谢的能量需求，细胞必须获得足够的氧气。随着发酵的进行，菌对氧气的消耗在时刻改变，因此通常需要对溶氧进行调节，通常通过增大通气量、增大氧分压值以及增加搅拌转速等方法来增加供氧量，尽量控制溶氧速率稍高于菌的氧耗率。

（五）诱导物

在酶的发酵过程中，还可通过加入酶的作用底物或底物类似物等诱导剂的方式，来提高酶的产量。例如，利用纤维二糖诱导纤维素酶，利用蔗糖酯诱导蔗糖酶等，利用该方法甚至可将酶的产量提升几十甚至上百倍。近年来，利用基因工程菌产酶已成为行业发展的主流。巴斯德毕赤酵母（*Pichia pastoris*）作为一种特殊的真核表达体系在近年来备受重视，在酶的研究和商业应用中取得了卓有成效的进展，特别适合工业化大规模的发酵生产。研究表明，该菌可将甲醇作为唯一碳源生长，在该条件下，其醇氧化酶（代谢途径产蛋白量可占到细胞分泌总蛋白的

30%以上)，因此该阶段可作为毕赤酵母产酶的主要时期。通常情况下，在毕赤酵母表达外源蛋白的大规模高密度发酵过程通常分为菌体生长增殖和诱导外源酶表达两个阶段（图6-3)。在菌体增殖阶段，通常采用甘油或葡萄糖为碳源促进菌体生长和繁殖，以获得较高的菌体密度，以保证外源蛋白诱导表达具有足够的量。随后，发酵进入外源蛋白表达阶段，在该阶段以甲醇作为唯一碳源，诱导目的酶表达。值得注意的是，由于两个阶段的碳源、氮源和氧需求均不相同，因此通常需要将两阶段分开优化，以取得较好的酶生产量，更适应工业生产的需求。

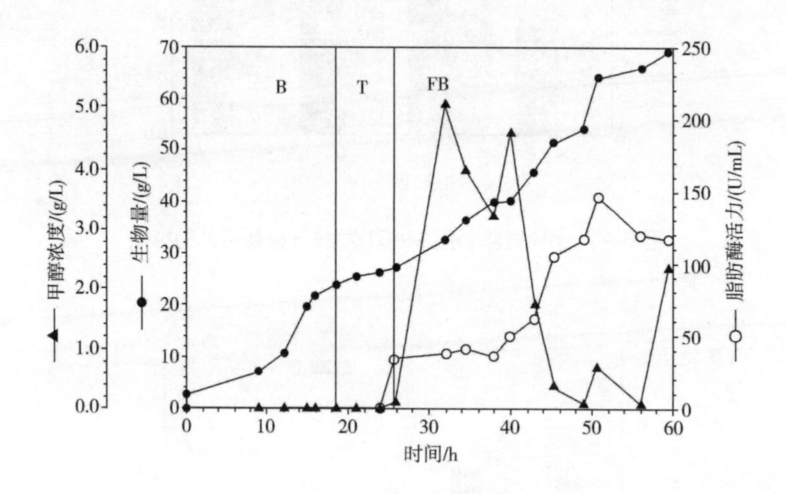

图6-3　毕赤酵母生产脂肪酶过程参数变化图

B—菌体生长增殖阶段　FB—外源蛋白表达阶段

另外，利用同步分离、基因工程改造等方法控制阻遏物浓度以及添加表面活性剂增加细胞通透性等方法，也可大幅提高酶的产量。但是，该类方法通常没有通用性，因此需要大量的基础研究和工艺改造。

第二节　酶的分离与纯化

不论动物器官、植物组织，还是微生物发酵液生产的酶一般均含有大量杂质，一方面，杂质中的盐、有机酸、酒精等会影响食品口感和安全；另一方面，有些杂质，例如蛋白酶、菌体和其他酶类，还会严重影响酶本身的活性以及目标底物和产物的性质，甚至引起食品变质。为了便于应用和保存，通常需要利用离心、絮凝、膜过滤和层析等一系列复杂的分离纯化技术将其制成具有较高纯度的复合酶制剂产品。

一、酶分离纯化的一般原则

生物体内通常会合成大量不同类型的酶以满足细胞的代谢需求，而发酵液中，除了存在性质类似、功能不同的酶类，还存在菌体、有机酸、盐等大量杂质，导致酶的分离纯化工艺极其复杂。过于复杂的分离工艺导致其下游成本急剧增加，通常情况下，酶的分离工艺成本超过其总生产成本的一半以上。因此，酶的分离一直是相关研究的重点内容。

商业用酶的纯度通常由酶的应用需求所决定，根据需求不同，可以在粗酶液到高纯酶之间转化。粗酶液通常需要将菌体、细胞及其碎片除去，必要时还要将酶进行适当浓缩。而高纯度的酶不但要除菌、浓缩，还要将其他小分子和杂蛋白等大分子一起除去。通常情况下，由于酶应用的需求以及酶所处的位置不同，酶分离的过程有较明显差异，但是一般情况，酶的分离纯化过程是根据物质分离难易程度的顺序加以分离，即将菌体、小分子、水和大分子依次除去（图6－4）。

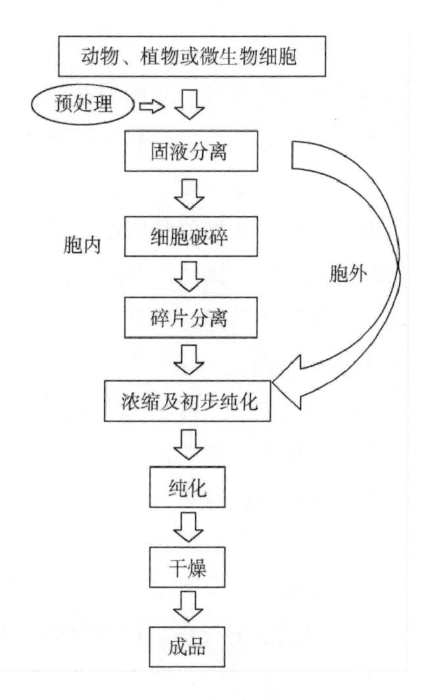

图6－4　酶的提取、分离纯化技术路线

绝大部分工业用酶是一种具有复杂、精细结构的蛋白质，其只有在自然环境中，才能表现出高活性及高度的催化专一性。pH、温度和有机溶剂等环境因素的少量改变都会改变其构象，引起其活力损失，甚至失活。因此，需要选用低温、低溶剂浓度等温和的分离方法。而在食品行业中，由于食品安全等特殊性，导致在酶的纯化过程中，添加重金属、有机溶剂和离子液体等有害物质的分离方法一般不能使用，因此，食品行业中酶的分离成本和复杂程度通常更高。

二、固液分离

细胞的尺寸很小，而且其密度与酶的提取液非常接近，通常情况下，传统的介质过滤和常速离心均难以将其有效分离。近几十年来，在大量研究的推动下，细胞分离技术已经取得了长足的进步，涌现了诸如微滤、絮凝等多种固液分离方法。而对于较大的细胞，如霉菌和放线菌等也可以选用传统的介质过滤或高速离心等方法。通常的固液分离需要根据不同的待分离细胞和酶的应用需求，尚需对发酵液或提取液进行必要的预处理以改善其黏度等参数，并在实验室预实验的基础上进行选择。

（一）发酵液预处理

很多发酵液或酶的提取液的黏度均较大，而根据流体力学原理，在过滤和离心过程中，滤液的通过速率及固形物在液体中的沉降速度随着液体的黏度升高而下降，因此通常需要通过加水稀释和加热等方法降低液体黏度，从而有效提高过滤或沉降速率。但利用加热时需注意加热温度与加热时间，防止其影响细胞的完整性和产物的活性。

预处理的另外一种常用方法是调整溶液pH，pH可直接影响某些物质的电离度和电荷性质，例如多糖，改变pH可以改变溶液黏度，改善其过滤和离心效果。由于某些细胞、细胞碎片及胶体物质等在pH改变后能絮凝成较大颗粒，因此该方法也可有效地除去溶液中的细胞碎片。

（二）介质过滤

介质过滤作为一种传统的固液分离方法，已在化工行业中具有百年的应用历史。然而，普通的纤维滤布型介质过滤所能截留的最小粒径仅为10μm左右，因此难以有效去除发酵液或提取液中的细胞及其碎片。然而在介质过滤中引入硅藻土、活性炭等助滤剂后可通过形成的滤饼截留1μm左右的粒子，该方法可以除去某些较大的细胞，例如酵母和霉菌。由于该方法具有成本低等优势，在相关领域中，依然有一定的应用范围。介质过滤在菌体去除中存在的一个主要问题是细胞作为固体组分具有可压缩性，在压滤过程中，细胞容易变形而导致过滤阻力过快增加，严重影响其过滤速度。

（三）离心分离

离心分离是指在液相为主体的非均一系统中，利用离心力达到液-液、液-固等物质分离的方法。和介质过滤相比，离心分离具有分离速度快、效率高、澄清度好等诸多优点，然而由于细胞的直径通常较小，因此要想使发酵液或培养液中的细胞有效分离通常需要较高的转速，而工业上的常速离心机一般不具有应用价值，而高速离心由于设备投资高、能耗大，难以工业应用。现有的离心分离菌体方法仅在规模较小、菌体含量过高或细胞较大的体系中（例如，毕赤酵母）有较多的应用。目前食品工业上离心机主要包括碟片式离心机、管式离心机和倾析式离心机等几类，其中，碟片式离心机具备效率高、可连续化和成本低等优势，是应用最广泛的离心设备。

（四）絮凝

阻碍传统的介质过滤和离心分离细胞和菌体的一个首要原因是细胞或菌体尺寸过小，密度和提取液或发酵液接近，过滤时固形物截留率和离心时沉降速度过低。絮凝是利用电解质作用降低细胞间双电层电排斥作用，而使其出现体系不稳定，然后利用可与细胞作用的高分子絮凝剂“勾联”住相邻细胞，在两个细胞间形成架桥作用，最终使小颗粒汇集，堆积成利于离心和过滤的大颗粒的“絮团”。由于该种方法仅需添加少量的絮凝剂和电解质，可与传统方法无缝对接，因此在工业上受到了广泛重视。

絮凝效果的好坏与絮凝剂的种类息息相关，近年来开发新型絮凝剂一直是相关研究的重点。工业上常用的絮凝剂是一类长链状结构水溶性高分子聚合物，其相对分子质量通常可高达数万至一千万以上，其链节上含有带有许多正电或负电的活性官能团。通过这些基团与细胞的静电引力、范德华引力或氢键的作用，强烈地吸附在细胞表面。但现有的很多高效絮凝剂均有一点生物毒性或潜在危险性（例如聚丙烯酰胺），因此在食品行业的应用要慎重并仔细评估。近年来，以多糖型絮凝剂为代表的新型絮凝剂，由于具有用量少，效率高，安全可靠等优势，受到了相关行业的普遍青睐，并成为了研究的重点。

由于絮凝剂对不同的细胞絮凝效果差异较大。因此，对于特定的分离需求，开发一套可行的絮凝工艺，尚需进行复杂的工艺筛选和优化。影响絮凝效果的因素很多，包括培养基的成分（细胞种类、离子强度、pH和其他带电粒子等）、聚合物的种类、混合搅拌程序以及电解质与絮凝剂的加入方式等多种因素。而最终可工程化方案则需综合考虑絮凝效果、成本以及对后续分离的影响等多种因素，优选最佳方案。另外，需格外注意的是，絮凝过程还可选择性除去部分杂蛋白、核酸、类脂等杂质，促进后续分离，但是处理不好，也会造成目标酶的损失，因此，絮凝过程的稳定性和易操作性也是其工程化应用需重点关注的方面之一。

（五）微滤

传统的介质过滤难以截留细胞主要的问题是由于过滤介质孔径过大，细胞容易透过而难以被截留。20 世纪 60 年代出现的膜技术，由于能提供可工业应用的具有更小筛分孔径的过滤介质，因此为细胞的分离开启了新的篇章。随着膜技术的不断进步，逐渐出现了微滤、超滤、纳滤和反渗透等多种类型的膜。其中，微滤技术是专门针对菌体的膜分离工艺。微滤膜的孔径一般在 0.02 ~ 10μm，和反渗透技术相比，微滤膜的操作压力通常小于 0.5MPa，不需要较大压力，因此操作动力损失很低。阻碍膜技术应用的瓶颈一般是膜的成本较高，而微滤膜由于使用新型膜材料（例如陶瓷膜），可以使其使用寿命提升至数年，因此成本很低。目前已在工业上取得广泛应用，在食品行业中，可利用微滤膜除去饮料、酒类、酱油、醋等食品中的悬浊物、微生物和异味杂质等物质。

三、细胞破碎

近年来，越来越多的胞内酶在商业上取得应用。和胞外酶相比，胞内酶不仅需将细胞分离还需将富含酶的细胞破碎使酶释放，才可进行后续分离纯化。细胞外围包括细胞壁和细胞膜。细胞膜由脂质和蛋白质组成，强度差，易受渗透压冲击而破碎。因此细胞破碎的主要阻力来自于细胞壁。不同的细胞其细胞壁的壁厚和结构均不相同。例如，霉菌的细胞壁厚可达 100 ~ 250nm，并且多为难破坏的多聚糖结构，因此很难破碎；而革兰阳性细菌其壁厚仅为 20 ~ 80nm，并且为肽聚糖结构，因此破碎就相对容易。工业上通常根据不同的细胞采用不同的破碎方式。目前已有许多的细胞破碎方法，分别针对不同类型的细胞进行破碎。工业上常用的方法包括研磨法、高压匀浆法、化学裂解法和酶溶法等。

（一）研磨法

将细胞悬浮液导入研磨机进行研磨是细胞破碎的一种常用方法。在研磨机中，细胞与极细的玻璃、石英砂等研磨剂一起快速搅拌或研磨，通过互相碰撞和剪切破坏细胞壁，释放胞内酶。但该方法由于快速搅拌摩擦会产生大量的热，影响酶的活力。一般情况下，为了降低能耗、减少酶的失活以及防止过细的细胞小碎片生成，细胞的破碎率一般需控制在 80% 以下。

（二）高压匀浆法

工业规模的细胞破碎中，高压匀浆法是应用最广泛的方法。其利用高压使细胞悬浮液以几百米每秒的速度高速射到一个静止的撞击环上，然后被迫变向从出口管流出。细胞经一系列的高速剪切、碰撞及高压差变化而破碎。但是，该种方法中，即使压力升高至数百个大气压，细菌的细胞壁也仅能部分破碎，因此对于酵母等难破碎或高浓度的细胞，多次循环的操作方法往往是必要的。另外，高压也会导致细胞环境温度上升，破坏酶的结构，因此，和匀浆法类似，该方法必须提供富有成效的降温操作以减少酶的损失。

（三）超声破碎法

超声破碎法是小规模破碎细胞最常用的方法。其利用超声波空化作用引发的冲击波和剪切作用破碎细胞。通常是在 15 ~ 25kHz 的频率下操作。超声过程同样会产生大量的热，因此需要严格的降温操作。另外，超声波产生的化学自由基团还能够氧化破坏酶的结构，导致其失活，因此工业应用受到了较多限制。

（四）化学裂解法

利用某些化学试剂，如有机溶剂、变性剂、金属螯合剂、表面活性剂等，可以改变细胞壁或膜的通透性，从而使某些胞内酶有选择地渗透出来。而更大分子质量的物质仍滞留在胞内，并可基本保持细胞外形完整，降低破碎液黏度，降低后续分离难度。但这种方法通用性差，而且时间较长，效率较低，很多化学试剂又具有毒性，限制了其在食品行业的应用。

（五）酶解法

酶解法是利用外源添加可分解细胞壁成分的酶，例如溶菌酶、葡聚糖酶、蛋白酶、壳多糖酶等，选择性破坏细胞壁结构，使胞内酶选择性释放出来。该种方法和化学一样，可以在保持细胞外形完整的基础上，选择性释放产物，并且条件更为温和、无毒、产品安全性更高。然而，该种方法通用性很差，不同菌种需选择不同的酶，并且需要分批按固定次序加入，操作稳定性差，酶的成本过高以及后期破碎效果受到分解产物抑制等因素，限制了其大规模应用。

四、浓缩及初步纯化

除去菌体或细胞的酶液，还含有大量的有机酸、盐、杂蛋白等杂质，并且酶的浓度通常较低，因此在对酶进行层析、结晶等精细纯化前，通常要对酶液进行初步纯化和浓缩，预先将大部分杂质除去，以减少后续精细纯化的压力和成本。在进行初步纯化的过程中必须选择无毒、条件温和、不会使酶大幅度失活的纯化及分离方法。目前常用的初步纯化方法包括沉淀、超滤、萃取等方法。

（一）沉淀法

酶作为一种由氨基酸构成的复杂蛋白质分子，兼具疏水基团和亲水基团，和氨基酸类似，其水中的溶解性对水溶液环境非常敏感，pH、电解质含量或有机溶剂含量的变化均能导致其溶解度大幅变化，使其从溶液中析出形成沉淀。

1. 盐析法

当酶置于高盐环境中，高浓度的盐可以破坏酶表面的双电子层结构，导致酶分子之间聚集沉淀。高溶解度、盐析效能和低成本的盐是该方法可有效施行的关键。硫酸铵是最常用的蛋白沉淀剂，其不但效果好，价格低廉，而且其溶解度受温度的影响很小，因此可以适应多种酶和环境的需求，然而硫酸铵容易水解生成氨气，不但具有较强的腐蚀性，而且有一定的毒性，因此在某些食品领域的应用受到了限制。硫酸钠可以有效解决上述难题，但是其在40℃以下溶解度较低，因此在低温酶的应用上受到了较大的限制。

2. 等电点沉淀法

蛋白质由于同时富含氨基和羧基，因此是一种典型的两性电解质，其溶解度对环境 pH 非常敏感，而当环境 pH 等于蛋白的等电点时，蛋白的表面基本不带电，此时浓溶液中的绝大多数蛋白均会被沉淀。用这种方法既可以将目标蛋白沉淀，也可以用来除去较大量的杂蛋白，因此也有较多的应用范围。通常情况下，为了提高效果，常将其与盐析法等其他沉淀法联合使用。由于大多数蛋白的等电点处于酸性范围，因此沉淀过程中，通常需要在溶液中加入无机酸，而无机酸本身容易引起较大的蛋白质不可逆变性，是其工业应用的一个潜在危险。

3. 有机溶剂沉淀法

同蛋白质的盐析类似，在蛋白质溶液中加入有机溶剂，也会使蛋白质溶解度急剧下降。这是由于加入有机溶剂，会降低水溶液的介电常数，增加蛋白之间的相互作用，导致凝集和沉淀。常用的有机溶剂包括丙酮、乙醇、甲醇和乙腈等。这种方法对蛋白的浓度要求可适当放宽，而且产品的纯度一般较高。和盐析法相比，有机溶剂更容易从沉淀中除去。但是有机溶剂可以引起蛋白酶失活，而且有机溶剂与水相溶时放热也会引起蛋白失活，因此该法的应用范围有限，另外，该法需要耗用大量易燃、有毒溶剂，在生产和溶剂贮存等过程中受到较大限制。

4. 聚合物沉淀法

某些聚合物，如聚乙二醇（PEG）和葡聚糖等，具有和有机溶剂相似的性质，具有沉淀蛋白质的作用。其中最常用的是 PEG，和乙醇等有机溶剂相比，PEG 没有毒性，非但不会使蛋白变性，而且可以提高蛋白的稳定性，而且这种方法沉淀的蛋白颗粒往往比较大，产物比较容易收集，因此在食品领域有较大的优势，但是该种方法的缺点主要是聚合物较昂贵，而且难以与蛋白分离，通常需要通过额外的高成本超滤或萃取工艺，限制了其进一步应用。

沉淀法不仅能够将大部分杂质与酶分开，使酶保持在一个中性温和的环境，而且能够使蛋白大幅浓缩，减少后续分离压力。总体而言，该方法设备简单、成本低、容易放大，因此，常作为层析分离的前处理工艺，可使层析分离的限制因素降低到最少。但是，该方法酶沉淀物中通常含有大量的盐和溶剂，所以纯度较低，而且由于沉淀容易压缩，导致过滤较困难，放大时，沉淀时间往往需要延长，容易导致酶的变性失活，因此，该方法更多应用于小规模生产。

（二）超滤法

得益于 20 世纪膜技术的蓬勃发展，超滤膜的出现极大推动了大分子生物领域的进步。超滤膜的孔径介于 1 ~ 20nm，因为能够截留大分子物质，而透过溶剂和小分子盐类，因此其被视为酶的浓缩和脱盐的首选技术。

近几十年，随着卷式膜和中空纤维膜技术的增速发展，膜的比表面积不断增大，超滤膜的应用成本和可使用范围都有了大幅改善。目前阻碍超滤膜过滤的最大难点是浓差极化和膜污染带来的膜有效使用时间过短等问题。膜污染与浓差极化具有共性，但二者在本质上却不同。浓差极化是指当被酶提取液或发酵液透过膜时，溶质会在其进入面上发生积聚，使膜面上的溶质浓度高于被滤液中的溶质浓度的现象，其会增加膜的阻力，减少膜的有效处理量。膜污染是指滤液中的微粒、溶质分子等与膜发生相互作用，或因浓差极化超过其溶解度而引起的在膜表面沉积、吸附，造成膜孔变小或堵塞，使膜发生不可逆的液体透过量与分离特性的变化。可见，浓差极化并不会使膜遭到破坏，而膜污染会破坏膜孔的结构，使膜的过滤性能不能恢复。工业上通常需采取必要的措施比如滤液的流入为湍流、脉冲状态或减少酶提取液或发酵液体中影响较大的溶质浓度，尤其是胶体物质或易结晶离子。但是，现有的超滤过程通常难以避免上述两种危害，因此需要对膜进行定期的清洗，以保证其液体透过量与分离特性的稳定。

超滤膜分离技术从 20 世纪 70 年代起步，90 年代即获得广泛应用，已成为相关领域应用最广的技术。目前，在蛋白与酶的浓缩、酶的脱盐、酶的初步纯化、脱除杂蛋白、去除病毒等多个领域，均有广泛的应用。

（三）萃取法

现代酶分离技术的发展需求相对简化、条件温和、分离效率高、易于连续化操作的分离工艺。传统的有机溶剂萃取一直是化工行业的经典分离方法，具有分离程度高、选择性好、生产能力强、周期短、易放大和连续化自控操作等优点，极为契合酶分离的需求。然而，由于蛋白质个体大、亲水性强、表面带有许多电荷，导致普通萃取以及离子缔合型萃取都很难将其有效萃取至有机相，另外，蛋白质与过量有机溶剂接触易引起蛋白质变性，这些均导致传统萃取法一直难以直接从酶的水溶液中萃取酶，直到 20 世纪 80 年代反胶束萃取和双水相萃取的出现，重新开辟了萃取在酶分离领域新的应用。

1. 反胶束萃取

反胶束是利用表面活性剂包裹水滴，悬浮在有机相中形成反胶团，其可在有机相内形成分散的亲水微环境。酶可溶解在这个亲水微环境中，消除了蛋白质难溶解在有机相中或在有机相中发生变性的难题。萃取过程中，蛋白质在水相和反胶束相中的分配系数受到萃取剂和表面活性剂种类、体系 pH、盐离子浓度等多种因素的影响，因此可以分段改变其条件，将不同的酶和蛋白分步分离。但是，这种方法通常萃取效率不高、分相时间长，而且表面活性剂对酶污染较严重，容易导致其变性，因此通常需要复杂的反萃取工艺将其回收，限制了其进一步应用。

2. 双水相萃取

当两种亲水性溶剂或一种亲水性溶剂与一种盐在水中以一定浓度混合时，可形成互不相溶的两相，其中一相富含一种亲水性溶剂，一相富含另一种亲水性溶剂或盐，这种两相体系可称为双水相体系。现有的亲水性溶剂包括传统化工亲水性溶剂、亲水性聚合物以及离子液体等。这种双水相体系在蛋白的萃取中具有很多得天独厚的优势。首先，该体系对蛋白的萃取效率通常较高，并且和传统萃取体系相比，其系统含水量高，两相界面张力极低，有助于保持生物活性。其次，该体系影响因素复杂（相含量、pH 等），可控方法较多，能够得到较纯的酶产品，减少后续分离纯化压力（图 6 -5）。合理控制各参数，还可将菌体同步去除（图 6 -6），将多个分离步骤整合为一，使整个分离过程更经济。最后，该体系继承了传统萃取工艺设备投资费用少、易于连续化操作、容易放大等优势，因此特别适合酶分离工业的应用，受到了广泛的重视。

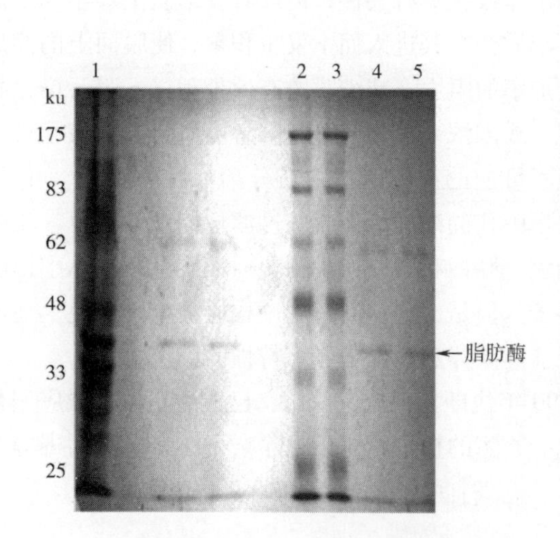

图 6 -5　双水相体系对脂肪酶纯化的电泳图

图 6 -6　双水相体系对菌体的同步去除

五、酶的纯化

在大部分的食品行业中，仅需将酶初步纯化即可工业应用。然而，在某些食品分析或少数高端应用中，必须使用高纯度的酶。目前主要的工业酶纯化方法包括结晶法和层析法。

（一）结晶法

作为最早的化学品纯化方法之一，结晶法具有纯度高、成本低、易工艺放大等优点，因此在蛋白质的工业纯化中受到了广泛重视。然而，大分子的结晶过程比小分子物质的结晶复杂和困难得多，因此该方法的工业通用性较差，目前在纤维素酶、蛋白酶和乙醇氧化酶等几种酶的纯化中取得了应用。分子构造复杂、性质不稳定等原因导致酶在结晶过程中容易失活、难于结晶。另外，蛋白质分子结晶受杂质含量的影响也较大，大部分初步浓缩的蛋白质分子通常难以结晶，这些是其工业化发展所需要解决的重要难题。

（二）层析法

层析法在酶的纯化中具有举足轻重的作用。其可利用酶与各杂质物理化学性质的差异（如吸附力、分子形状及大小、极性、分子亲和力、分配系数等），针对不同杂质，将其逐步分离，最终将绝大部分杂质分离，实现酶的精细纯化。目前常用的层析法包括凝胶层析、吸附层析、离子交换层析和亲和层析。

1. 凝胶层析

在凝胶层析中，其固定相采用内部具有不同孔道的网状结构凝胶颗粒来分离纯化酶及其他杂质。当被分离的混合物随流动相通过装有凝胶颗粒的层析柱时，比凝胶孔径大的分子不能进入凝胶孔内，仅能随流动相在凝胶颗粒之间的空隙向下移动，从而被很快洗脱出来。而比网孔小的分子则能进入凝胶孔内，因此在柱内经过的路程更长，因此被洗脱出来的时间更久。而最小的分子能进入最小的通道，在柱内经过的路程最长，因此被洗脱出来所需要的时间最久。利用该方法可以将分子大小不同的物质进行分离，也可以用于酶的脱盐及小分子除杂。

2. 亲和层析

亲和层析是利用酶和底物分子间存在专一而可逆的特异性作用而进行分离。其通过将具有亲和力的底物固定在不溶性基质上，当含有酶和杂质的溶液通过吸附柱时，酶由于能和底物特异性吸附，从而得以保留在吸附柱上，而其他的杂蛋白则被洗脱出来，然后通过改变洗脱剂，使酶与底物分子不再结合，可以得到很纯的特异性酶（图6－7）。该方法特异性强、纯化效率高，但寻找合适的特异性底物是其难点。

3. 吸附层析

吸附层析是应用最早的层析技术，由于其吸附剂来源广、价格低、易再生，故至今仍在酶的分离纯化领域具有重要地位。该方法利用层析柱中填充的吸附剂对不同物质的吸附力不同而使酶和各杂质进行分离。在吸附层析中，吸附剂与被吸附分子之间的相互作用是由相对较弱的范德华力所引起的，在不改变吸附条件的情况下，被吸附物即可受流动相冲刷，从吸附剂上解吸下来，然后随着流动相被下一个吸附剂所吸附，因此吸附物质在通过整个吸附柱时不断地发生解吸、吸附，再解吸、再吸附。酶和杂质由于吸附力和解吸力不同，移动速度也不同，吸附力强，解吸弱，则通过吸附柱的时间长，反之，通过时间则较短，利用这种吸附能力的差异从而实现了酶和杂质的分离。实现吸附层析成败的关键是选择合适的吸附剂、洗脱剂和操作方式。良好的吸附剂应具备比表面积大、吸附选择性好和成本低等性能。常用的吸附剂有羟基磷灰石、硅胶、活性炭和人造沸石等。洗脱剂要求纯度较高、稳定性好、易与酶分离等特性。通常根据分离物中各成分的极性、溶解度和吸附剂的活性来选择。一般酶被极性强的吸附剂，例如羟基磷灰石吸附后，通常选用盐的缓冲溶液进行洗脱。由于酶的种类繁多，发酵方法各异，所用洗脱剂和操作方法的选择，通常需要经过反复试验加以确定。

4. 离子交换层析

离子交换层析是利用蛋白质表面的分子电荷进行分离的一种层析技术。不同蛋白表面的侧

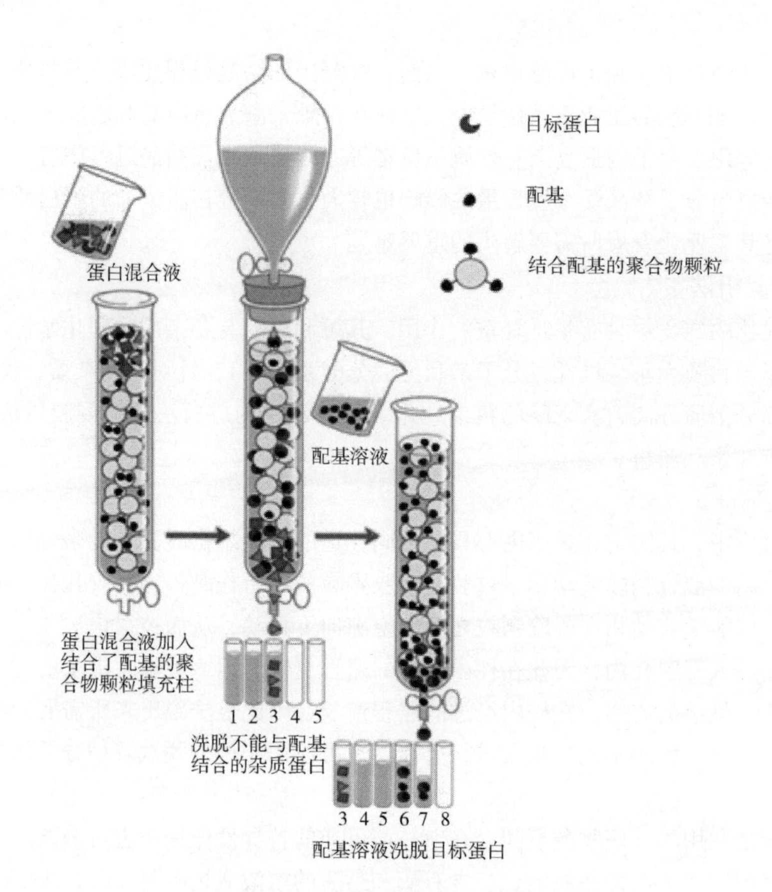

图6-7 亲和层析分离蛋白示意图

链基团的种类和数量不同，导致蛋白的带电性质和带电量均有较大不同，而且其静电荷强烈受控于 pH 等外在因素。离子交换层析就是利用这一性质控制蛋白与离子交换剂进行选择性吸附与解析，实现蛋白的分离和纯化。常用的离子交换剂是以珠状交联葡聚糖、琼脂糖、交联纤维素等不溶性物质为基质，通过酯化、醚化或氧化等化学反应，将阳性或阴性离子配基以共价键方式与基质结合的特殊制剂，可与带相反电荷的化学物质进行交换吸附。配基提供了可交换的离子，表6-1所示为离子交换常用阳性（碱性）或阴性（酸性）离子配基的结构及其性质，相应的分别得到了阴离子和阳离子交换剂。阳离子交换层析用于分离带正电荷的分子，相反阴离子交换层析用于分离带负电荷的分子。

表6-1 应用于离子交换层析的离子交换基团

配基	结构	pK	分类	简称
硫酸基（sulphate）	$—OSO_3H$	<2	强酸	S
磺酸基（sulphonate）	$—(CH_2)_nSO_3H$	<2	强酸	SM（$n=1$），SE（$n=2$），SP（$n=3$），SB（$n=4$）
磷酸基（phosphate）	$—OPO_3H_2$	<2 和 6	中等酸性	P
羧酸基（carboxylate）	$—(CH_2)_nCOOH$	3.5~4.2	弱酸	CM（$n=1$）
叔胺基（tertiary amine）	$—(CH_2)_nN^+H(C_2H_5)_2$	8.5~9.5	弱碱	DEAE（$n=2$）
季胺基（quaternary amine）	$—(CH_2)_n—N^+\equiv(R)_3$	>9	强碱	Q，QAE

和吸附层析洗脱剂可以保持恒定不同，离子交换层析通常和样品结合非常紧密，因此，需要用离子强度或 pH 更高的洗脱剂才能将蛋白洗脱下来。洗脱过程中，通过逐渐加大洗脱液的离子强度，通常能够将不同的蛋白分离开来，实现目标酶和杂蛋白的分段洗脱与分离，全部蛋白分离后，可通过高离子强度的浓度的洗脱剂可将离子交换剂再生，实现其重复利用，以符合工业需求（图 6 - 8）。

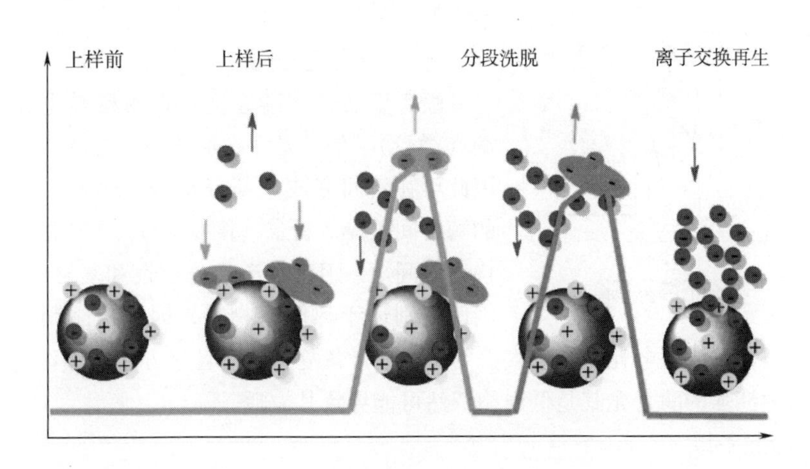

图 6 - 8　离子交换层析分离蛋白示意图

和其他的纯化方法相比（表 6 - 2），离子交换层析不但纯化酶效果优、成本较低，而且还具有一定的浓缩功能，因此在工业上用途广泛。

表 6 - 2　酶的常用纯化方法及特点

纯化方法	原理	优点	缺点
结晶法	酶在不同环境下存在溶解度差异	纯度高、成本低、易工艺放大	容易失活、需浓缩
亲和层析	酶和底物分子间存在专一而可逆的特异性吸附	特异性强、纯化效率高	成本高、普适性差
凝胶层析	不同相对分子质量的物质在多孔凝胶中受阻滞程度不同	对于相对分子质量差异较大杂质去除效果佳	除杂功能较单一，成本较高
吸附层析	各组分与固定相之间吸附力不同	价格低廉，易再生，装置简单	普适性较差，效率较低
离子交换层析	各组分与固定相离子交换剂之间作用力不同	纯化效果优、成本较低，具有同步浓缩功能	工艺复杂，酶易失活

六、干　　燥

由于酶在水溶液中容易变质失活，纯化或初步纯化后的酶需要通过干燥除水，得到干粉型酶制剂，以利于其运输和保存。然而，由于酶具有热敏性，在高温条件下，容易失活。因此目

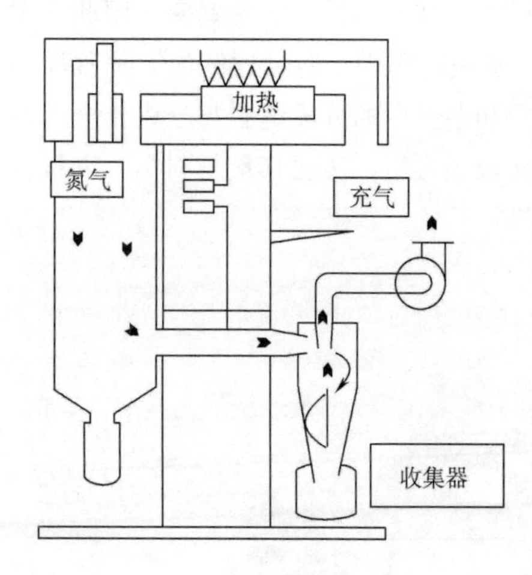

图6-9 喷雾干燥示意图

前大部分采用高温加热的干燥工艺均难以适用。通常酶的干燥工艺加热温度不宜过高，产品与加热介质接触时间也不宜过长，因此其干燥必须快速高效或者在低温下进行，并且为了保持产品的纯度，应避免混入其他杂质。目前，常用的干燥方法包括喷雾干燥和冷冻干燥两类。

（一）喷雾干燥

喷雾干燥是通过雾化器将物料雾化成分散的小液滴（微粒），使其悬浮在加热空气介质中，由于颗粒小因此可在瞬间完成大部分水分的蒸发，从而使酶液中的酶瞬间干燥成粉末（图6-9）。该方法具有加热速度快、时间短、卫生、产品分散性和复溶解性好等优势，因此特别适于热敏性物料，因此在酶制剂的干燥，应用最为广泛，但该方法耗电耗热、空气需要量大、设备复杂，而且该方法加热源为热空气，因此对于某些热敏性强的酶，尤其是低温酶依然可能导致其失活。

（二）冷冻干燥

由于酶在高温条件下极易失活，因此将含酶溶液在较低温度下（-50~-10℃）冻结成固态，然后在高度真空（0.1~130Pa）下，使产品中水分直接由固态（冰）转变成气态（水蒸气），从而使产品中水分去除的冷冻干燥方法受到了广泛的重视。该方法由于水分就地析出，因此能够最大限度地保持酶原有的固体骨架，保持其活性。另外，利用该法还具有重量轻、脱水彻底、复水性好、不易被氧化等优点。但是该法通常需要较长的时间，而且通常需要较低的温度和较大的真空度，因此能耗极大，成本较高。

思考题

1. 目前工业应用酶大多数来自微生物，以微生物为生产原料有哪些优点？
2. 简述提高酶产量的措施。
3. 简述酶分离的一般流程。
4. 简述细胞去除的主要方法，发酵工业最常用的方法是哪一种？
5. 微生物细胞破碎方法有哪些？
6. 膜分离技术在酶的分离纯化中有哪些重要的作用，其主要优点有哪些？
7. 生物大分子的层析方法有哪些？

参考文献

[1] 林章凛，李爽．工业酶——制备与应用［M］．北京：化学工业出版社，2005.
[2] 王小宁，李爽，王永华．工业酶——结构、功能与应用［M］．北京：科学出版

社，2010.

［3］ ZoWa S. Olempska – Beer，Robert I. Merker，Mary D. Ditto，et al. Food – processing enzymes from recombinantmicroorganisms—a review ［J］. Regulatory Toxicology and Pharmacology，2006，45：144 – 158.

［4］ 路福平，刘逸寒，薄嘉鑫. 食品酶工程关键技术及其安全性评价 ［J］. 中国食品学报，2011，11（9）：188 – 193.

［5］ Whitaker J R，Voragen A G J，Wong D W S，et al. "History of enzymology with emphasis on food production" in Handbook of Food Enzymology ［M］. New York：Marcel Dekker，2003：11 – 20.

［6］ 郭勇. 酶工程 ［M］. 北京：科学出版社，2004.

［7］ 赵常新，唐正秋，王林，等. 硅藻土助滤剂过滤糖化酶的最佳条件 ［J］. 大连轻工业学院学报，1997，16（4）：19 – 22.

［8］ Soares E V. Flocculation in Saccharomyces cerevisiae：a review ［J］. Journal of Applied Microbiology，2011，110（1）：1 – 18.

［9］ Tang J，Qi S，Li Z，et al. Production，purification and application of polysaccharide – based bioflocculant by Paenibacillus mucilaginosus ［J］. Carbohydrate Polymers，2014，113：463 – 470.

［10］ Harrison S T L. Bacterial cell disruption：a key unit operation in the recovery of intracellular products ［J］. Biotechnology Advances，1991，9（2）：217 – 240.

［11］ Geciova J，Bury D，Jelen P. Methods for disruption of microbial cells for potential use in the dairy industry—a review ［J］. International Dairy Journal，2002，12（6）：541 – 553.

［12］ SCHWIMMER S. Fifty – one years of food related enzyme research—a review ［J］. Journal of Food Biochemistry，1995，19（1）：1 – 25.

［13］ Feng X，Huang R Y M. Liquid separation by membrane pervaporation：a review ［J］. Industrial & Engineering Chemistry Research，1997，36（4）：1048 – 1066.

［14］ Rothenberg M A，Nachmansohn D. Studies on cholinesterase III. Purification of the enzyme from electric tissue by fractional ammonium sulfate precipitation ［J］. Journal of Biological Chemistry，1947，168（1）：223 – 231.

［15］ Xu W，Huang K，Liang Z，et al. Application of stepwise ammonium sulfate precipitation as cleanup tool for an enzyme – linked immunosorbent assay of glyphosate oxidoreductase in genetically modified rape of GT73 ［J］. Journal of Food Biochemistry，2009，33（5）：630 – 648.

［16］ Show P L，Ling T C，C – W Lan J，et al. Review of microbial lipase purification using aqueous two – phase systems ［J］. Current Organic Chemistry，2015，19（1）：19 – 29.

［17］ Li Z，Chen H，Wang W，et al. Substrate – constituted three – liquid – phase system：a green，highly efficient and recoverable platform for interfacial enzymatic reactions ［J］. Chemical Communications，2015，51（65）：12943 – 12946.

［18］ Cuatrecasas P，Wilchek M，Anfinsen C B. Selective enzyme purification by affinity chromatography ［J］. Proceedings of the National Academy of Sciences，1968，61（2）：636 – 643.

［19］ Immobilized Biochemicals and Affinity Chromatography ［M］. Springer Science & Business

Media, 2013.

［20］陈涛，刘耘，潘进权．分离纯化新技术亲和层析［J］．广州食品工业科技，2003，19（2）：98－101.

［21］Avhad D N，Rathod V K. Application of mixed modal resin for purification of a fibrinolytic enzyme［J］. Preparative Biochemistry and Biotechnology，2016，46（3）：222－228.

［22］王镜岩，朱圣庚，徐长法．生物化学［M］．北京：高等教育出版社，2002.

［23］Lan D，Qu M，Yang B，et al. Enhancing production of lipase MAS1 from marine *Streptomyces* sp. strain in *Pichia pastoris* by chaperones co－expression［J］. Electronic Journal of Biotechnology，2016，22：62－67.

［24］Zhou Y H，Lin J，Yu M，et al. Morphology control and luminescence properties of YAG：Eu phosphors prepared by spray pyrolysis［J］. Materials Research Bulletin，2003，38（8）：1289－1299.

CHAPTER 7

第七章

酶的固定化及其应用

[内容提要]

本章主要介绍了酶的固定化方法、固定化酶的表征、性质及评价指标以及固定化酶在食品工业中的应用。

[学习目标]

1. 掌握酶的常用固定化方法及各自方法的优缺点。
2. 掌握固定化酶表征常用的技术手段及其基本原理。
3. 掌握固定化酶的基本性质及其评价指标。
4. 了解固定化酶在食品工业中的应用。

[重要概念及名词]

固定化酶、可逆固定化、不可逆固定化、吸附固定化、共价固定化、固定化酶的稳定性。

酶是一种高效的生物催化剂，存在于各种植物、动物及微生物细胞内。酶的催化具有高选择性、高活性、反应条件温和以及环境友好等特点，但游离状态的酶对热、强酸、强碱、高离子强度、有机溶剂等耐受性较差，易失活，且游离酶的回收和重复利用困难。为了克服这些问题，20 世纪 60 年代，酶的固定化技术应运而生。所谓固定化酶（immobilized enzyme），就是通过模拟体内酶的作用方式（体内酶多与膜类物质相结合并进行特有的催化反应），通过化学或物理的手段，用载体将酶束缚或限制在一定的区域内，使酶分子在此区域发挥特有及活跃的催化功效。跟游离酶相比，固定化酶的稳定性及对外界环境变化的耐受性更强，并可回收及长时间重复使用。

1916 年，Nelson 和 Griffin 用活性炭吸附蔗糖酶，发现蔗糖酶被活性炭吸附后仍具有游离酶的催化活性。遗憾的是，由于人们没有认识到固定化酶技术的应用前景，在这今后的整整四十年内无人尝试酶的固定化研究。直至 20 世纪 50 年代，酶的固定化研究才被真正大量开展。1953 年，德国的 Grubhofer 和 Schleith 采用聚氨基苯乙烯树脂重氮化的载体分别对羧肽酶、淀粉酶、胃蛋白酶、核糖核酸酶等进行固定化，拉开了固定化酶研究的序幕。从 20 世纪 60 年代起，固定化酶的研究迅速发展。1969 年，日本的千畑一郎首次在工业生产规模中将固定化氨基酰化酶应用于 D/L－氨基酸的光学拆分，连续化生产 L－氨基酸，实现了酶应用史上的一大变革。我国的固定化技术研究开始较晚，始于 1970 年。在这之前，固定化酶一直被称为水不溶酶（water insoluble enzyme）或固相酶（solid phase enzyme）。直至 1971 年召开的首届酶工程会议上，“固定化酶”（immobilized enzyme）这个专业术语才开始被正式推广使用。

进入 20 世纪 80 年代中期以后，固定化酶的研究发展速度开始减慢，虽然研究者在过去几十年以来对固定化酶做了大量的研究，但是固定化酶在工业中成功应用的实例较少。尽管如此，随着生物、化学、材料和纳米技术的发展，以及人们对环境保护意识的增强，传统的酶的固定化方法被不断改进和完善。与此同时，许多新的固定化方法被发展起来。进入 21 世纪，酶的固定化作为生物、化学、材料、环境和能源等多学科的交叉点之一，仍不失为一个活跃的研究领域。

第一节　酶的固定化方法

过去几十年，文献中报道了大量的酶的固定化方法。酶可以以不同的方式与载体接触，包括可逆的物理吸附、离子作用力连接和稳定的共价结合。按照固定化方法的不同，可以把酶的固定化分为两大类：可逆固定化和不可逆固定化。可逆固定化方法又包括吸附法和通过二硫键连接酶与载体的固定化方法，不可逆固定化方法包括共价结合、包埋法和交联法（图 7－1）。

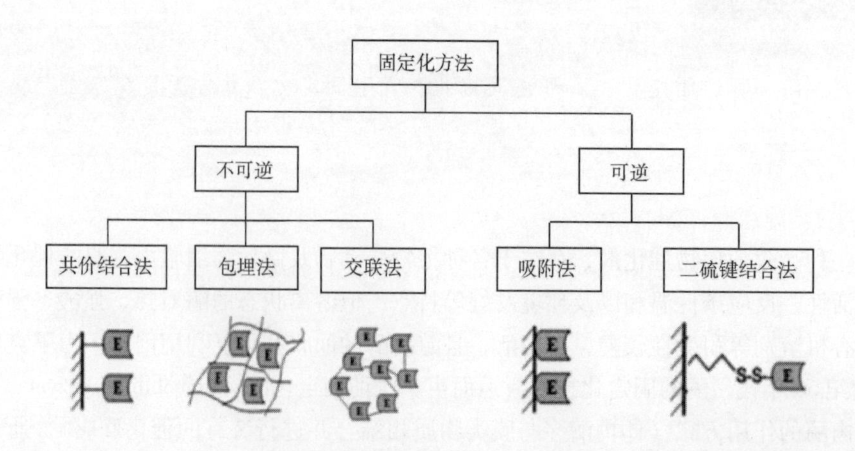

图 7－1　酶的固定化方法分类

酶与载体结合越牢固，则酶越难从载体上洗脱下来，反之，则越容易。固定化酶的稳定性与固定化过程的可逆性是两个相互矛盾的目标，往往很难一起满足。传统的酶的固定化方法是尽可能满足固定化酶的稳定性，而往往牺牲固定化过程的可逆性。

酶的固定化方法也可以根据酶与载体结合的化学反应的类型来划分。某些情况下，可以通过多种方法相结合来制备固定化酶。例如在利用多孔聚合物包埋酶之前，可以先通过吸附法、亲和法或共价结合法将酶固定在颗粒上。

不同的固定化方法都具有其优势与缺陷，选择合适的固定方法也要考虑酶本身的性质（如生物化学、动力学性质等）以及载体的性质（如材料组成、孔径、粒径、比表面积、刚性等）。因此，酶与载体结合得到的固定化酶具有特定的生物化学与物理化学性质，这些性质决定了酶在特定工艺中的应用。

目前，常用的酶固定化载体主要有玻璃珠、大孔树脂、硅藻土、活性炭、沸石、壳聚糖、颗粒硅胶、介孔二氧化硅、溶胶凝胶材料和磁性颗粒等。理想的酶固定化载体材料应具有一定的机械强度，对热及强酸、强碱具有较好的稳定性，而对酶则表现出很好的亲和性。普通的无机材料如玻璃珠、活性炭和硅藻土等由于其资源丰富、价格低廉且无毒、稳定性好而常被用来作为酶的固定化载体。然而，由于无机载体材料的结构可控性较差，通常人们会通过对无机载体材料的结构进行修饰改性以满足不同酶固定化对载体的要求。此外，有机高分子材料在酶的固定化中同样发挥着重要的作用，其可以直接用于酶的固定化，也可以通过化学法对其修饰后用于酶的固定化。由于酶本身的性质千差万别，且不同的固定化酶应用环境也各不相同。因此，酶固定化时要根据酶本身的特性及其应用的环境选择合适的固定化方法和载体，以得到较高活性和稳定性的固定化酶。

一、 常用的固定化方法

（一） 可逆固定化方法

因为酶与载体的结合方式较温和，因此通过可逆固定化方法固定于载体上的酶可以在温和的条件下从载体上分离。并且，通过可逆固定化方法得到的固定化酶因其成本低廉、操作简单，一直以来都具有很大的吸引力。此外，采用可逆固定化方法得到的固定化酶，当酶的活性衰减后，固定化载体可以再生利用，重新吸附新的酶。实际上，很多情况下，在酶的固定化过程中，用于载体的费用是制备固定化酶成本中的主要部分。可逆固定化方法对于不稳定的酶的固定特别重要。可逆固定化方法主要包括吸附法和基于二硫键连接酶与载体的方法。

1. 吸附法

吸附法是指载体与酶蛋白之间通过氢键、范德华力、静电作用力及疏水作用力等物理作用力将酶蛋白吸附在载体的表面，从而实现酶的固定化。相比于其他固定化方法，吸附法具有操作简单、成本低廉、固定化条件温和且酶活力保留高等优点。根据酶与载体之间的相互作用力的不同，可以将吸附法分为物理吸附、离子吸附、疏水吸附、亲和吸附及螯合或金属吸附。

（1）物理吸附　物理吸附是最简单的固定化方法，物理吸附过程中酶与载体通过氢键、范德华力或疏水作用力相结合。通过改变固定化过程中影响酶与载体相互作用力的条件（如pH、离子强度、温度或溶液极性等），可以改变酶与载体非共价结合固定化的作用力的强弱。吸附法固定化是一种温和且简便的操作过程，固定化条件温和，固定化过程中酶分子的活性中心不易被破坏，不会引起酶分子的变性失活。此外，吸附法固定化酶还具有很好的经济性。但是，由于吸附法制备得到的固定化酶中酶与载体结合的作用力较弱，因此使用过程中存在酶分子脱落的问题。

（2）离子吸附　离子吸附是在上述物理吸附的基础上加上正、负电荷的静电作用力来实现酶的固定化。离子吸附过程中载体上带电荷的基团可以与酶氨基酸上的电荷相互作用。载体正、负电荷的状态取决于酶与载体材料的等电点和溶液 pH 的变化：当溶液 pH 低于载体材料的等电点时，载体材料带正电荷；当溶液 pH 高于载体材料的等电点时，载体材料带负电荷。因此，离子吸附固定化酶时可以通过控制溶液的 pH 来改变载体材料的带电性质，从而实现酶蛋白与载体材料之间结合作用力的最大化。离子吸附法制备固定化酶条件温和、酶活力损失少。但当固定化的 pH 和反应条件改变时，酶很容易从载体上脱落下来。

（3）疏水吸附　疏水吸附是通过载体上的疏水基团与酶分子的疏水区域相互作用而实现酶的固定化。该方法是一种由熵驱动的相互作用，而不是形成化学键。使用该方法时需要对各种实验参数有详细的了解，如 pH、盐浓度和温度等。结合力的强弱与吸附剂和蛋白的疏水性相关。吸附剂的疏水性可以通过调节载体组成与疏水性配体分子的大小来实现。目前，已经有把 β - 淀粉酶和淀粉转葡萄糖苷酶通过疏水作用力可逆固定于己烷基琼脂糖载体上的报道。

利用疏水吸附固定化酶时，酶与载体之间的作用力不只是单纯的疏水作用力，还有酶与载体之间的范德华力。酶与载体之间的范德华力能进一步增加吸附的稳定性。利用该方法对于疏水性脂肪酶的固定显得特别有效，例如 Purolite 公司的 ECR1030 载体是一种高度疏水性的苯乙烯树脂，其具有比表面积大的特点，从而有利于反应过程的传质。这类树脂特别适合于脂肪酶的固定化，其典型应用是对来源于南极假丝酵母中的脂肪酶 B（CALB）进行固定化。该公司利用 ECR1030 树脂作为载体固定化 CALB 得到的固定化酶产品 CalBimmo Plus，催化月桂酸与正丙醇合成月桂酸丙酯的活力大于 9000U/g。而且该酶能在非极性有机溶剂中和在 60 ~ 80℃ 下都具有较好的稳定性，重复使用多批次后酶活力没有明显下降。

此外，也可以通过在疏水性载体表面添加疏水性基团的方法，来增加酶与载体之间的吸附面积。例如强疏水性十八烷活化树脂，对酶有非常强的可逆吸附能力。这些酶在失活后可以被解吸，载体可以重复使用。十八烷活化树脂对酶蛋白的吸附是通过在疏水性载体上和离子强度很低的缓冲液中对脂肪酶的界面活化而实现的（图 7 - 2）。目前，Purolite 公司的甲基丙烯酸十八烷基树脂 ECR8806 已被广泛地应用于固定化来源不同菌种的脂肪酶，如 *Candida antarctica lipase B*（CALB）、*Rhizomucor miehei*（RM）和 *Thermomices lanuginosus*（TL）等，具有非常好的效果。

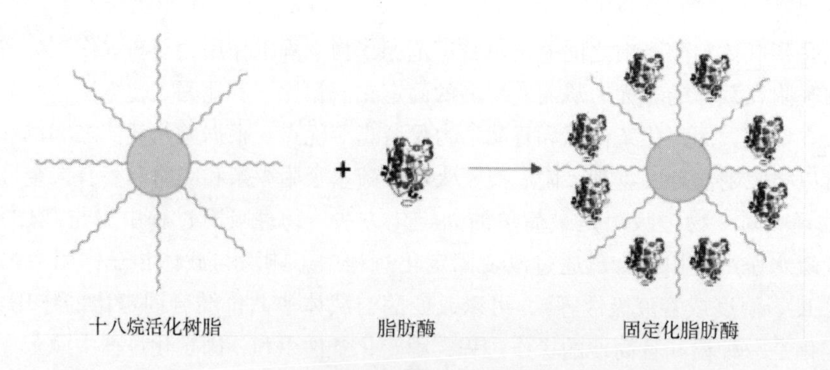

图 7 - 2　十八烷活化树脂吸附游离酶制备固定化酶

大多数脂肪酶都有一个被称为“盖子”的结构单元，主要是由一个或两个短的 α 螺旋组成，通过柔性结构和脂肪酶的主体结构相连接。盖子所遮盖的地方就是脂肪酶的活性中心。当脂肪酶处于非活性状态时，盖子是闭合的，活性中心被盖子覆盖，因此脂肪酶并不能表现出活力；当脂肪酶的盖子打开，其活性中心暴露出来后，此时脂肪酶才能展现出较好的活力。当采用疏水性载体在低离子强度的缓冲液中对酶进行固定化时，由于载体表面的疏水性，当酶与载体接触时，其“盖子”结构会被打开，此时得到活性中心暴露的脂肪酶，有利于其在接下来催化反应中表现出较高的活力（图 7－3）。

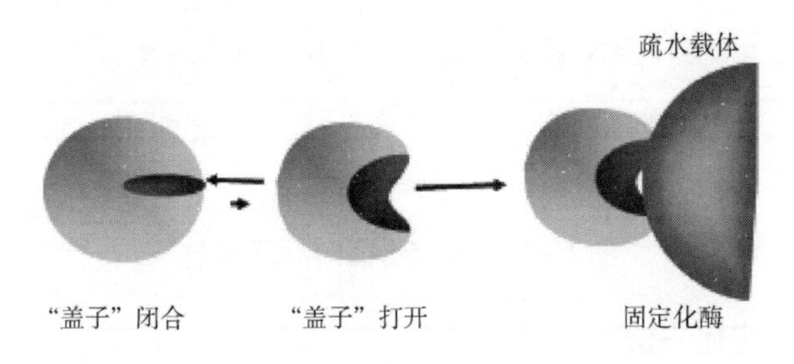

图 7－3　疏水载体对脂肪酶的固定化

（4）亲和吸附　亲和吸附属于酶的定向固定化。酶的定向固定化就是将酶蛋白在特定的位点与载体有序结合，使底物和酶活性中心充分接触，以达到提高固定化酶催化效率的目的。由于酶分子表面存在许多活性基团，选取酶蛋白分子上远离酶活性中心的基团与载体上的活性基团进行共价结合，可以达到控制酶空间取向的目的，从而实现酶的定向固定化。亲和吸附是基于两个互补的生物分子之间的相互结合，其主要特点就是利用载体基质上的配体分子能够特异性地识别目标酶分子的结构，从而实现高选择性结合。因为要提前在载体基质上共价交联能够与酶分子特异性识别的配体分子，且配体分子价格昂贵，使得该固定化方法的经济性下降。

（5）螯合或金属吸附　螯合或金属结合的固定化方法是指位于有机载体表面的过渡金属盐可以与酶蛋白的亲核基团相结合，从而实现酶的固定化。通常，通过加热或中和作用，金属盐沉淀在载体上（如纤维素、壳素、海藻酸、硅胶基质的载体等），由于空间的限制，载体不可能占据金属的所有结合位点，因此剩下的结合位点可以与酶分子结合。该方法简单且得到的固定化酶比活力相对较高。但是所得到的固定化酶的操作稳定性不好，不易重复使用，可能是由于吸附位点的不均一性及金属离子泄漏造成的。为了提高对吸附位点的可控性，可以先通过某些共价键把螯合配体结合到载体上，然后再把金属离子吸附于配体上，得到的稳定复合物可以吸附蛋白分子。利用可溶性配体与蛋白竞争或者降低 pH 可以把蛋白从复合物上洗脱下来。此外，载体可以通过强螯合剂（如 EDTA）淋洗再生。这些金属螯合载体被称为 IMA（Immobilized Metal－Ion Affinity）吸附剂，已经推广到蛋白色谱领域。目前已有以 *E. coli* 中的 β－半乳糖苷酶为模型，使用不同的 IMA－凝胶对其进行固定化的报道。

2. 基于二硫键连接酶与载体的固定化方法

基于二硫键连接酶与载体的固定化方法也属于定向固定化方法的一种。通常利用点突变技术，在酶蛋白远离活性中心的区域引入半胱氨酸，然后用巯基活化的载体对酶进行固定化，从而可通过形成二硫键来实现酶与载体的定向结合。这种方法具有其独特性，尽管载体与酶之间形成了稳定的共价键，但当其与某些试剂（如二硫苏糖醇）反应后，这种二硫键可以在温和条件下被破坏，并且巯基活性也可以通过改变 pH 来调节。此外，这种通过形成二硫键的固定化方法得到的酶活力回收率一般都很高。

由于传统的固定化方法如吸附法、包埋法、交联法等，酶与载体结合位点的随机化，可能导致部分酶酶活性位点的屏蔽，进而导致酶催化活力的下降。而共价结合法，由于酶分子中参与催化反应的氨基酸基团也可能与载体上的功能基团发生反应，从而会影响所得固定化酶的活力。而酶的定向固定化可以将酶蛋白在特定的位点与载体有序结合，使酶蛋白的活性中心充分暴露，从而使底物和活性中心充分接触，进而提高固定化酶的催化效率（图 7-4）。

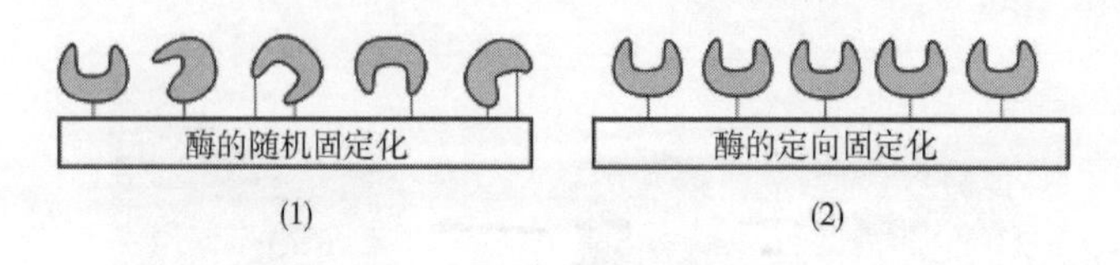

图 7-4　酶的定向固定化示意图

（二）不可逆固定化方法

不可逆固定化是指生物催化剂与载体结合以后，不可以在不破坏酶活力和载体的前提下把酶和载体分开。最常见的不可逆固定化方法有共价结合、包埋法和交联法。

1. 共价结合法

共价结合法是指酶分子的氨基酸基团与载体上的功能基团之间通过形成共价键的方法把酶蛋白固定于载体上。共价结合法是目前较为广泛使用的一种固定化方法。该方法的一个突出优点是酶与载体之间的结合较牢固，酶不易从载体上脱落到反应溶液中，从而造成产物的污染。由于固定化过程中酶分子中的氨基酸基团会与载体上的功能基团发生化学反应，因此，为了保证得到较高活力的固定化酶，酶分子中参与催化反应的氨基酸基团不能与载体上的功能基团发生反应。在某些情况下，酶分子中参与催化反应的氨基酸残基与载体上的功能基团相结合，会导致得到的固定化酶活力损失较大。然而在某些体系中，可以通过在有底物类似物存在的条件下进行酶的共价结合固定化，来提高固定化酶的活力。因为共价结合法得到的固定化酶中酶与载体结合牢固，在反应过程中酶不易从载体上脱落，所以该方法得到的固定化酶适用于对酶含量有严格限制的产品的生产。

酶的共价结合固定化，根据载体上功能基团的不同可以设计不同的反应进行固定化。固定化方法可分为两类：①在聚合物上增加一个可以与酶反应的功能基团；②修饰聚合物骨架得到一个被活化的功能团。活化过程一般是使载体上加入一个亲电官能团，在固定化过程中该基团与酶蛋白分子上的亲核基团形成共价键。修饰载体的基本原则与对蛋白的化学修饰基本相同。以下氨基酸的侧链经常用于酶的固定化：赖氨酸（ε-氨基）、半胱氨酸（巯基）、天冬氨酸与谷氨酸（羧基）。例如由英国 Purolite 公司生产的环氧基树脂与氨基树脂，先通过对载体进行修饰（预活化），在树脂基质上加上一个环氧基团或氨基基团，然后再与目标酶分子中的氨基酸残基进行共价结合，形成结合稳定的固定化酶催化剂（图 7-5 和图 7-6）。该公司利用二碳氨基丙烯酸型树脂（ECR8310）和六碳氨基丙烯酸型树脂（ECR8417）固定一种水解酶，已经在欧盟某家化学公司应用于生产。

目前有大量的商业化载体可以用于酶的固定化，不同载体的应用需要考虑酶的性质与预期用途。很多情况下需要尝试不同的固定化方法，然后根据特定的应用环境，选择一种最合适的

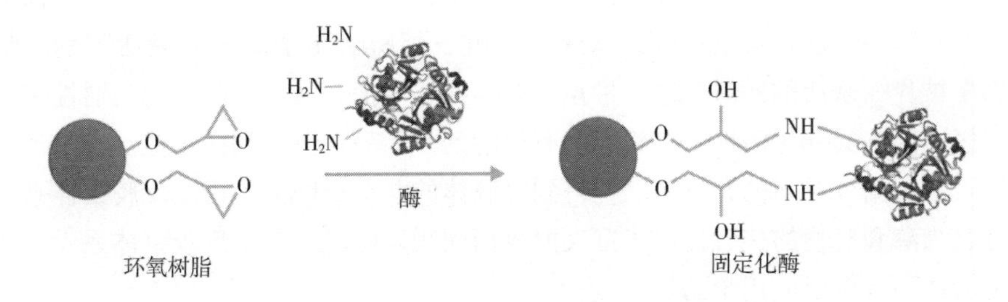

图7－5　环氧树脂共价结合游离酶制备固定化酶

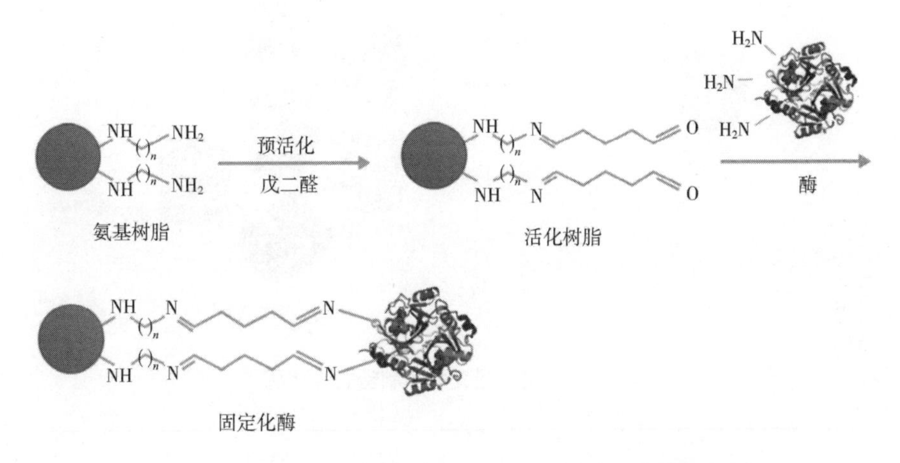

图7－6　氨基树脂的预活化及其共价结合游离酶制备固定化酶

方法。

酶与载体的共价结合固定化一般是酶与载体之间通过形成酰胺键、硫醚键、二硫键、氨基甲酸酯键等实现酶的固定化。因此，共价结合固定化得到的固定化酶中酶与载体结合非常牢固，一般情况下，酶的操作稳定性也会增加。然而由于共价结合的性质，一旦酶的活性衰减，载体必须与酶一起丢弃，不利于载体的再生重复利用。采用共价结合法制备固定化酶的优势是得到的固定化酶较稳定，能有效防止酶的脱落，但是共价结合固定化往往由于固定化载体成本较高以及固定化过程中酶活损失较大及其固定化的不可逆性，目前并没有在工业上广泛应用。

2. 包埋与交联

包埋法固定化酶的原理是把酶分子截留在聚合物网络中，底物和产物分子可以通过该网，而酶被限定在网内。这种方法与上面提到的共价结合方法不同，酶不与载体基质或膜成键。可以用不同固定化基质捕获酶分子，例如凝胶、纤维和微囊等。通过该方法得到的固定化酶在实际应用中受膜或凝胶的传质阻力限制。

交联法是指通过交联试剂如戊二醛等通过共价键将酶与载体交联起来，从而实现酶的固定化（图7－7）。最近报道的一种交联酶聚体（Cross－Linked Enzyme Aggregates，CLEAs）技术，与传统的固定化方法之间存在细微差别，CLEAs是基于多点接触的分子内交联。有多种酶通过该方法制备成CLEAs，包括青霉素酰化酶、脂肪酶、漆酶、辣根过氧化物酶等（图7－8）。此外，基于反胶束体系的脂肪酶的无载体交联固定化近年来引起了研究者的广泛关注。反胶束体系是由表面活性剂与微量水溶解于非极性有机溶剂中，形成的一个由极性水核和表面活性剂围绕的聚集体。它是一个低水含量的油包水体系。由于脂肪酶属于“界面激活”酶，脂肪酶在反胶束体系中被界面激活的同时，倾向性地分布于两相界面，且由于脂肪酶的活性中心存在一个大的疏水区，因此其催化活性中心将朝向有机溶剂，而另一侧将朝向水池。当水池中存在交联剂时，即可实现酶分子间的共价交联，得到无载体的共价交联酶。由于反胶束体系具有大量的油水界面，为酶和底物的接触提供了巨大的界面面积。因此，基于反胶束体系无载体交联固定化得到的脂肪酶被广泛应用于酶促反应。

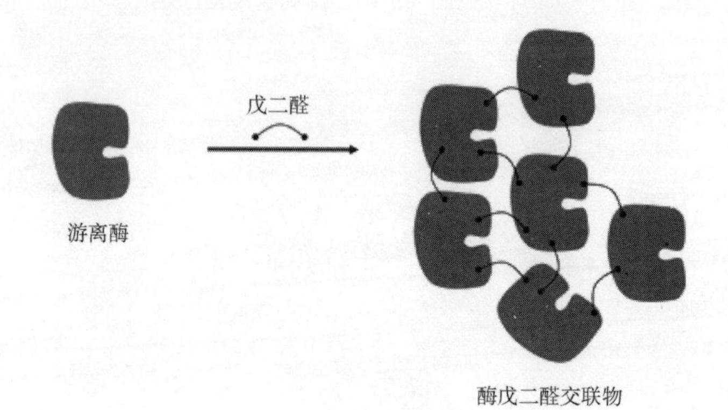

图7－7　戊二醛交联酶制备固定化酶

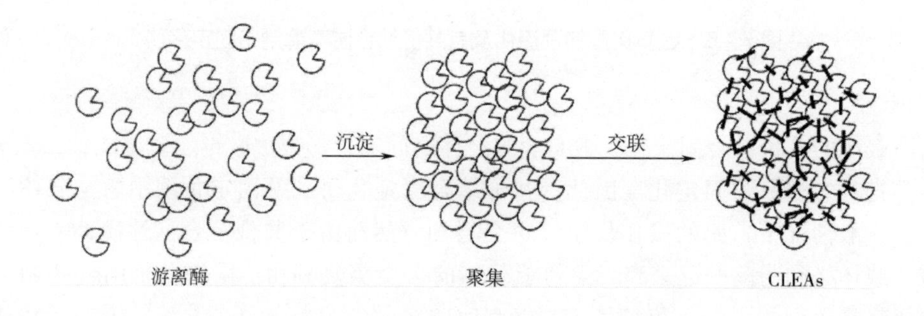

图7－8　交联酶聚体（CLEAs）的制备

表7－1　几种主要的酶固定化方法的优势与缺陷

	方法与结合性质	优势	缺陷
可逆固定化	物理吸附： 较弱的结合作用力（疏水作用力、范德华力、离子间相互作用）	简单经济 对酶的构象影响小	酶分子容易脱落 非特异性结合
	亲和吸附： 酶与载体能够相互识别的亲和连接	简单 定向固定化 高选择性	高成本

续表

	方法与结合性质	优势	缺陷
不可逆固定化	共价结合： 酶与载体功能基团之间通过化学键结合	酶分子结合牢固 可能增加酶的稳定性	再生操作复杂 酶活力损失大
	包埋法： 聚合物网络截留酶分子	广泛应用	传质阻力大 酶易泄露 仅适用于小分子底物和产物
	交联法： 通过交联试剂把各个酶分子之交联起来	稳定的生物催化剂	不适用于填充床反应器 传质阻力大 酶活力损失大

二、 高新技术在酶固定化中的应用

近年来随着高新技术如纳米技术、等离子体技术、辐射技术、磁处理技术等在生物、化学及材料等领域的发展，越来越多的学者致力于应用高新技术设计合成新型固定化载体，并将其成功应用于酶的固定化，取得了良好的效果。

利用纳米技术制备得到的纳米材料被广泛应用于制备纳米固定化酶。由于纳米材料在尺寸上的特殊效应，使得纳米材料固定化得到的固定化酶表现出特殊的理化性质和优异的催化性能。

磁处理技术制备得到的具有磁响应的磁性高分子材料可用作酶固定化的载体，所得到的固定化酶在外加磁场的作用下，可以控制固定化酶运动的方向，从而可用来代替传统的机械搅拌，避免反应过程中机械力导致的固定化酶的破碎。此外，磁性高分子材料固定得到的固定化酶可以在外加磁场的作用下分离回收，简化了回收工艺，提高了效率，有利于大规模连续化生产。

辐射技术如超声波辐射、离子辐射、核辐射等可应用于固定化前对载体的预处理，辐射技术的应用可以疏通载体的内扩散通道，从而大大缩短酶固定化的时间，且辐射技术操作简单，得到的固定化酶活性较高。

等离子体技术通常用于对载体进行改性。等离子体即为电离了的“气体”，是自然界中区别于气体、液体、固体物质的第四种形态，它是原子、分子、离子和自由基的聚集体，呈电中性。载体材料在等离子体的环境中被活化修饰后，可使载体的表面具有各种优异的性能。经等离子体技术处理的载体表面，酶可大量牢固结合在其表面。

由此可见，利用高新技术对固定化载体进行制备或修饰、改性，并将得到的固定化载体应用于酶的固定化，简单易行、作用温和，并可大幅提高固定化酶的活力。

三、 固定化方法的评价

由于技术与经济方面的原因，大部分酶催化的化学反应，需要在较长的时间内重复使用酶催化剂。固定化酶技术可以满足重复或持续使用的要求。一方面，对于工业化的需求，操作简易与经济性是固定化技术的关键特点。另一方面，长期重复使用固定化酶，不仅需要稳定的固定化酶，同时对于特定的化学反应，该固定化酶也要具备合适的催化性质（如活力、选择性等）。开发一种工业催化剂首要考虑的是操作简便、经济性与稳定性。

根据以上要求，可以根据以下指标对已报道的固定化酶方法进行评价：

（1）固定化过程或固定化后的修饰过程不能使用有毒或有害试剂。

（2）固定化后酶的催化性能是否得到提高，如活性、稳定性、选择性等。总的来说，得到一种活力高且稳定性好的固定化酶是工业应用的关键。活力和稳定性都不好的固定化酶在实验室阶段可以应用，然而要应用于工业生产并不可行。考虑到实际要求，可以选择稳定性很高的酶进行固定化，或者固定化后酶的稳定性得到很大提高。

（3）固定化得到的固定化酶应能应用于不同类型的反应（可溶或者不可溶的底物、需要辅因子再生的反应、或者需要氧气参与的反应），可以在不同媒介中反应（水、有机溶剂、离子液体、超临界流体等），也可以在不同类型反应器中反应（搅拌釜、流动床等）。

（4）固定化得到的固定化酶可以应用于不同的领域：精细化工、生物传感器或治疗应用等。

第二节　固定化酶的表征

酶被固定化后，由于载体与酶蛋白的相互作用，往往会导致固定化前后载体的形貌发生变化；而载体与酶蛋白之间的相互作用往往又会导致酶蛋白二级结构的变化。此外，固定化载体由于结合了酶蛋白，其热融化曲线往往会发生相应的变化。上述这些特征常常被用来判断酶是否成功固定化到载体上。随着现代高新技术的不断发展，扫描电镜（Scanning Electron Microscope，SEM）、傅里叶红外光谱（Fourier Transform Infrared Spectrum，FTIR）、圆二色谱（Circular Dichroism，CD）及热重分析（Thermo Gravimetric Analysis，TGA）等常被用于固定化酶的表征。

一、固定化酶的形貌表征

酶的固定化过程中，酶蛋白与载体之间的相互作用会导致固定化前后载体形貌的变化。常采用扫描电镜对酶固定化前后载体表面的形貌特征进行观测以判断酶的固定化情况。观测前要先将样品进行喷金处理，然后从载体各个方向对载体表面进行观测，并拍摄电镜图片。图7－9（1）和图7－9（2）所示为环氧树脂固定化脂肪酶SMG1－F278N前的图片，其中（1）和（2）的放大倍数分别为50倍和200倍。图7－9（3）和图7－9（4）所示为环氧树脂固定化脂肪酶SMG1－F278N后的图片。由图中对比可见，固定化前环氧树脂表面比较光滑，而固定化后环氧树脂表面产生许多明显的凸起，这是因为酶分子的氨基酸残基与载体的环氧基团发生共价结合所致，这表明酶被成功地固定化在环氧树脂表面。

二、固定化酶化学基团的表征

酶在固定化过程中，不同的固定化方法，酶与载体之间作用力的类型也不同。可通过FT－

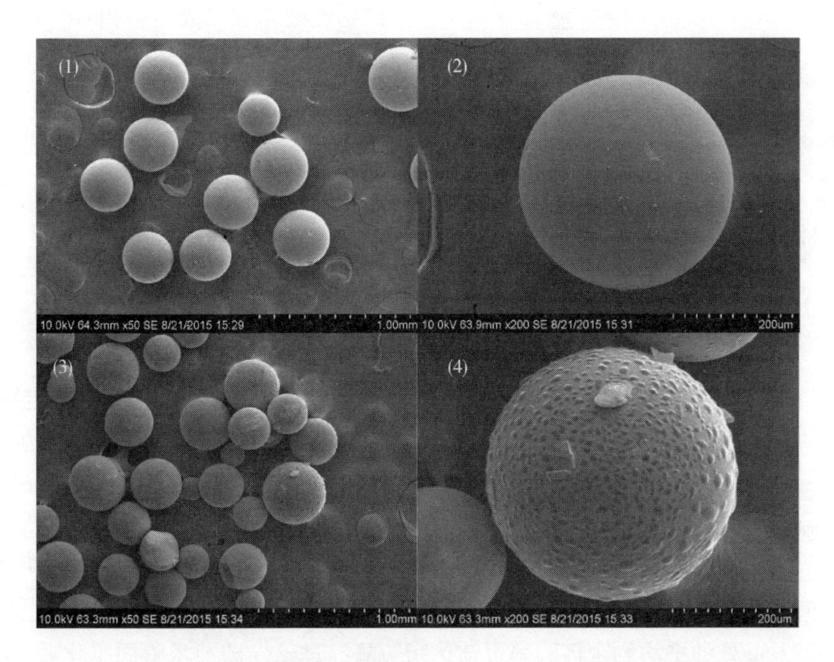

图7-9　ECR8285 环氧树脂固定化脂肪酶 SMG1-F278N 前后树脂表面电镜扫描图

IR 对固定化酶的化学基团进行表征。通常，通过游离酶、载体和固定化酶的 FTIR 光谱可以考察载体对酶的固定化情况。图 7-10 所示为游离脂肪酶 SMG1-F278N［图 7-10（1）］、环氧树脂 ECR8285 固定化的脂肪酶［图 7-10（2）］和环氧树脂 ECR8285［图 7-10（3）］的红外光谱图。从环氧树脂 ECR8285 的光谱图［图 7-10（3）］上可以观察到在 1261.4cm^{-1}处的吸收峰为环氧基的特征吸收峰。同理，在环氧树脂 ECR8285 固定化的脂肪酶的光谱图上也在 1263.3cm^{-1}处观察到了环氧基的吸收峰。此外，在游离脂肪酶 SMG1-F278N 的红外吸收光谱图上观察到—NH—键在 1550.7cm^{-1}处有强烈的吸收峰，相应地在环氧树脂 ECR8285 固定化的脂肪酶的光谱图的 1538.2cm^{-1}处我们也观察到了—NH—键的吸收峰。以上两点表明脂肪酶 SMG1-F278N 被成功地固定到了环氧树脂 ECR8285 上。

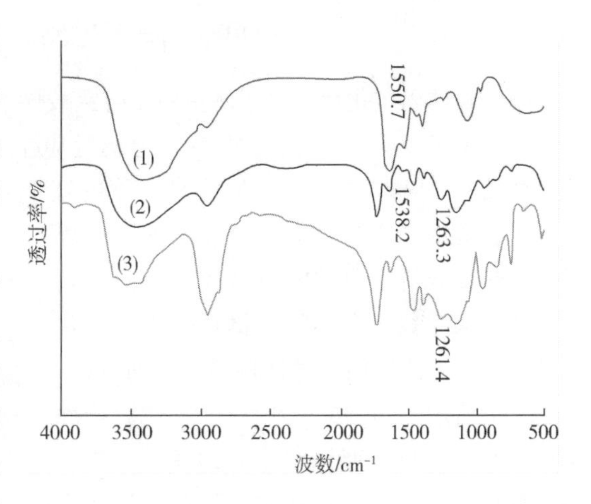

图7-10　脂肪酶 SMG1-F278N、固定化脂肪酶 SMG1-F278N 及树脂 ECR8285 的红外光谱图

三、固定化酶蛋白质二级结构的表征

酶被固定化后，酶蛋白的二级结构往往会发生变化。通常采用 FTIR 光谱的酰胺 I 带（1700～1600cm^{-1}）来表征酶蛋白固定化前后的特征。通过对蛋白质酰胺吸收带的去卷曲、二阶导数和拟合分析，在外力作用下可观察蛋白质新构象的产生、部分或全部去折叠引起的二级

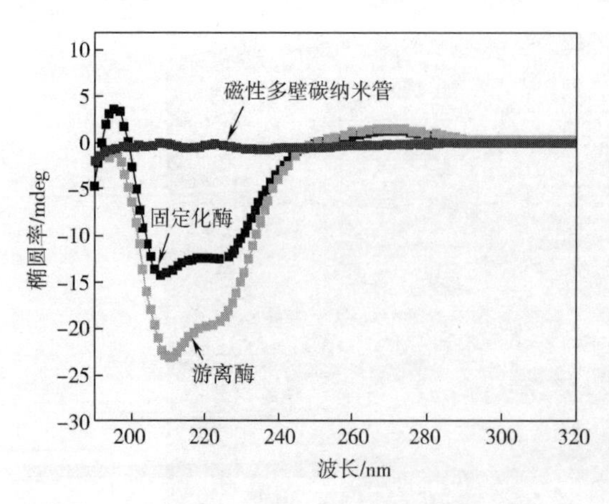

图7-11 磁性碳纳米管、游离酶和磁性碳纳米管固定化的脂肪酶的圆二色谱图

结构的破坏或二级结构相对含量的变化。蛋白质分子有许多振动频率，FTIR 光谱的酰胺Ⅰ带（1700~1600cm^{-1}）来自于其 C=O 键的伸缩振动，这在蛋白质结构表征上具有重要意义。

此外，圆二色谱仪也被广泛应用于固定化酶蛋白质二级结构的表征。其主要是通过对样品进行圆二色谱扫描来表征酶固定化前后蛋白质二级结构的变化。图7-11所示为通过圆二色谱分析游离酶和固定到磁性多壁碳纳米管上的脂肪酶的二级结构的谱图。用J810型圆二色谱仪记录200~260nm处的紫外圆二色谱，带宽为0.5nm，扫描速度为50nm/min。结果显示，磁性碳纳米管对固定化酶的圆二色谱没有影响。使用CDPro软件包分析蛋白质的圆二色谱图，从而确定其二级结构的变化。从222nm处的平均剩余椭圆率可知，脂肪酶经过磁性碳纳米管固定化后，α-螺旋成分减少，其含量降为游离酶的63%。

四、固定化酶融化曲线的表征

酶经载体固定化后，由于酶蛋白结合到载体上，从而使得所得的固定化酶和载体相比其组成成分发生了相应的变化，常用热重分析对其进行表征。热重分析是指在程序控制温度下测量待测样品的质量与温度变化关系的一种热分析技术，常用来研究材料的热稳定性和组成成分。热重分析在研发和质量控制方面是较常用的检测手段，在实际的材料分析中经常与其他分析方法连用，对材料进行全面分析。图7-12所示为对DA-201树脂、磷脂酶冻干粉和DA-201树脂固定化后的磷脂酶进行热重分析的结果。由图可知，3个样品在室温到110℃之间均有3%~5%的水分损失。酶的冻干粉在200~300℃，随温度升高，质量下降了90%以上，这是因为高温使酶蛋白发生了分解。DA-201树脂的材料为聚苯乙烯，在350~450℃发生了分解，损失了70%的质量。而DA-201固定化的磷脂酶则出现了两段失重峰，分别在200~300℃和350~450℃，而这两段降解峰分别对应着吸附的酶蛋白和树脂材料的热分解，这表明磷脂酶被成功固定到了DA-201苯乙烯型树脂上。

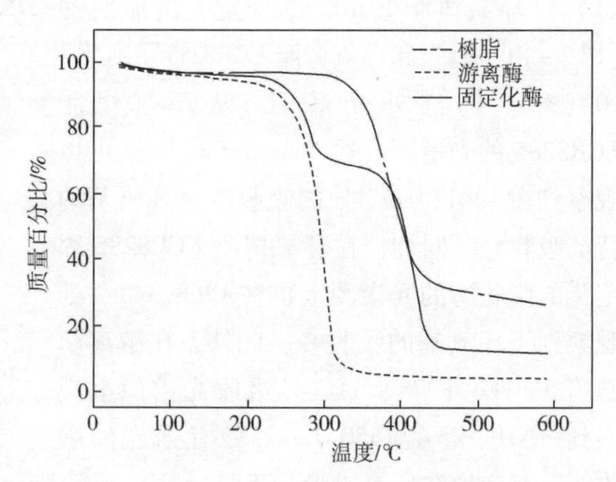

图7-12 DA-201树脂、固定化酶和游离酶冻干粉的热重分析图

第三节 固定化酶的性质及评价指标

游离酶被固定化后，由于载体与酶蛋白之间的相互作用，酶自身的性质也会发生相应的改变。目前对固定化酶性质的研究主要是指对其酶学性质进行的研究。最适温度、最适 pH、热稳定性、贮藏稳定性、操作稳定性、催化特性及米氏动力学常数等常用来表征酶固定化前后酶学性质的变化。和游离酶相比，酶经固定化后，往往会在某些方面表现出优异的特性，这有利于其在工业反应中的大规模应用。

一、 固定化酶的酶学性质

（一） 最适反应温度

酶被固定化后，由于酶蛋白分子刚性的增加，固定化酶催化反应的最适温度可能会发生相应的变化。研究表明，采用共价结合法固定化得到的脂肪酶，其最适反应温度可相应地提高5～10℃，从而增加了固定化酶的热稳定性，拓宽了固定化酶的应用范围。而通常采用物理吸附法固定得到的固定化酶，其最适反应温度往往变化不大。

（二） 最适反应 pH

酶作为一种水溶性蛋白质，容易受外部微环境的影响，特别是受 pH 变化影响显著。微环境 pH 的变化不仅对酶的稳定性有影响，而且还会影响酶活性中心重要氨基酸残基及底物和底物－酶复合物的解离状态，从而影响酶促反应的速度。酶固定化后，由于载体材料带电性的影响，其酶促反应最适 pH 较游离酶往往会发生偏移。一般地，带负电的载体材料对酶蛋白进行固定化后，由于载体表面带负电荷，会吸引溶液中的正电荷吸附在载体上，使固定化酶扩散层 H^+ 浓度相对于周围的外部环境偏高即偏酸性，迫使外部环境的 pH 向碱性方向偏移，中和微环境中酸碱度的变化，从而达到固定化酶的最适反应 pH。相反地，当采用带正电的载体材料对酶进行固定化后，酶蛋白的最适反应 pH 会向酸性方向偏移。

酶的固定化过程会使酶的最适反应 pH 向酸性或者碱性方向偏移，这一现象具有十分重要的工业应用价值。如工业上往往需要几种酶的协同作用来实现酶促反应效率的最大化。由于使用的几种酶的最适反应 pH 不一定一致，为了使所选用的酶促反应的 pH 适用于各种酶的酶促反应，往往需要通过固定化来使各个酶的最适 pH 相互接近。如糖化酶的最适反应 pH 为 4.6，经阴离子载体固定化后，其最适反应 pH 升至 6.8，接近葡萄糖异构酶的最适反应 pH 为 7.5。因此，固定化后可以通过两种酶的协同作用简化高果糖浆的工艺技术。

（三） 固定化酶的稳定性

固定化酶的稳定性如固定化酶的热稳定性、储藏稳定性和操作稳定性是评价固定化酶优劣及实用性的重要指标。

酶固定化后，由于其蛋白结构刚性的增加，所得到的固定化酶的热稳定性往往会显著提高。图 7－13 所示为脂肪酶 SMG1－F278N 固定化前后温度耐受性的变化曲线。和游离酶相比，SMG1－F278N 固定化后其热稳定性显著增加。在 45℃下孵育 3h 后仍能保持其最初活力的 85%。而游离酶在 45℃下孵育 3h 后其活力只有最初的 28% 左右。脂肪酶 SMG1－F278N 固定

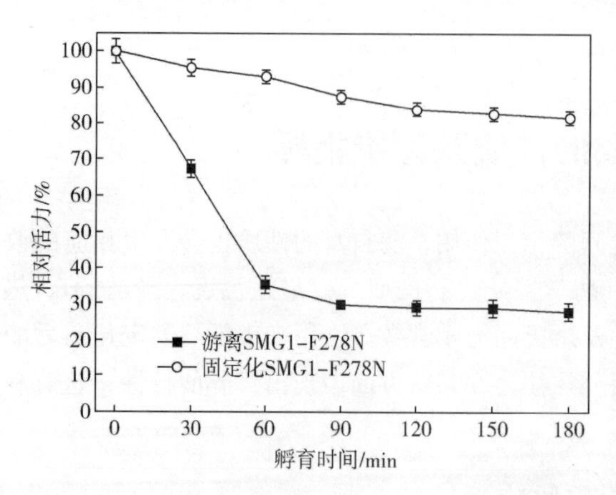

图7-13 脂肪酶SMG1-F278N固定化前后温度耐受性的变化曲线

化后其热稳定性显著提高，有利于其应用于更高温度的催化反应。

固定化酶的贮藏稳定性是指固定化酶在贮藏过程中酶活力随贮藏时间的变化情况。固定化酶的贮藏稳定性直接影响其应用时间及便利程度。酶的固定化增加了酶的热稳定性，相应地，酶的贮藏稳定性也需要有一定程度的改善，这样才能从根本上增加酶的工业可利用性。固定化酶贮藏稳定性的测定通常是将固定化酶贮藏在4℃冰箱内，每隔一段时间取样测定固定化酶的酶活力来评估固定化酶的贮藏稳定性。

固定化酶的操作稳定性是指固定化酶在连续反复使用过程中保持自身催化活力的能力。一个具有良好操作稳定性的固定化酶可以经过多个反应批次后仍保持良好的催化活力。固定化酶操作稳定性的测定一般是通过测定固定化酶使用过程中固定化酶的残留酶活来判定。具有良好操作稳定性的固定化酶，能大大降低工业生产成本。

（四）固定化酶的底物特异性

酶被固定化后，由于空间位阻的存在，可能会导致其底物特异性发生变化。这主要受底物分子大小的影响，对于作用于小分子底物的酶，酶固定化前后，其底物特异性基本没有显著变化。而对于既可作用于大分子底物又可作用于小分子底物的酶，经固定化后，其对于某些大分子底物可能不再识别。

（五）固定化酶的酶促反应动力学

酶被固定化后，由于活性位点处空间位阻或底物扩散阻力的增加，固定化酶的米氏动力学（Michaelis - Menten Kinetics equation）常数往往会发生变化。研究固定化酶的酶反应动力学，首先要从理论上阐明反应速率与底物浓度之间的关系。

通常，表观米氏常数 K_m 反映的是酶对底物的亲和力，依赖于分区及扩散效应；最大反应速率 V_{max} 反映的是传质过程。酶被固定化后，酶促反应过程中由于受传质和扩散效应的影响，致使酶与底物的亲和力下降，底物更难接近酶的活性中心，从而需要更高的底物浓度。此时，表观米氏常数 K_m 往往比游离酶高，而最大反应速率 V_{max} 会变小。此外，酶固定化后由于酶结构刚性的增加，可能导致固定化酶较低的底物亲和力，即酶与底物结合的灵活性降低，从而造成米氏常数 K_m 的增大，V_{max} 的变小。反之，如果固定得到的固定化酶的表观米氏常数 K_m 变小，最大反应速率 V_{max} 变大，这样的固定化酶是非常理想的，有利于其在实际中的应用。

二、固定化酶的评价指标

酶被固定化后，由于载体与酶蛋白的相互作用，酶自身的性质往往会发生改变。通常采用测定固定化酶的各种参数来评估固定化方法的优劣以及固定化酶的实用性。

（一）固定化酶的酶活

固定化酶的活力即每克固定化酶每分钟转化底物的微摩尔数，单位为μmol/（min·g）固定化酶。

（二） 固定化酶的比酶活

固定化酶的比酶活即为固定化酶的每毫克酶蛋白单位时间内转化底物的微摩尔数，单位为μmol/（min·mg）蛋白。

（三） 固定化酶的酶活回收率

酶固定化之后的总活力与固定化之前的游离酶的总活力的比值，即为固定化酶的酶活回收率。由于酶在固定化过程中并不是所有的酶蛋白都会被固定在载体上且固定化过程中载体与酶蛋白的相互作用可能会导致酶结构的改变进而导致酶活力的损失。所以，一般情况下，所制备得到的固定化酶的酶活回收率小于1。然而，对于脂肪酶、磷脂酶这一类界面酶，酶在固定化之前采用分子印迹的方法可以使脂肪酶或磷脂酶的“盖子”打开，从而使其活性位点暴露，此时再对其进行固定化，得到的固定化酶的活力急剧增大，此时得到的酶活回收率往往远大于1。

（四） 固定化酶的相对酶活力

固定化酶的相对酶活力即为固定化酶的比酶活与游离酶比酶活的比值。固定化过程中载体的性质如载体的组成材料、载体的粒径、比表面积、孔径、疏水性等以及载体与酶蛋白的结合方式、结合效率等都会影响固定化酶的相对酶活力。

（五） 固定化酶的半衰期

固定化酶的半衰期是指连续测定固定化酶酶活时，固定化酶的酶活力降为最初活力的一半时所用的时间，用 $t_{1/2}$ 表示。固定化酶的半衰期可以体现固定化酶操作稳定性的好坏，固定化酶的操作稳定性在实际工业应用中具有重要意义。固定化酶半衰期的测定，既可进行长时间实际测定，也可以通过较短时间的操作来推算。在不考虑扩散限制时，固定化酶半衰期由下式计算：

$$t_{1/2} = 0.693/K_D$$

式中　$K_D = -2.303/t \times \lg(E/E_0)$ ——衰减常数，其中 E/E_0 是一段时间 t 后酶活力残留的百分数。

第四节　固定化酶在食品工业中的应用及展望

固定化酶由于其较高的稳定性及可重复使用性，并具有绿色环保、经济节约、高效低碳的优势，目前已被广泛应用于食品、皮革、纺织、医药、环保、能源开发和生命科学理论研究等许多领域。

一、 固定化酶在食品工业中的应用

（一） 固定化酶在食品工业生产中的应用

固定化酶在食品工业具有广泛的应用，主要体现在以下几个方面。其一，固定化酶作为稳定的催化剂应用于工业产品的生产。例如固定化葡萄糖异构酶属于工业生产规模较大的固定化酶，利用它可以生产高果糖浆来代替蔗糖；固定化氨基转移酶如 L－天冬酶可催化富马酸铵生

产天冬氨酸；固定化耐热蛋白酶可用于制造甜味剂；Sn－1,3 专一性固定化脂肪酶催化合成 OPO 型结构油脂等。其二，固定化酶用于去除食品加工过程中的一些影响食品质量的苦味物质、不溶性胶体或沉淀等，以达到改善食品质量的目的。例如固定化酶可用于去除柑橘汁中的苦味物质；固定化果胶酶用于果汁加工中的澄清；固定化漆酶可用于去除果汁中的酚类，得到的果汁澄清、稳定性好；戊二醛交联固定化得到的木瓜蛋白酶处理啤酒，可使其在长期贮存过程中保持澄清；固定化 β－半乳糖苷酶可用于水解乳糖生产低乳糖制品，以适应不同人群的需要；固定化酶可用于茶饮料的生产，达到增香和保持茶汁澄清的目的。其三，固定化酶还可以用于食品添加剂，如利用固定化糖化酶作为淀粉糖化剂。此外，固定化酶可用于食品包装，如将溶菌酶固定在薄膜上，得到的抗菌性薄膜可用于食品包装；采用海藻酸钠包埋固定化碱性蛋白酶，该固定化酶可水解酪蛋白制备活性多肽。总之，随着传统固定化方法的不断改进和新型固定化方法的涌现，越来越多的固定化酶将会被应用于食品工业。

（二） 固定化酶在食品检测方面的应用

固定化酶在生物传感器方面的应用，带动了食品检测技术的发展。生物传感器是一种将生物物质作为识别元件并将被测物的浓度转换为电信号进行检测的仪器。酶生物传感器将具有分子识别功能的固定化酶与相应的信号转换器和电子信号处理装置相结合。其原理是酶传感器的生物分子识别元件选择性地识别被检测物质，并催化被识别物发生化学反应；信号转换器将这一催化反应过程中底物或者产物的变量转化为以电势、电流或电容为特征的检测信号，然后通过仪表显示出来。固定化酶生物传感器在食品检测方面的应用，不仅使食品成分的高选择性、快速、低成本分析测定成为可能，而且生物传感器技术的持续发展将很快实现食品生产的在线质量控制，降低食品生产成本，并可以保证安全可靠及高质量的食品。如利用包埋醌蛋白脱氢酶研制的酶传感器，可用来检测饮料中的乙醇含量，也可以用于酿酒过程中连续自动在线监测乙醇含量。

目前，酶电极已成功地应用于测定乳酸、维生素 C、氨基酸、有机酸、脂肪、醇类、双氧水以及亚硝酸盐等物质的含量。如壳聚糖固定化葡萄糖氧化酶生物传感器的检出限可达到 8.0μmol/L，有很好的稳定性，寿命超过 3 个月，已成功地应用于饮料中葡萄糖含量的测定。再者，对医用毛细管先进行氨基化和醛基化，再进行戊二醛的醛基和乳酸脱氢酶的氨基结合，将乳酸脱氢酶固定在毛细管内壁形成的一种新型乳酸固定化酶荧光毛细生物传感器，可用于发酵食品中乳酸的微量快速检测。此外，固定化辣根过氧化物酶生物传感器可应用于啤酒中双氧水含量的检测、火腿肠和环境水中亚硝酸盐的测定。

（三） 固定化酶在食品工业废水处理中的应用

随着人们对环境保护重视程度的增强，在食品工业废水处理方面，固定化酶也受到了越来越多科学家的关注。酚类化合物是废水中一类常见的高含量污染物。固定化漆酶被广泛应用于去除废水中的氧化酚类化合物。食品工业废水中的主要有害成分氯酚，也可以通过固定在磁石上的辣根过氧化物酶将其去除，且去除效果是游离粗酶的 20 多倍。聚丙烯酰胺凝胶固定化的山葵过氧化物酶装柱后可用于去除水中的五氯苯酚，处理 1h 后，五氯苯酚的含量从 13.4mg/L 降至 4.9mg/L。由于食品工业废水中污染物较多，仅使用单一的固定化酶，很难取得很好的处理效果，通常采用酶的复配来解决这一问题。德国科学家将 9 种对硫化磷农药降解具有活性的酶共同固定在多孔硅胶和玻璃珠上，然后将其填充到柱状反应器中，利用 9 种酶的组合协同作用来处理含硫磷农药废水，可以达到很好的处理效果。

二、固定化酶在食品工业中的发展展望

目前，酶的固定化技术已被广泛应用于食品工业生产、食品检测以及食品工业废水处理。随着现代高新技术的不断发展及人们环保意识的不断增强，固定化酶在食品工业中的应用将会受到更广泛的关注，而固定化酶在食品工业中的应用研究也必将推动固定化技术的进一步发展。

过去几十年以来，酶的固定化技术取得了长足发展，随着现代生物、化学、纳米材料等领域的发展，越来越多的新型固定化载体和方法被应用于酶的固定化。同时，随着多酶催化的深入研究，多酶固定化技术和多种固定化方法结合技术的开发将成为酶固定化领域的重要内容之一。

思考题

1. 酶被固定化后较其固定化前具有哪些优势？
2. 试述常用的酶的固定化方法及其各自优缺点。
3. 简述可逆固定化和不可逆固定化的优缺点。
4. 固定化酶的表征方法有哪些？各有什么特点？
5. 固定化酶的酶学性质通常较游离酶有哪些变化？
6. 如何评价制备得到的固定化酶的优劣及实用性？
7. 简述固定化酶在食品工业中的应用及发展展望。

参考文献

[1] Hu YF, Zhang ZJ. Determination of free cholesterol based on a novel flow – injection chemiluminescence method by immobilizing enzyme [J]. Luminescence, 2008, 23 (5): 338 – 343.

[2] Li XX, Li DM, Wang WF, et al. Immobilization of SMG1 – F278N lipase onto a novel epoxy resin: Characterization and its application in synthesis of partial glycerides [J]. J Mol Catal B – Enzym, 2016, 133: 154 – 160.

[3] Liu N, Fu M, Wang Y, et al. Immobilization of lecitase® Ultra onto a novel polystyrene DA – 201 Resin: Characterization and biochemical properties [J]. Appl Biochem Biotec, 2012, 168 (5): 1108 – 1120.

[4] Mateo C, Palomo JM, Fernandez – Lorente G, et al. Improvement of enzyme activity, stability and selectivity via immobilization techniques [J]. Enzyme Microb Tech, 2007, 40 (6): 1451 – 1463.

[5] Jesionowski T, Zdarta J, Krajewska B. Enzyme immobilization by adsorption: a review [J]. Adsorption, 2014, 20 (5): 801 – 821.

[6] Wang AM, Du FC, Pei XL, et al. Rational immobilization of lipase by combining the struc-

ture analysis and unnatural amino acid insertion [J]. J Mol Catal B - Enzym, 2016, 132: 54 - 60.

[7] Zhang Y, Dong XN, Jiang Z, et al. Assessment of ecological security of immobilized enzyme remediation process with biological indicators of soil health [J]. Environ Sci Pollut R, 2013, 20 (8): 5773 - 5780.

[8] Iso M, Chen BX, Eguchi M, et al. Production of biodiesel fuel from triacylglycerides and alcohol using immobilized lipase [J]. J Mol Catal B - Enzym, 2001, 16 (1): 54 - 58.

[9] Sheldon RA, Schoevaart R, Langen LMV. Cross - linked enzyme aggregates (CLEAs): A novel and versatile method for enzyme immobilization [J]. Biocatal Biotranfor, 2013, 23 (3 - 4): 141 - 147.

[10] Datta S, Chirstena LR, Rajaram YRS. Enzyme immobilization: an overview on techniques and support materials [J]. Biotech, 2013, 3 (1): 1 - 9.

[11] Barbosa, Oveimar, Ortiz, et al. Glutaraldehyde in bio - catalysts design: a useful crosslinker and versatile tool in enzyme immobilization [J]. RSC Adv, 2014, 4: 1583 - 1600.

[12] Sheldon RA, Pelt SV. Enzyme immobilization in biocatalysis: why, what and how [J]. Chem Soc Rev, 2013, 42: 6223 - 6235.

[13] Hanefeld U, Gardossi L, Magner E. Understanding enzyme immobilization [J]. Chem Soc Rev, 2009, 453: 468.

[14] 肖海军，贺筱蓉. 固定化酶及其应用研究进展 [J]. 生物学通报，2001，36 (7): 9 - 10.

[15] 徐惠显，李民勤，潘再群. 葡聚糖磁性毫微粒固定化 L - 天冬酰胺酶的研究 [J]. 生物化学杂志，1996，12 (6): 744 - 746.

[16] 张彦，南彩凤，冯丽，等. 壳聚糖固定化葡萄糖氧化酶生物传感器测定葡萄糖的含量 [J]. 分析化学. 2009，37 (7): 1049 - 1052.

[17] 李永生，鞠香，高秀峰，等. 新型乳酸固定化酶荧光毛细生物传感器 [J]. 分析化学，2009，37 (5): 637 - 642.

[18] 马超越. 固定化辣根过氧化物酶生物传感器制作及应用研究 [D]. 河南工业大学，2011.

[19] 刘海洲，张媛媛，张广柱，等. 固定化酶制备技术的研究进展 [J]. 化学工业与工程技术，2009，30 (1): 21 - 23.

[20] 孟廷廷，马海乐，王薇薇，等. 固定化碱性蛋白酶酶解酪蛋白的研究 [J]. 中国食品学报，2016 (8): 87 - 93.

[21] 李阳. Sn - 1，3 专一性脂肪酶的固定化及其在结构油脂 OPO 合成中的应用 [D]. 杭州：浙江大学，2015.

[22] 吕连梅. 固定化酶技术改善绿茶饮料香气品质的研究 [D]. 杭州：浙江大学，2004.

第八章

CHAPTER 8

酶反应器

[内容提要]

本章主要介绍了酶反应器的概念、常见酶反应器类型、酶反应器的设计内容和选型原则以及四个典型的酶反应器应用案例。

[学习目标]

1. 掌握酶反应器的概念、分类及发展趋势。
2. 了解常见的酶反应器。
3. 掌握酶反应器的设计内容及选型原则。

[重要概念及名词]

理想反应器、平推流反应器、全混流反应器、间歇操作、连续操作、物料衡算、停留时间。

第一节　概　　述

一、 酶反应器的概念

以酶作为催化剂进行生物转化反应的装置称为酶反应器，酶催化剂的作用形式可以是游离酶、含有酶的细胞或者固定化酶（细胞）。酶反应器与一般化学反应器相似，要求维持一定的温度、pH、反应物浓度，并具有良好的传质、传热和混合性能，以提供合适的反应条件，确保生物转化反应的顺利进行。但它又与化学反应器有所不同，通常情况下，酶催化反应在常温、常压下进行，因此在反应过程中产能和耗能相对较少。

若在反应过程中起催化作用的是活细胞，即在生物催化过程中伴随有活细胞（微生物、动植物细胞等）的生长和代谢，则称这样的反应装置为发酵罐。发酵罐中的生物反应比较复杂，表现为“自催化”的方式，即在目标产物生成的过程中生物细胞自身也要生长繁殖。而酶催化反应器中进行的生化反应是利用生物催化剂进行的一步或几步反应，往往较为简单。酶如同化学催化剂，在反应过程中本身并没有变化，因此在酶反应器中，不必特意提供微生物生长的营养条件。

酶反应器是酶催化反应的场所，为酶提供适宜的工作条件，以达到产品合成的目的，是连接原料和产品的桥梁。酶反应器作为生物催化的反应装置，依据生物催化转化反应的特性而设计，是实现工业生物转化的关键设备。目前酶反应器广泛应用于食品加工、医药合成、临床检测、生物传感和环境治理等领域。

二、 酶反应器的分类

目前，已有多种类型酶反应器被开发出来用于生物产业，可从不同的角度对酶反应器进行分类。

按照几何形状或结构特征来划分，酶催化反应器有釜式、管式、塔式、膜式等类型。它们之间的差别主要体现在外形和内部结构上。釜式反应器也称为罐式反应器，是最常见的一种酶催化反应器。管式反应器和膜式反应器在连续反应中应用比较多。直径相对较大、纵向较短的管式反应器称为塔式反应器。

若按照催化剂类型进行分类，则有游离酶反应器、游离细胞反应器和固定化酶（细胞）反应器等。对于一般的游离酶或游离细胞反应器，根据其使用目的、反应形式、底物浓度、反应速率、物质传递速率、制造和运行成本及难易等因素，可以采用与一般化学反应器类似的反应器形式。固定化酶（细胞）反应器还应考虑固定化酶的形状（颗粒、纤维、膜等）、大小、机械强度、密度和回收利用的难易、反应动力学形式、物质传递特性和内外扩散的影响等。

根据操作的模式，可将酶反应器分为间歇式反应器、半间歇式反应器和连续反应器。间歇式操作是一次性将底物和酶等反应料液加入反应器中，反应结束后将所有物料一次性取出的操作方式。在整个反应过程中没有底物的加入和产物的取出，底物和产物的浓度随着反应时间的变化而变化，是一个非稳态过程。间歇式反应器适用于多品种、小批量、反应速率较慢的酶催化反应过程。如果在反应过程中向反应器内部连续供给底物，并且以相同的速率从反应器内连续取出反应物料则为连续操作，相应的反应器称为连续反应器，反应器内部任何部位的物料组成不随时间而变化，属于稳态过程。在连续反应器中，酶催化反应可以连续、稳定地进行，能够取得较高的生产效率，但是连续反应器对操作及质量控制有着更高的要求。采用将原料与部分产物连续输入或输出，其余则分批加入或输出的半连续操作的反应器称为半连续反应器。半连续反应器兼具间歇式反应器和连续式反应器的特点。

根据流体在反应器中的流动状态可分为理想反应器和非理想反应器。理想反应器又分为全混流式反应器和活塞流式反应器。在活塞流式反应器中，反应液在反应器的径向呈严格均一的速度分布，其流动如同活塞运动，反应速度与时间无关，随空间位置不同而变化。在全混流式反应器中，物料混合充分剧烈，反应器内物料浓度分布均匀，且不随空间位置而变化。这两种流动模型代表两种极限情况下的理想流动模型。实际反应器中的流动状态是非常复杂的，往往为非理想型的，需要在这两种模型的基础上，经过组合和修正得到比较符合实际反应器的非理想模型。

根据反应器所需的混合和能量输入方式不同，酶反应器可以分为通过机械搅拌输入能量的搅拌罐式反应器、利用气体喷射动能的气升式反应器和利用泵对液体的喷射作用使液体循环的喷射环式反应器等。机械搅拌罐式反应器应用最为广泛，气升式反应器主要应用于有气体参与的酶催化反应中。

还可根据反应体系中物料的状态，将酶反应器分为均相反应器和非均相反应器，其中非均相反应器又有液－固反应体系、气－液反应体系、气－液－固三相反应体系等多种形式。

三、 酶反应器的新发展

目前人力成本日益增高，大型化、自动化和智能化是降低生产成本、保证产品品质的一个重要策略，是目前反应器研究领域的热点和总的发展趋势。随着反应器装置的放大，物料的流动、传热、传质等物理过程的影响因素和条件发生了变化，因此，在大型反应器的设计和操作过程中仍存在一些技术问题亟待解决。

另一方面，随着酶技术的发展，各种新型、复杂的酶反应被开发应用，酶促反应类型已不再局限于水解酶、异构酶等生物催化剂催化的简单反应，各种需要添加辅因子（辅酶）的酶促反应以及复杂的多酶级联反应体系都表现出巨大的应用潜力。此外，随着非水介质工程和酶（细胞）固定化等技术的发展，酶促反应的类型也越来越多。这些新的发展都要求能够满足这些新型反应类型及体系的反应器被开发出来，以便更好地节能减排，使生物催化过程更加绿色。因此，酶反应器的另一个发展趋势是开发适应各种类型酶促反应的反应器。

（一） 微反应器

微型反应器（Microreactor，MR）指的是至少在一个尺度上小于1mm（通常在50～500μm），具有较高比表面积（通常在10000～50000m^2/m^3）的反应器。较小的反应体积和较大的比表面积决定了其能够快速混合、换热效率高、能够对反应温度和反应时间进行精确控制等优点。较小的反应体系也可以减少产品研发的成本，能够以低的材料消耗来进行快速筛选，这在酶突变株的高通量筛选、酶促反应的条件优化等方面具有极大吸引力。微反应器最为重要的一个优点是，其工艺放大不是通过增大微通道的特征尺寸，而是通过增加微通道数量来实现。因此，小试最佳反应条件不需要做任何改变就可直接用于大规模生产，不存在常规反应器中放大的难题，从而缩短了产品由实验室到市场的时间。鉴于以上优点，微型反应器，特别是连续流微型反应器，将是酶促反应的一个重要发展趋势，已在精细化工、有机合成、材料制作等领域内取得广泛应用。例如，康宁公司开发的微通道反应器 Advanced－Flow™既可用于实验室工艺研发，也可用于几十吨/年的小规模生产，已在DSM等制药公司获得成功应用。

（二） 辅因子再生反应器

许多酶促反应需要辅酶、辅基等辅因子的参加，比如氧化还原酶需要NAD（P）$^+$、NAD（P）H、FAD$^+$或FADH等作为电子传递体，合成酶催化的反应需要ATP提供能量。鉴于辅因子价格非常昂贵，通常需要构建再生体系，使辅因子实现重复利用，以降低生产成本。因此，对于这类需要辅因子参与的酶促反应，需开发相应的辅因子再生型反应器（Enzyme Reactors with Cofactor Regeneration)。辅酶的再生往往通过另一个酶催化反应的耦合来实现，膜反应器可在一个反应器内实现酶促转化和辅酶的再生。辅因子通常为小分子化合物，可将其结合于可溶性大分子聚合物上，通过超滤膜截留于反应体系内。分子质量比较大的水溶性衍生物，比如葡聚糖、聚乙二胺和聚乙二醇等，是最为有效的辅因子结合载体，因为它们的传质阻力比较小。另一种策略是利用膜反应器来直接截留反应液中的辅因子，但需要用反渗透膜或者孔径比辅因子直径小的膜，这在很大程度上限制了这种策略的应用。

（三）多酶级联反应器

许多生化反应需要通过多步反应级联催化实现，比如微生物将葡萄糖转化为氢气需要13步反应。将多种酶共固定化后制成多酶级联反应器（Multi - enzyme Cascade Reactors），利用多种酶的顺序反应模拟微生物细胞内的多酶级联反应以合成目标产物，成为酶工程发展的一个热点方向。在多酶反应器中，多个酶的级联反应能够实现以往单个酶所无法实现的生物转化反应，且前一个酶催化的产物往往作为后续酶的底物参与反应，因而可望减少中间产物的积累和抑制作用，提高反应的效率。细胞体内代谢复杂，存在较多副产物的积累，虽然可通过基因手段对代谢旁路进行敲除，但是发酵过程中仍需要提供维持细胞生长的必需能量，造成目标产物收率低等问题。因此，与发酵生产相比，利用多酶固定化反应器，可通过多酶顺序反应以更高的得率获得目标产品，且所用的反应器小而紧凑，比传统的发酵罐制造成本低、易于操作控制。多酶反应器的使用还可减少产品生产过程中不必要的辅助设备，降低制造成本，获得最大的经济效益。此外，还可用于构建全新的多酶或者酶 - 化学合成路线，生产人类所需而自然界不存在的非天然化合物，或者稀有珍贵的植物或动物源天然产物。目前，多酶反应器仍处于初步研究阶段，但已经成为取代单酶催化反应和活细胞发酵的一个重要发展趋势。多酶级联反应器的发展重点是能够以高得率和低成本实现不同的酶促合成目标，而挑战在于多酶共固定化方法的开发、不同酶之间的配比及能够保证不同酶活力及稳定性相互协调的反应条件。

第二节　常见酶反应器

一、搅拌罐式反应器

搅拌罐式反应器（Stirred Tank Reactor，STR）是带有搅拌装置的罐式反应器，主要通过机械搅拌来实现物料混合，通常设置有夹套或盘管来加热或冷却罐内物料，控制反应温度。搅拌罐式反应器是一种常用的酶催化反应器，具有设备简单、底物与催化剂接触良好、混合充分、传质阻力小、反应条件易控制等优点，但也存在搅拌动力消耗多、剪切力大、容易造成催化剂破损等缺点。搅拌罐式反应器既可用于游离酶（细胞）的反应，又可用于固定化酶（细胞）的反应，不过在应用于固定化酶（细胞）的反应时，要注意搅拌桨剪切力可能造成固定化酶（细胞）的破碎，应尽量避免过高的搅拌转速。对于黏性较大、胶状或有不溶性底物参与的酶催化反应，搅拌罐式反应器是首要选择。

搅拌罐式反应器有分批式和连续式两种操作模式，对应的分别为分批搅拌罐式反应器（Batch Stirred Tank Reactor，BSTR）和连续搅拌罐式反应器（Continuous Stirred Tank Reactor，

CSTR)，如图 8 -1（1）和图 8 -1（2）所示。

分批搅拌罐式反应器在操作中将酶和底物一起加入反应器内，达到预期转化率后一次性放料。若在应用时，先将一部分底物加入到搅拌罐式反应器中进行酶催化反应，随着反应的进行，底物浓度减少，再分批或连续地加入剩余底物进行反应，反应结束后一次性放料，则称之为流加分批式反应。流加式操作模式特别适合于高底物浓度对酶有抑制或失活作用的酶催化反应，可通过维持较低的底物浓度来减少或者消除高底物浓度导致的抑制或失活作用。在搅拌罐式反应器中，游离酶一般很难回收利用，而固定化酶可以在反应结束后，通过离心或过滤的方法从反应料液中分离出来实现重复利用。

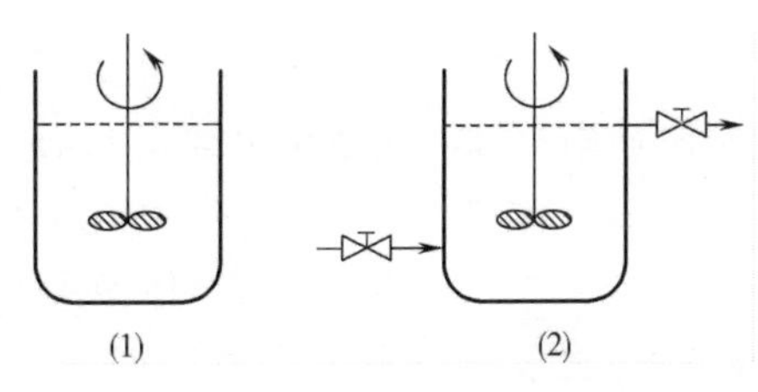

图 8 -1　搅拌罐式反应器示意图
（1）分批搅拌罐式反应器
（2）连续搅拌罐式反应器

连续搅拌罐式反应器在结构上与间歇搅拌罐式反应器基本相同，在操作上是连续进料、放料。与分批搅拌罐式反应器相比，连续搅拌罐式反应器中往往需要更为剧烈的搅拌，以保证反应器内各点底物、产物浓度均匀一致，且等于流出液的浓度。通常情况下，在连续搅拌罐式反应器的放料口处需用筛网或其他过滤介质来截留固定化酶。也可直接将酶固定化于搅拌轴、挡板上，或者将固定化酶放置于与搅拌轴一起转动的金属网框内来实现催化剂的重复利用，同时还能避免较高剪切力对固定化酶带来的破坏。

二、 填充床反应器

填充床反应器（Packed Bed Reactor，PBR)，是一种适用于颗粒状固定化酶（细胞）的反应器，又称固定床反应器，结构如图 8 -2 所示。是将固定化酶（细胞）堆叠于反应器内形成催化剂床层，催化剂颗粒静止不动，反应料液以一定的方向和流速通过床层，实现传质和混合，进行酶促反应。填充于床层内的固定化酶颗粒可以是各种形状的，如球形、碟形、薄片等。填充床反应器可以是管式也可以是塔式。

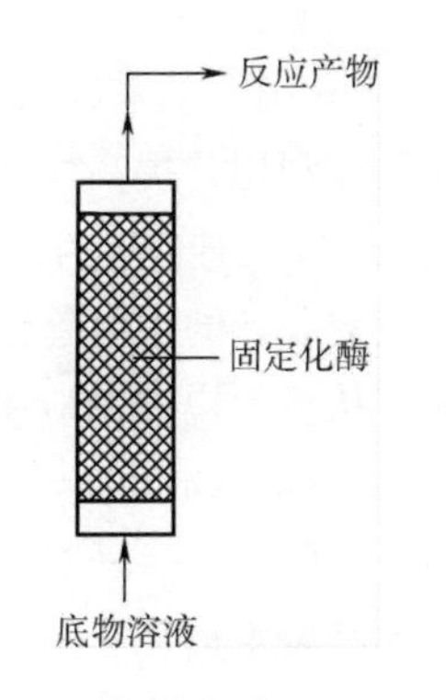

图 8 -2　填充床反应器示意图

填充床反应器的优点在于设备简单，建造费用低，单位反应器体积内的催化剂装填密度大，较小的剪切力不会对固定化酶带来破损等。适用于易磨损的催化剂，且容易实现连续操作，因此是工业生产中应用较为广泛的一种生物催化反应器。填充床反应器中流体的流动形态近似于平推流，所以填充床反应器可以近似认为是一种平推流反应器。对于存在产物抑制的酶催化反应，采用填充床反应器可获得较高的产率。

在填充床反应器中，传质和混合要逊色于搅拌罐式反应器，且床层的堆积使得整个反应器压力降较大，容易发生堵塞现象。在大型填充床反应器中这种问题尤为明显。固定化酶颗粒大小会影响压力降和内扩散阻力，因此要选择合适大小的固定化酶（细胞）颗粒，大小应尽可能的均匀。针对大型填充床反应器中压力降较大的问题，还可通过在反应器中间用托板分隔来解决。若黏性较大或者含有固体颗粒的反应料液，则应避免使用填充床反应器，容易引起床层堵塞。

三、流化床反应器

流化床反应器（Fluidized Bed Reactor，FBR）是在装有固定化酶或固定化细胞颗粒的塔器内，通过流体自下而上的流动使得固定化酶（细胞）颗粒在流体中保持悬浮状态，即以流态化状态进行反应的装置（图8－3）。

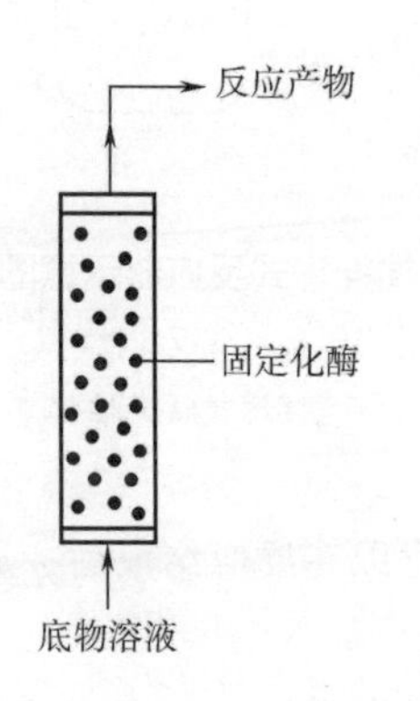

图8－3 流化床反应器示意图

由于流体与固体颗粒充分接触，混合程度高，因而流化床反应器的传热、传质性能较填充床反应器要好。压力降也较填充床反应器小，发生堵塞的可能性降低。黏性较大、含有固体颗粒的反应料液也可以在流化床中进行催化反应。流化床反应器中流体剧烈流动产生的剪切力以及固定化酶颗粒相互之间的碰撞可能会导致固定化酶结构遭到破坏，因此，对固定化酶的机械强度有一定要求。此外，流化床反应器中流体动力学参数复杂，操作较为烦琐且运行成本高。为保证流化床反应器中流体维持合适的流动状态，对反应料液的流速和催化剂颗粒有一定的要求，要选择合适大小和相对密度的固定化酶颗粒，颗粒大小要均匀。并要注意控制好反应料液的流动速度，流动速度过低时，难以保持固定化颗粒的悬浮状态，流动速率过高时，催化反应不完全。在必须满足流态化的流速范围内，不能够获得足够转化率时，可将部分反应液再循环。近些年来，为了提高固相和液相之间的密度差，以利于提高传质速率，已开发了在固定化酶内添加微小砂粒、不锈钢粒等惰性物质或者加入磁性物质以使床层在磁场操纵下运行的新技术。

四、膜反应器

膜生物反应器（Membrane Bioreactor，MBR）是将生物催化反应与膜相结合的系统或装置。通过在反应系统中引入膜技术，不仅可对反应液中的生物催化剂实现回收利用，提高酶的使用效率，同时可实现产物的原位分离，简化反应后处理，而且可以很好地实现连续化生产。因此，膜反应器是近年来酶催化反应器研究的一个重要领域，也是酶反应器设计的重要趋势。

膜反应器种类繁多、应用面广，目前还没有公认的统一分类标准。从膜反应器的应用原理上分析，膜反应器实质上可以分为两种，一种是将酶反应器与膜装置组合成生物反应与分离耦合体系，一般由搅拌罐式反应器和超滤膜装置共同组成，如图8－4（1）和图8－4（2）所示。生物催化在搅拌罐中进行，反应液通过膜分离出生物催化剂和产物。这种装置适用于游离酶的催化反应，只要在膜材料的选择上注意选择能够截留游离酶的膜即可。另一种是将酶或细胞直接固定于膜上，如图8－4（3）所示，膜既作为酶的载体，同时构成分离单元，称为酶膜反应器。

酶膜反应器的发展在很大程度上依赖于膜技术的发展，随着材料科学特别是高分子材料科学的发展，目前已有多种膜被开发出来。从材料上可分为无机膜和有机膜等，有机膜材料主要包括醋酸纤维素、聚砜、聚醚、聚砜－聚乙烯基四唑等高分子聚合物，无机膜的材料主要有陶瓷、玻璃、碳分子等。根据膜的孔径大小可将膜分为反渗透膜、超滤膜、微滤膜及普通过滤膜等。分离膜的形状可根据需要制成平板膜、直管膜、螺旋膜或中空纤维膜等多种形式。在使用过程中需要综合考虑酶分子与产物的性质、分子大小、成本等因素来选择合适的膜材料。

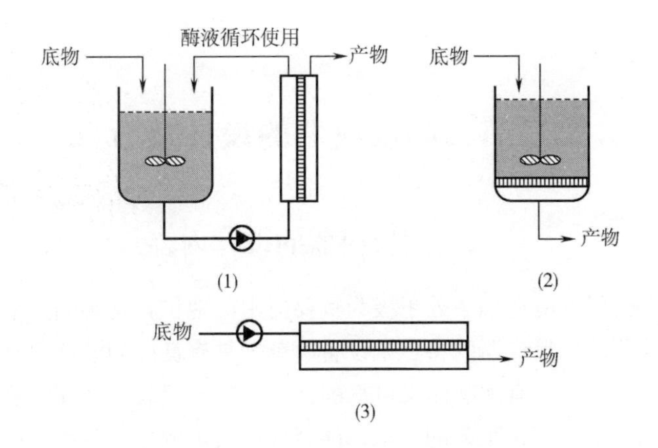

图8－4　三种类型膜反应器

（1）膜分离循环反应器　（2）死端膜反应器　（3）酶膜反应器

膜反应器特别适用于有产物抑制或受平衡控制的可逆酶促反应，通过将产物不断地从反应体系中分离出去，降低反应液中产物浓度，从而减少产物的抑制作用或促进可逆反应向产物生成方向进行，提高原料的转化率和反应器的生产能力。此外，当反应的产物不止一种时，利用膜对不同产物透过性的差异可分别在膜的两侧浓缩不同的产物成分。对于价格昂贵的辅因子的重复利用，也依赖于膜反应器的应用。

五、鼓泡式反应器

鼓泡式反应器（Bubble Column Reactor，BCR）是一种无搅拌装置的反应器，利用从反应器底部鼓入气体提供混合和传质所需的功率。通入的气体可以是酶催化反应所需的气体，也可以是含有底物的空气。通入气体的目的，一方面是供给酶催化所需的气体底物，另一方面是随着气体的上升流动起到搅拌作用，使酶分子与底物充分混合。最简单的鼓泡式反应器的内部为一个空塔，塔的底部用筛板或气体分布器来分散气体，使得气体产生小气泡且分散均匀，构造如图8－5所示。通常情况下，将酶和非气体的底物溶液置于反应容器中，气体从反应器底部进入。对于高径比较大的鼓泡式反应器，在其内部往往需要装入若干块筛板，以便于气体的重新分散。

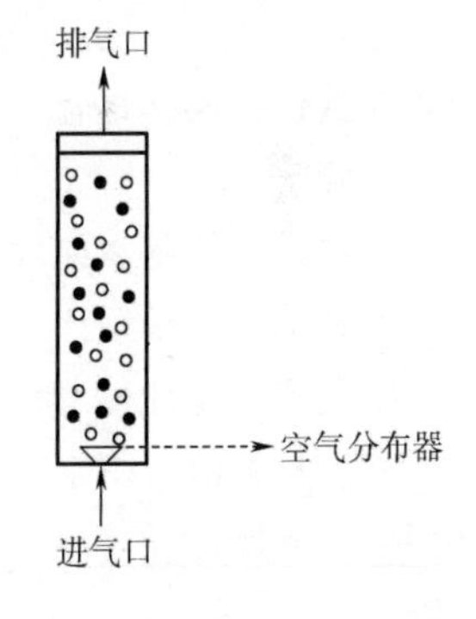

图8－5　鼓泡式反应器示意图

鼓泡式反应器适合于有气体参与的酶催化反应。既可用于游离酶的反应，也可用于固定化酶催化的反应，在使用鼓泡式反应器进行固定化酶催化的反应时，反应系统中存在固、液、气三相，又称为三相流化床式反应器。

鼓泡式反应器的结构简单，操作容易，剪切力小，物质与热量的传递效率高，是有气体参与的酶催化反应中常用的一种反应器。缺点在于压缩空气需要较高的压力来克服反应器内液体的静压力。

第三节　酶反应器的设计及放大

一、 酶反应器的设计内容

酶催化反应器在酶促反应过程中处于极为重要的中心地位，是影响整个生产过程经济效益的关键性设备。高效酶催化反应器的特点是设备简单，具有良好的液体混合性能和较高的三传速率，能耗低、易于放大，具有配套而又可靠的检测及控制仪表等。评价酶反应器好坏的主要标准是该装置能否满足生物催化工艺的要求，能否获得最大的生产效率。反应器设计的基本准则服从质量守恒和能量守恒定律。反应器设计的主要目标是使酶催化活性控制在最佳状态，充分发挥酶的催化性能，用最少的投资来最大限度地增加单位体积产率，提高产品质量。

酶反应器设计的主要内容包括：

1. 反应器类型的选择

综合考虑目标酶催化的工艺、反应动力学及物料等特性，选择合适的反应器类型。

2. 反应器制造材料及结构参数的确定

由于酶催化反应具有条件温和的特点，通常情况下都是在常温、常压、中性 pH 环境下进行，所以酶反应器对制造材料没有特别要求，一般采用不锈钢制造的反应容器即可。反应器的内部结构及几何尺寸、搅拌器形式、大小及转速、换热方式、换热面积等主要根据物料衡算和热量衡算来确定。对于酶促反应而言，热量衡算并不复杂。温度的控制也较为简单，通常采用一定温度的热水通过夹套或列管加入或冷却的方式进行温度控制。

3. 工艺参数及控制方式的确定

工艺参数包括操作的温度、pH、底物浓度、压力、物料流量等，根据酶催化动力学及物料衡算等来确定。

酶反应器设计的基本原理类似于一般化学反应器，但是由于生物催化剂不同于普通的化学催化剂，且其动力学模型比一般的化学反应更复杂、更加非线性化，因此酶反应器的设计难度更大。在酶反应器设计过程中，除考虑与一般化学反应器相同的问题外，还应考虑酶的特殊性，比如酶容易失活，固定化酶在较高剪切力作用下容易破损，容易受到杂菌的污染，要防止微生物污染等问题。

二、 酶反应器的选型

酶反应器设计的首要任务就是选择合适的反应器类型。不同的酶反应器有不同的特点和适用范围，在实际应用中酶反应器的选择需综合考虑酶的作用形式、酶催化反应动力学特征、底物和产物特性以及操作条件和应用要求等。

（一） 根据酶的作用形式来选择

酶的应用形式有游离酶、游离细胞、固定化酶或细胞等形式。

对于游离酶（细胞）催化的反应，搅拌罐式反应器是最常用的反应器。在搅拌罐式反应器中，酶和底物的混合较好，物质与热量传递均匀，反应条件易于控制。操作方式一般选择分批式操作。若底物对酶有抑制或失活作用，则可采用流加分批式操作模式，降低或消除高底物浓度对酶的影响。对于游离酶而言，酶溶于反应溶液中，采用搅拌罐式反应器最大的缺点是酶难以回收利用。游离细胞在反应过程中细胞内的酶会泄露到细胞外，也存在着同样的问题。因此，对于较难获得、价格昂贵的酶，若底物/产物的相对分子质量较小、溶解性好，则可通过选择合适的膜反应器实现酶的回收利用，降低生产成本。对于某些耐高温的酶也可选择喷射式反应器，混合效果好，催化效率高。

固定化酶反应器的选择要考虑固定化酶的形状、颗粒大小以及稳定性等特点。颗粒状是最常见的固定化酶形状，可选用的反应器有搅拌罐式反应器、填充床反应器、流化床反应器、鼓泡式反应器等。若固定化酶颗粒细小或易变形，则不宜选择填充床，避免产生高压力降，发生堵塞现象。若固定化酶颗粒机械强度较差，则应避免选择剪切力较大的反应器。对于膜固定化酶则可采用螺旋式、转盘式、平板式等膜反应器。固定化酶与载体结合，具有稳定性好、可连续使用的特点，一般都采用连续反应的操作模式，提高酶的利用效率。

（二）根据酶反应动力学性质选择

酶反应动力学性质是酶反应条件确定及控制的理论基础。在选择酶反应器的时候，需要考虑反应温度、pH、酶与底物的混合程度以及底物/产物浓度等因素对酶反应速率的影响。

一般情况下，酶的反应速率都是随着底物浓度的增加而增加，保持较高的底物浓度对反应有利。但是在有些酶催化反应中，底物浓度过高会引起酶的抑制或者失活现象，在这种情况下分批搅拌罐式反应器是较佳的选择，可以采取流加分批式操作模式，连续或间歇地缓慢添加底物到反应器中进行反应，使得反应体系中的底物浓度保持在较低的水平，降低或消除高底物浓度对酶的影响。若产物对酶有抑制或失活现象，则膜反应器是一种较佳的选择，可通过膜对产物分子选择性透过来降低或消除产物引起的反馈作用。如果是固定化酶，则填充床反应器也是选择之一。在填充床反应器中，反应溶液以层流的方式流过反应器，混合程度较低，产物浓度按照梯度分布，在进口处没有反馈作用，只有在靠近出口处反应液中的产物浓度较高，引起较强的反馈作用。此外，对于某些可以耐受100℃以上高温的酶则可采用喷射式反应器，利用高压蒸汽喷射实现酶与底物的快速混合、反应，提高催化效率。有些反应有酸或碱生成，需要在反应过程中不断地调节pH，则搅拌罐式反应器为较佳的选择，若选择填充床反应器，则需考虑串联填充床反应器，在反应器之间进行pH调节。

（三）根据目标反应底物或产物的性质选择

在酶反应器的选择中，底物/产物的理化性质也是重要考虑因素之一。可溶性底物对各种类型的反应器都适合，若底物或产物在反应体系中溶解度较低、黏性较大的时候，要避免选择填充床反应器、膜反应器等，容易造成阻塞现象；而搅拌罐式反应器或流化床反应器则是较佳的选择。有些可溶性底物或产物分子质量较大时，应选择孔径较大的膜或者避免使用膜反应器，防止引起膜的堵塞。若底物为气体，可以选择鼓泡式反应器，在提供气体底物的同时起到搅拌作用。

此外，还应考虑生产的实际需要，在保证安全生产和产品质量控制的前提下，尽可能选择结构简单、操作方便、易于维护和清洗、制造和运行成本较低的反应器。如果选择的反应器可塑性高，能够适用于多种酶催化过程，生产多种产品，则可降低产品的生产成本、节约投资成本。酶在不同反应器中的稳定性也是需要考虑的因素之一。

总之，酶催化反应器的选择没有一个简单的法则或者标准，现有的反应器没有一种绝对比其他种类优越，必须根据具体情况、对各种因素进行综合分析、权衡。

三、 酶反应器设计和操作的参数

生物反应器设计和操作的主要参数有停留时间 τ、转化率 χ、反应器的产率 P、酶用量、反应器温度、pH 和底物浓度等。如果有副反应，则选择性 $[S]_P$ 也是一个重要参数。

1. 停留时间 τ

停留时间 τ 是指反应物料进入反应器时算起，至离开反应器所经历的时间。在分批搅拌罐式反应器（BSTR）中，所有物料的停留时间都是相同的，且等于反应时间。活塞流式反应器（CPFR）中两者是也是一致的。对于连续搅拌罐式反应器（CSTR），常用“平均停留时间”来表达。如果反应器的容积为 V，物料流入反应器中的体积流量为 F，则平均停留时间 τ 的定义式为

$$\tau = \frac{V}{F} \tag{8-1}$$

式中　τ——空间时间（空时），其倒数 $1/\tau$ 称为空间速度（空速）。

2. 转化率 χ

转化率 χ 也称为转化分数（Conversion，Fractional conversion），是表示供给反应的底物发生转变的分量。在分批式操作中，底物的初始浓度为 $[S_0]$，反应时间 t 时的底物浓度为 $[S]_t$，则此时底物的转化率为

$$\chi = \frac{[S_0]-[S]_t}{[S_0]} \tag{8-2}$$

连续操作中，流入反应器内的底物浓度为 $[S]_{in}$，流出液的底物浓度为 $[S]_{out}$，此时转化率为

$$\chi = \frac{[S]_{in}-[S]_{out}}{[S]_{in}} \tag{8-3}$$

3. 生产能力 P_τ

反应器生产能力 P_τ（Productivity）定义为单位时间内、单位反应器体积内生成产物的量。在分批式操作中，

$$P_\tau = \frac{P_t}{t} = \frac{\chi[S_0]}{t} \tag{8-4}$$

式中　P_t——t 时单位反应液体积中产物的生成量。

在连续操作模式中，

$$P_\tau = \frac{P_{out}}{\tau} = \frac{\chi[S]_{in}}{\tau} \tag{8-5}$$

式中　P_{out}——单位体积流出液中产物的生成量。

4. 选择性 $[S]_p$

选择性 $[S]_p$（Selectivity）是在有副产物发生的复合反应中，能够转化为目标产物的底物量占所有转化底物总量的比率。由底物 S 生成目标产物 P 的选择性 $[S]_p$ 为：

$$[S]_p = \frac{P}{\alpha_{SP}([S_0]-[S])} \tag{8-6}$$

式中　选择性 $[S]_p$——整个反应的平均选择性；

α_{SP}——从 1mol 底物中得到的产物 P 的物质的量，是由反应计量关系决定的。

由于在反应各个阶段或反应器内不同位置的选择性并非一致，因此，瞬时或局部的选择性为

$$[S]_p = \frac{r_P}{r_P + r_S} \tag{8-7}$$

式中　r_P——主反应速率；

r_s——副反应速率。

四、 酶反应器中的物料衡算

物料衡算是反应器计算的最基本方程式，进行物料衡算时，通常是以物料中的某一组分进行衡算，无论是流动系统还是间歇系统，物料衡算均可用下式表示：

进入量 - 排出量 = 反应量 + 累积量

此处以理想反应器为例，说明反应器设计中物料衡算的基本计算方式。

（1）间歇罐式反应器计算方式　对于间歇搅拌罐式反应器而言，反应过程中无物料的加入与排出，故

进入量 - 排出量 = 反应量 + 累积量

$$0 - 0 = vV + \frac{d(V \cdot c_s)}{dt} \tag{8-8}$$

即

$$vV = -\frac{d(V \cdot c_s)}{dt} \tag{8-9}$$

式中　v——反应速率，mol/（L·min）；

V——反应器的有效容积，L；

c_s——底物浓度，mol/L；

t——时间，min。

对于液相反应，V 为常数，故

$$v = -\frac{dc_s}{dt} \tag{8-10}$$

式（8-10）也可写成

$$t = -\int \frac{dc_s}{v} \tag{8-11}$$

这就是间歇反应器的设计方程。

对于符合米氏方程的酶催化反应，将米氏方程

$$v = k\frac{c_{E0} \cdot c_s}{K_m + c_s} \tag{8-12}$$

代入设计方程式，则

$$-\frac{dc_s}{dt} = k\frac{c_{E0} \cdot c_s}{K_m + c_s} \tag{8-13}$$

积分可得：

$$K_m \ln\frac{c_{s0}}{c_s} + (c_{s0} - c_s) = kc_{E0}t \tag{8-14}$$

式（8－14）中，左方第一项相当于一级反应，第二项相当于零级反应。

式（8－14）也可改写为

$$\frac{c_{s0}-c_s}{\ln\frac{c_{s0}}{c_s}}=-K_m+k\frac{c_{E0}t}{\ln\frac{c_{s0}}{c_s}} \tag{8-15}$$

由实验测得对应的 $t-c_s$ 数据，以 $\frac{c_{s0}-c_s}{\ln\frac{c_{s0}}{c_s}}$ 对 $\frac{c_{E0}t}{\ln\frac{c_{s0}}{c_s}}$ 作图，如图 8－6 所示。

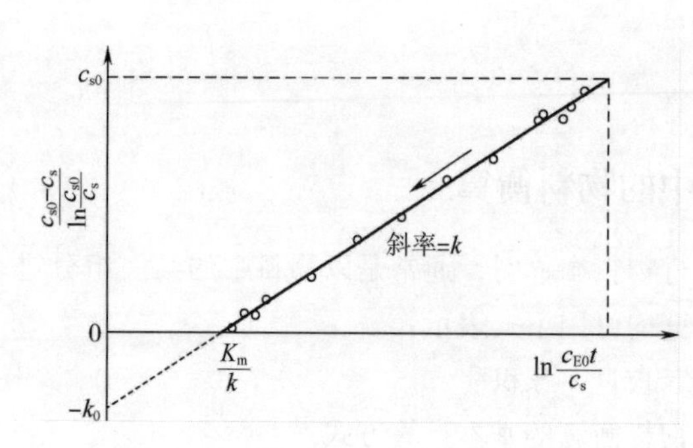

图 8－6 式（8－15）数值关系图

由图的斜率、截距可求得相应的动力学参数 k、K_m。若已知动力学常数，则可由上述方程求得达到所需转化率的反应时间 t。对于间歇反应器而言，反应以外的操作时间（包括进料、出料、清洗、灭菌等）为辅助时间，以 t' 表示，故间歇反应器的生产周期为 $T=t+t'$。所需反应器的有效体积可由下式确定

$$V_R=\frac{Q}{P_v} \tag{8-16}$$

式中 Q——生产任务，即单位时间内生产产物的量；

P_v——反应器的生产率，即单位时间单位反应器体积内所生产的产物量（又称时空产率）。

$$P_v=\frac{\chi\cdot c_{s0}}{t+t'} \tag{8-17}$$

式中 χ——底物的转化率。

（2）平推流管式反应器计算方式　平推流管式反应器的同一截面上物料组成不随时间变化，而是随着物料流动方向而变化，在反应器轴向长度上底物浓度是变化的，因此，取反应器中某一微元容积 $\mathrm{d}V$ 做物料衡算，如图 8－7 所示。

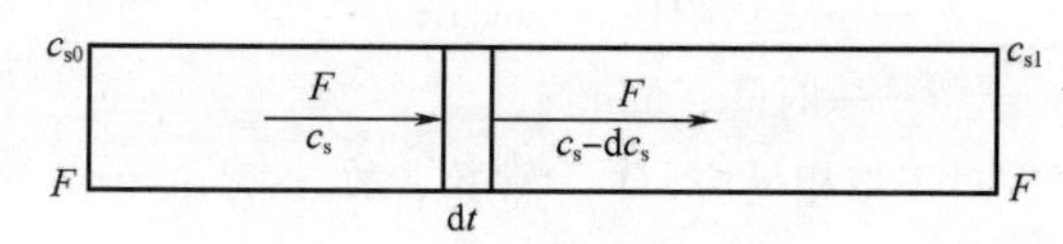

图 8－7 平推流反应器的物料衡算

$$\text{进入量}-\text{排出量}=\text{反应量}+\text{累积量}$$

$$Fc_s-F(c_s+\mathrm{d}c_s)=v\mathrm{d}V+0 \tag{8-18}$$

即

$$-F\mathrm{d}c_s=v\mathrm{d}V \tag{8-19}$$

式中 v——反应速率，mol/（L·min）；

c_s——底物浓度，mol/L；

V——反应器的有效容积，L；

F——物料流量，L/min。

对整个反应器而言，

$$\int\frac{-\mathrm{d}c_s}{v}=\int_0^V\frac{\mathrm{d}V}{F}=\frac{V}{F}=\tau \tag{8-20}$$

即

$$\tau = \int \frac{-\mathrm{d}c_s}{v} \tag{8-21}$$

式中 τ——物料在反应器中的停留时间，min。

式（8－21）即为平推流反应器的设计方程，将此式与搅拌罐式反应器的设计方程比较可知，对恒容过程，平推流反应器的设计方程与间歇反应器的完全一样，也就是说，在对同一反应达到相同的反应程度时，底物在管式反应器内的停留时间相当于间歇反应器的反应时间，因而所需的反应时间是相同的。因为在这两种反应器内，底物经历了相同的变化过程，只是在间歇反应器内浓度随时间而变化，在管式反应器中，浓度随位置而变化。因此，上述有关间歇反应器的计算公式也适用于平推流反应器。只不过在连续流动的平推流反应器中，不存在进出料、清洗、灭菌等辅助时间，即 $t'=0$。

（3）全混流罐式反应器计算　全相混流模型的特征是进入反应器的新物料与反应器内原有的物料能在瞬间达到完全混合，反应器内物料浓度均匀一致，并与出口浓度相同。物料在反应器内停留时间各不相同，达到最大的返混，与之相应的反应器称为全混流反应器（CSTR）。连续罐式反应器内流体流动接近于全混流，当搅拌十分剧烈时，可看作全混流。

对稳态下的全混流反应器做物料衡算：

$$\text{进入量} - \text{排出量} = \text{反应量} + \text{累积量}$$

$$Fc_{s0} - Fc_s = vV + 0 \tag{8-22}$$

即

$$t = \frac{V}{F} = \frac{c_{s0} - c_s}{v} \tag{8-23}$$

此即全混流反应器的基础设计方程式。

对于酶催化反应，若为反应控制，将米氏方程（8－12）代入，得到反应时间 t 为

$$t = \frac{c_{s0} - c_s}{v} = \frac{c_{s0} - c_s}{kc_{E0}c_s}(K_m + c_s) \tag{8-24}$$

解之得

$$c_s = -K_m + \frac{kc_{E0}c_st}{c_{s0} - c_s} \tag{8-25}$$

以 $c_s - \frac{kc_{E0}c_st}{c_{s0} - c_s}$ 作图，由图8－8中直线的斜率、截距可求得相应的动力学参数 k、K_m，从而得到反应的速率方程。若已知动力学常数，则可由上述方程求得达到所需转化率的反应时间，再根据生产任务进而求得所需反应器的容积。

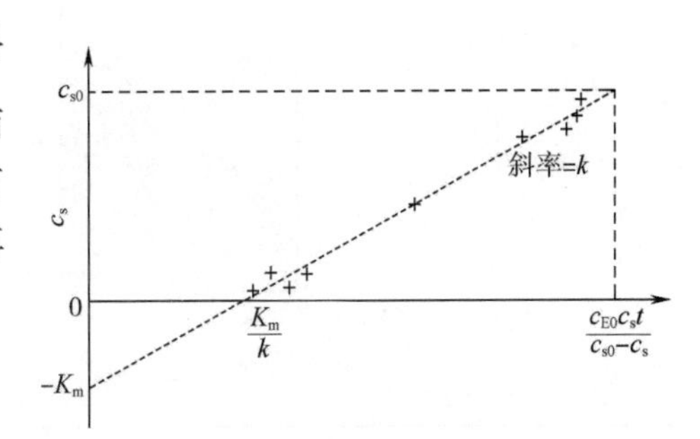

图8－8　式（8－25）数值关系图

第四节　酶反应器的应用案例

一、搅拌罐式反应器生产红景天苷

糖苷是共价连接糖基和糖基配体的一类化合物的统称，许多糖苷化合物因具有特定的药用价值而引起了人们的关注，如天麻苷、熊果苷、桔梗皂苷、薯蓣皂苷、人参皂苷等。红景天苷是一种天然的糖苷，是珍稀药用植物红景天（*Rhodiola rosea* L.）的主要有效成分，具有抗疲劳、耐缺氧、抗微波辐射等多方面药理作用。

许建和课题组利用戊二醛交联的苹果籽粉作为催化剂，以葡萄糖和酪醇为底物在搅拌式反应器中通过逆水解法合成红景天苷，反应式如图 8 - 9（1）所示。他们通过图 8 - 9（2）所示的装置实现了产物吸附分离与批次反应相结合的红景天苷生产过程，通过在搅拌罐式反应器的出口处加上两层 200 目的尼龙滤布对交联苹果籽粉进行截留，实现催化剂的重复利用。进一步将反应结束的反应液流经氧化铝吸附柱对产物进行吸附分离，获得红景天苷粗品。吸附后分别用乙酸乙酯和 75% 的乙醇水溶液洗脱。乙酸乙酯洗脱液（Ⅱ）旋转蒸发除去溶剂后得到的醇与吸附流出液（Ⅰ）混合，补加叔丁醇、缓冲液和葡萄糖（Ⅳ），重新开始下一批反应。75% 的乙醇水溶液洗脱液（Ⅲ）除去溶剂后得到红景天苷粗品。红景天苷的时空产率可达 1.9g/（L·d）。

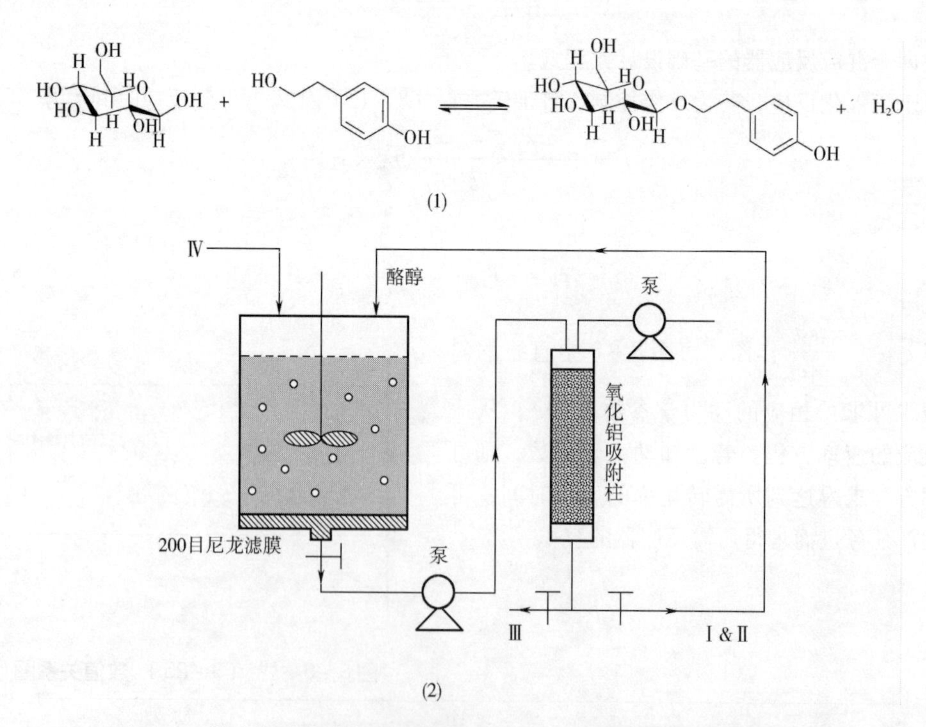

图 8 - 9　逆水解法合成红景天苷反应式（1）及搅拌式反应与产物吸附相结合生产红景天苷流程示意图（2）

Ⅰ—氧化铝吸附柱流出液　Ⅱ—乙酸乙酯洗脱液　Ⅲ—75% 乙醇洗脱液　Ⅳ—补加的葡萄糖和溶剂

利用该催化剂和反应装置对肉桂苷和甲氧基苯甲醇糖苷进行批次生产，也取得了较好的效果，该方法的建立为其他具有生理活性的糖苷类化合物的酶促合成提供了经验和思路。

二、 填充床酶反应器生产光学纯羟基酸（酯）

手性羟基酸的分子结构中含有羟基和羧基两个功能基团。除 α - 羟基酸、β - 羟基酸外、γ - 羟基酸及羟基在末端的 ω - 羟基酸等可在分子内发生酯化反应，脱去一分子水生成内酯化合物。光学纯的羟基酸或其内酯在医药、饲料和食品行业中有着重要的应用价值。比如，(*R*) -2 - 羟基 - 邻氯苯乙酸（2 - hydroxy - 2 - (2′ - chlorophenyl) acetate acid），是抗血栓药物（*S*）- 氯吡格雷（商品名为波立维®，赛诺菲公司研制）的重要手性前体，该药物在急性冠脉综合征治疗中有着不可替代的临床地位，曾一度排在全球畅销药物第二位。(-) - α - 羟基 - β，β - 二甲基 - γ - 丁内酯（又称 D - (-) - 泛解酸内酯或 D - 泛内酯），是制备 D - 泛酸钙和 D - 泛醇的重要合成中间体，D - 泛酸钙（又称维生素 B_5）是重要的维生素之一，广泛用于医药、饲料和食品行业中。

许建和课题组对手性羟基酸及内酯的制备进行了广泛研究。针对外消旋内酯化合物的拆分反应，他们自主筛选出能够对应选择性水解一系列内酯化合物的镰孢霉菌 *Fusarium proliferatum* ECU2002。他们以棉布为载体，戊二醛为偶联剂对来源于镰孢霉菌 *Fusarium proliferatum* ECU2002 的内酯水解酶进行固定化，并利用该固定化酶布构建高效的填充床反应器。以消旋 α - 羟基 - γ - 丁内酯（HBL）拆分为目标反应，在该填充床反应器进行批次反应，反应式及操作示意图如图 8 - 10 所示。

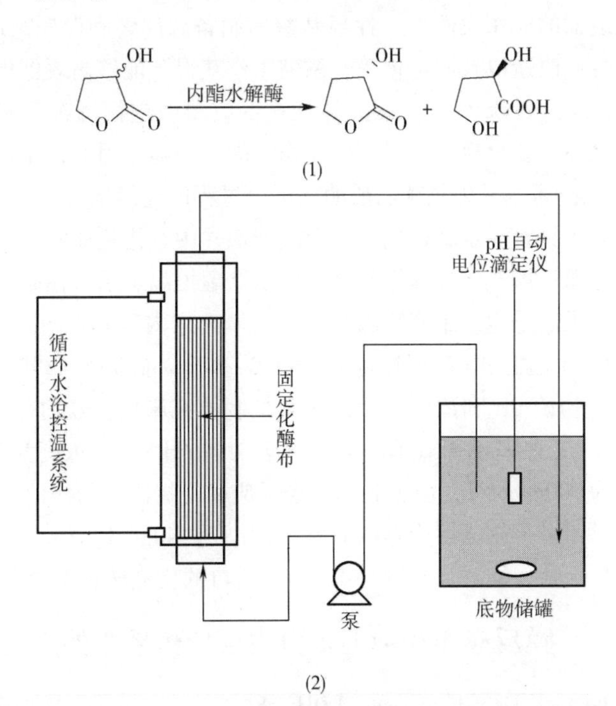

图 8 - 10 α - 羟基 - γ - 丁内酯拆分反应（1）及批次操作示意图（2）

该填充床反应器主体为一夹套式玻璃柱，内径 1.5cm，内高 18cm，工作体积 20mL，底部有一块石英砂隔板，用于承载固定化酶布和铁丝网（作为酶布支撑体），下接进料口，出料口位于柱的顶端。通过夹套中的循环水来控制反应温度。利用铁丝网将固定化酶布卷折成柱状并置于反应器内，反应液以20mL/min的流速（空速τ为1.0min^{-1}）自下而上通过固定化酶布进行反应。反应液从固定化酶布反应柱中流出至反应液储槽，通过pH自动电位滴定仪滴加稀氨水调节pH后，再由蠕动泵送回填充床反应器，如此循环往复，直到HBL的拆分转化率达到预期目标。将固定化酶布用去离子水洗涤后重新装柱，开始新一轮反应。前10批反应2h的转化率都保持在35%以上，随着固定化酶布活力下降，在第10批后延长反应时间至3h，在60批时反应转化率仍有31%，固定化酶的活力在整个过程中下降了52.4%。反应产物的对映体过量值（*ee*）维持在90%～96.4%。

将该反应效果与搅拌罐式反应器中进行的反应进行比较，将同样质量的固定化酶剪成碎片，置于搅拌罐式反应器中进行同样的酶促反应。达到预期转化率后将固定化酶布用去离子水洗涤并进行下一批次反应。在搅拌式反应器中的反应仅进行了10批（20h），酶活力已衰减一半，而填充床反应器中固定化酶布的半衰期高达56批（168h），其操作稳定性明显优于搅拌罐式反应器。主要原因在于搅拌罐式反应器中剧烈搅拌易引起固定化酶活力的损失，影响固定化酶布的使用寿命。而在填充床反应器反应中，采用底物循环方式，避免了搅拌桨叶对固定化酶布的剪切作用。同时由于调节反应液pH时，放置固定化酶布的容器与加浓碱进行中和反应的容器分开，避免强碱造成酶失活的可能。不过使用搅拌式反应器进行半连续反应的时空产率为3.57g/（L·h），要高于填充床反应器的时空产率2.48g/（L·h），这主要是因为搅拌式反应器在底物扩散方面要优于填充床反应器。从长期使用、降低酶成本的角度看，填充床反应器更适合大规模化工业生产应用。

另一个填充床反应器的应用案例是手性羟基酸的制备。许建和课题组通过产酶菌株筛选、目标酯酶克隆表达、性质改造以及固定化等一系列工作获得了能够高效催化乙酰化羟基酸选择性水解的催化剂$\text{rPPE01}_{\text{W187H}}$@ESR－1。在搅拌罐式反应器中进行批次反应时，存在固定化颗粒容易被打碎、批次之间需要分离、投料辅助操作时间的问题。因此，作者构建了填充床反应器，实现（*R*）－2－乙酰氧基－邻氯苯乙酸酶促拆分过程的连续运行。

将适量固定化酶装入具有一定高径比的夹套式玻璃柱中，构建如图8－11所示的连续反应装置。反应器内部温度通过填充床外部循环水和底物储罐恒温水浴来控制。填充床反应器中进行连续拆分反应的一个限制是生成副产物乙酸会导致填充床内部pH下降，而该研究中的固定化酶$\text{rPPE01}_{\text{W187H}}$@ESR－1适宜pH范围较宽（pH 8.0～6.2，能保持>88%的相对酶活力），因此可通过选择具有合适初始pH和浓度的缓冲液来控制填充床反应器内部pH在酶适宜作用的范围内。作者将底物2－乙酰氧基邻氯苯乙酸溶解于初始pH 7.5，浓度为75mmol/L磷酸盐缓冲液中，底物终浓度为100mmol/L，由上到下流经反应柱，控制平均停留时间为4min，转化率接近50%。该操作条件下，填充床反应器的时空产率高达140g/（L·h）［3.36kg/（L·d）］。且表现出非常优秀的稳定性，能够稳定运行42d，出料口的反应转化率没有明显下降。

三、 膜反应器在辅因子再生反应体系中的应用

亮氨酸脱氢酶（Leucine Dehydrogenase，LDH，EC 1.4.1.9）是一种NADH依赖型的氧化还原酶，可催化α－酮异己酸（2－羰基－4－甲基戊酸）的不对称氨化生成L－亮氨酸。鉴于辅酶昂贵的价格，若在体系中不能再生辅酶NADH，将大幅增加L－亮氨酸的生产成本。利用甲酸脱氢酶（formate dehydrogenase，FDH，EC 1.2.1.2）进行辅酶再生的优点如下：①辅底物

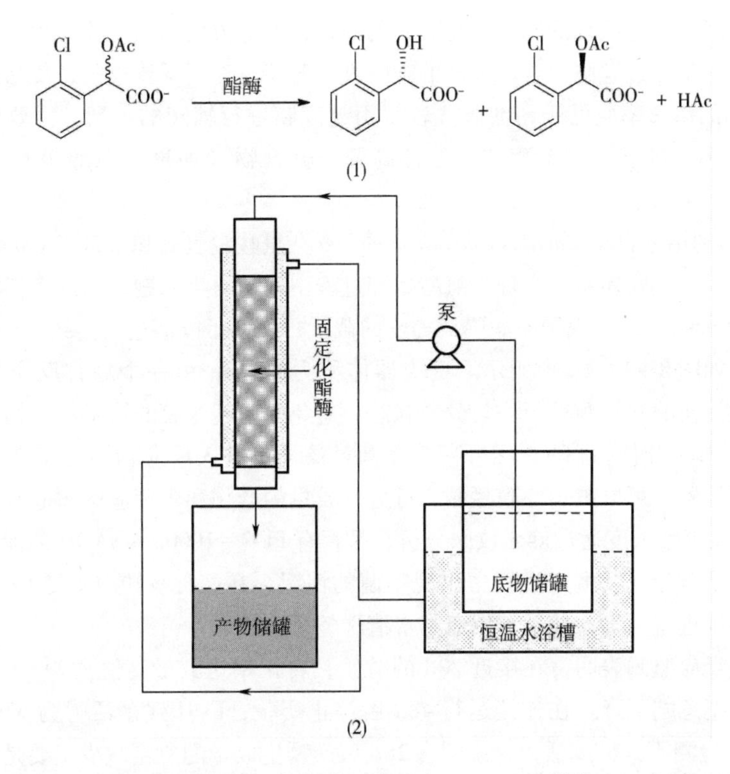

图8-11　2-乙酰氧基-邻氯苯乙酸反应（1）及连续生产示意图（2）

甲酸较为便宜；②副产物 CO_2 容易从体系中逃逸出来，对反应体系影响小；③反应不可逆。因此，甲酸/甲酸脱氢酶体系是辅酶酶法再生研究领域的热点之一，已成功应用于辅酶 NADH 的偶联再生反应。甲酸脱氢酶和亮氨酸脱氢酶偶联反应式如图8-12（1）所示。

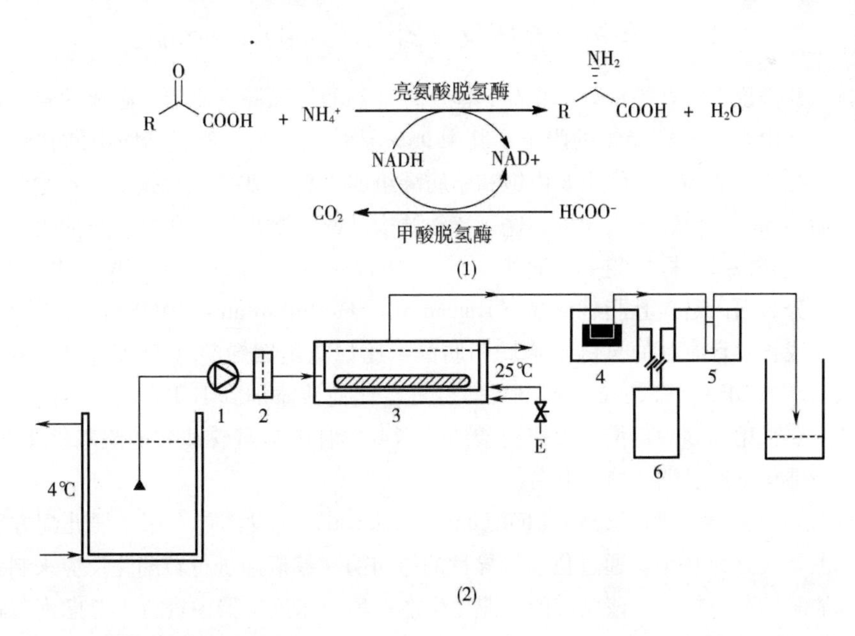

图8-12　甲酸脱氢酶和亮氨酸脱氢酶偶联反应式（1）及L-亮氨酸连续生产示意图（2）

1—计量泵　2—无菌过滤器　3—膜反应器（带磁力搅拌棒）　4—旋光仪　5—分光光度计　6—记录仪

膜反应器可用于多酶系统的同相催化和酶的截留，能够方便地实现连续生产。但是由于辅酶分子质量小，容易穿过滤膜，若对天然的辅酶进行截留，需要反渗透膜，反渗透膜的缺点在于对溶剂（水）的渗透率要低于超滤膜。若要用超滤膜进行辅酶的截留，需要辅酶的大小相当于酶分子的大小，可通过将辅酶和可溶性高分子聚合物（如聚乙二醇等）结合在一起来实现。

Wichmann 等利用来自于 *Bacillus sphaericus* 的 L－亮氨酸脱氢酶和来自于 *Candida boidinii* 的甲酸脱氢酶组成双酶偶联体系，实现亮氨酸生产过程中辅酶再生问题，通过将辅酶 NADH 和聚乙二醇 PEG 的共价结合，实现了超滤膜对辅酶的截留，构建了能够进行连续生产 L－亮氨酸的膜反应器装置，如图 8－12（2）所示。反应器体积为 10mL，由一个罐式反应器和超滤膜组成，通过磁力搅拌使酶和辅酶处于均匀分散状态，避免引起超滤膜的堵塞。底物溶液以恒定速率（2mL/h，平均停留时间为 5h）经过一个无菌过滤器，进入反应器。可溶性的酶和与 PEG 共价结合的可溶性辅酶可以被超滤膜拦截，低分子质量的产物和未反应底物通过超滤膜。流出液中的产物 L－亮氨酸浓度通过旋光仪来分析，是否有 PEG－10000－NADH 的泄漏通过分光光度计来监测。为了避免连续生产过程中出现染菌的情况，在酶促反应开始之前，利用 70% 乙醇对整个反应系统进行消毒，然后利用双蒸水清洗整个系统。

通过对连续反应监测表明，在接近 20d 的时候，转化率达到最高值（99.7%）。连续反应一个月后，转化率急剧下降。在连续运行 48d 后停止实验，FDH 残余活力为 67%，LeuDH 残余活力为 52%，检测不到辅酶活力，说明在 28d 后产物生成量的急剧减少主要是由于辅酶的降解。整个反应过程中，L－亮氨酸的时空产率为 324mmol/（L·d）[42.5g/（L·d）]。

该双酶偶联体系及膜反应器装置已成功应用于多种氨基酸的大规模生产，德国德固赛（Degussa）公司（现已更名为赢创，Evonik Industries AG）实现 L－亮氨酸、L－叔亮氨酸等重要氨基酸产业化生产。

四、 多级填充床反应器生产人乳脂替代品

对于新生儿来说，母乳是最好的食品，能够为他们的生长提供能量、必要的营养物质、免疫因子等。母乳中含有 3%～5% 的脂类，其中 98% 是甘油三酯。母乳脂肪中的甘油三酯具有特殊的结构，在中间的 Sn－2 位主要由饱和脂肪酸组成，其中 70% 是棕榈酸。不饱和脂肪酸通常分布在两端的 Sn－1 位和 Sn－3 位。这一特殊结构是影响婴儿对母乳中脂肪消化吸收的重要原因。1,3－双油酸－2－棕榈酸－甘油酯（1,3－Dioleoyl－2－palmitoyl－glycerol，OPO）是人乳脂的主要成分，因而是人乳脂替代品（Human Milk Fat Substitutes，HMFS）合成的目标。其他一些对婴儿成长发育有利的长链不饱和脂肪酸，比如花生四烯酸（ARA，C20：4，n－6）、二十二碳六烯酸（DHA，C22：6，n－3）等也可替代油酸添加到 HMFS 中。目前，人乳脂替代品的生产主要采用以 Sn－2 位富含棕榈酸的油脂或单甘酯与富含油酸的酰基供体在 1，3 位选择性脂肪酶催化下通过酯交换来制备。

Betapol® 是洛德斯克罗科兰公司（IOI Loders Croklaan）研发的首个用于婴儿配方乳粉的母乳化脂肪，主要成分为 OPO。通过位点特异性的脂肪酶对棕榈油进行转酯化反应来制备，酰基供体为富含油酸的葵花籽油。该反应的工业化生产在填充床反应器中进行。考虑到若在单级反应器中进行该反应，由于受反应平衡的限制，底物的利用率较低。可通过多级反应解决该问题。多级反应装置如图 8－13 所示。第一个填充床反应器中的流出液通过蒸馏除去游离脂肪

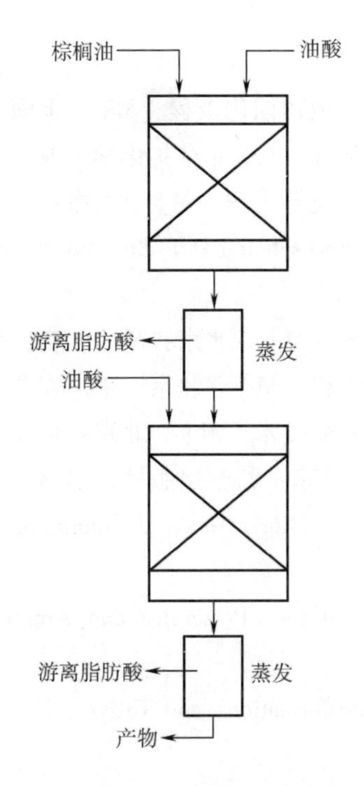

图8－13 人乳脂替代品的酶法连续生产示意图

酸。纯化后的产物在第二个反应器中与新鲜的酰基供体混合，进一步进行酸解，提高目标产物的生成量。在第二个填充床反应器之后，通过蒸馏除掉未反应以及置换出的游离脂肪酸并分离未反应的底物和形成的甘油二酯等对产物进行初步纯化。

虽然填充床反应器更加适应于工业规模的生产，不过在单一搅拌罐式反应器中进行 HMFS 的批次合成也有报道。Robles 等利用棕榈油在搅拌罐式反应器中生产在 Sn－2 富含棕榈酸的甘油三酯。通过将一个允许溶剂、反应物通过而能够截留催化剂的篮子固定于搅拌桨上实现固定化酶的重复利用，解决反应后续分离的麻烦。

思考题

1. 简述酶反应器与化学反应器、活细胞反应器的区别。
2. 简述常见酶反应器及其特点。
3. 试述酶反应器的新发展。
4. 酶反应器的设计包括哪些主要内容?
5. 与化学反应器相比，酶反应器设计过程中需考虑哪些特殊因素?
6. 选择酶反应器时需考虑哪些因素?
7. 酶反应器设计和操作中需考虑哪些参数?
8. 试述几种理想反应器的物料衡算。

参考文献

［1］许建和，孙志浩，宋航．生物催化工程［M］．上海：华东理工大学出版社，2008.

［2］孙志浩．生物催化工艺学［M］．北京：化学工业出版社，2004.

［3］张元兴，徐学书．生物反应器工程［M］．上海：华东理工大学出版社，2001.

［4］Buchholz K，Kasche V，Bornscheuer U T. Biocatalysts and Enzyme Technology［M］. John Wiley & Sons，2012.

［5］郭勇．酶工程原理与技术［M］．北京：高等教育出版社，2010.

［6］李斌，于国萍．食品酶工程［M］．北京：中国农业大学出版社，2010.

［7］胡爱军，郑捷．食品工业酶技术［M］．北京：化学工业出版社，2014.

［8］聂国兴．酶工程［M］．北京：科学出版社，2013.

［9］Zhang C，Xing X H. Enzyme Bioreactors，in Comprehensive Biotechnology［M］. Academic Press，2011.

［10］Illanes A. Enzyme Biocatalysis：Principles and Applications［M］. Springer Science & Business Media，2008.

［11］Bommarius，A S. Biotransformations and Enzyme Reactors，in Biotechnology Set［M］. Wiley－VCH Verlag GmbH，2008.

［12］王永红，夏建业，唐寅，等．生物反应器及其研究技术进展［J］．生物加工过程，2013，11（2）：14－23.

［13］Miyazaki M，Maeda H. Microchannel enzyme reactors and their applications for processing［J］. Trends in Biotechnology，2006，24（10）：463－470.

［14］Wohlgemuth R，Plazl I，Žnidaršič－Plazl P，et al. Microscale technology and biocatalytic processes：opportunities and challenges for synthesis［J］. Trends in Biotechnology，2015，33（5）：302－314.

［15］Yu H L，Xu J H，Lu W Y，et al. Environmentally benign synthesis of natural glycosides using apple seed meal as green and robust biocatalyst［J］. Journal of Biotechnology，2008，133（4）：469－477.

［16］Zhang X，Xu J H，Liu D H，et al. Construction and operation of a fibrous bed reactor with immobilized lactonase for efficient production of（*R*）－α－hydroxy－γ－butyrolactone［J］. Biochemical Engineering Journal，2010，50（1－2）：47－53.

［17］Ma B D，Yu H L，Pan J，et al. High－yield production of enantiopure 2－hydroxy－2－(2′－chlorophenyl) acetic acid by long－term operation of a continuous packed bed reactor［J］. Biochemical Engineering Journal，2016，107：45－51.

［18］van der Donk W A，Zhao，H M. Recent developments in pyridine nucleotide regeneration［J］. Current Opinion in Biotechnology，2003，14（4）：421－426.

［19］Wichmann R，Wandrey C. Continuous enzymatic transformation in an enzyme membrane reactor with simultaneous NAD（H）regeneration［J］. Biotechnology and Bioengineering，1981，23（12）：2789－2802.

［20］Soumanou M M，Pérignon M，Villeneuve P. Lipase－catalyzed interesterification reactions for human milk fat substitutes production: A review [J]. European Journal of Lipid Science and Technology, 2013, 115 (3): 270-285.

[21] Robles A, Jiménez M J, Esteban L, et al. Enzymatic production of human milk fat substitutes containing palmitic and docosahexaenoic acids at sn-2 position and oleic acid at sn-1,3 positions [J]. LWT-Food Science and Technology, 2011, 44 (10): 1986-1992.

第九章 生物传感器通论

CHAPTER 9

[内容提要]

本章主要介绍了生物传感器的基本概念及分类，以及食品检测与分析中常用的生物传感器。

[学习目标]

1. 掌握生物传感器的概念及其基本结构。
2. 掌握生物传感器的主要分类及其分类依据。
3. 了解常见生物传感器的工作原理。
4. 掌握电化学生物传感器的基本原理及相关基本电化学分析技术。
5. 了解生物传感器在食品分析检测中的常见应用。

[重要概念及名词]

生物传感器、生物活性元件、换能器、生物传感器分类、电化学分析技术、酶电极。

第一节 概　述

生物传感技术（biosensing technology）是一门基于物理学、分析化学、生物化学、信息学、电子学等，涉及多领域的学科，按照其研究目的可将其划分为仪器分析的一个分支。其核心研究目的是构建快速、准确、稳定和便捷的分析设备及分析技术，藉以检测各种同生化过程相关的有价值的参量。其核心部分即生物传感器（biosensor），具有体积小、灵敏度高、反应快速以及检测特异性强等优势，是一类新兴的分析元件。其主要应用领域包括实验研究、工业控制、食品分析、环境保护等（图9－1）。

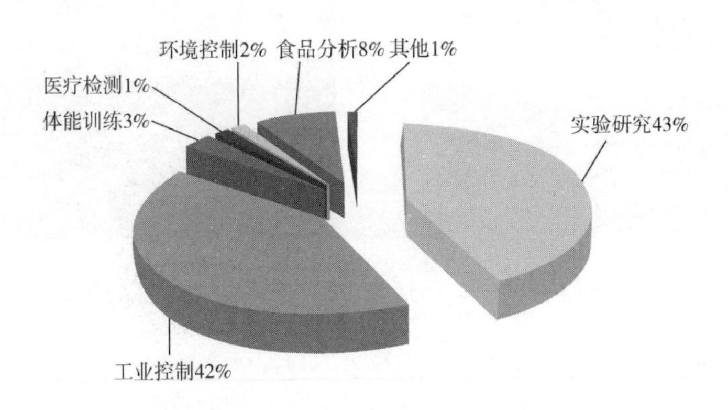

图9－1 中国生物传感器应用情况统计

20世纪60年代，随着固定化酶技术的快速发展，酶固定化技术的基本方法已经形成，美国的Clark等人于1962年报道了首例生物电极，其结构及工作原理如图9－2所示。该电极是由能够测定氧浓度的离子选择性电极表面附着一层固定有葡萄糖氧化酶（glucose oxidase，EC1.1.3.4）的酶膜构成的。在β－D－葡萄糖（β－D－glucose）存在的情况下，葡萄糖氧化酶以葡萄糖和溶液环境中的氧为底物催化葡萄糖酸和H_2O_2的生成。电极将感测周围环境中溶解氧浓度的降低情况并以电压的形式输出感测信号，该信号的强度与一定范围内的溶解氧浓度存在线性关系，据此可以通过建立标准曲线间接测定葡萄糖的浓度。该方法巧妙地将酶促反应的高度专一性和化学电极的优良检测性能相结合，使生化反应可以在理化检测器件上被测量。此后，生物传感器的研究便在世界范围内迅速开展。Clark教授因其创造性的工作被学界誉为“生物传感器之父”。

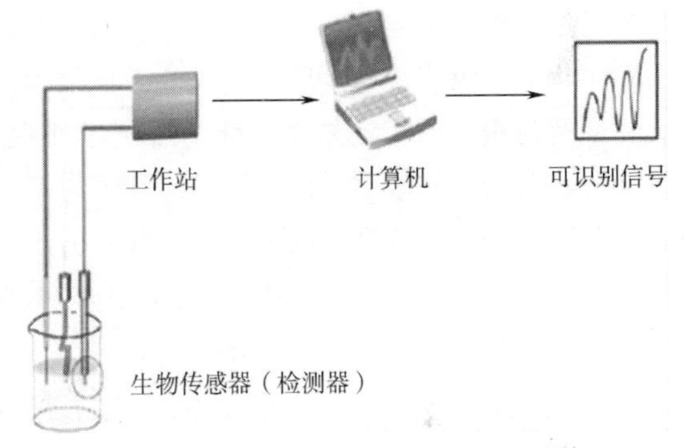

图9－2 研究型生物传感器系统

全球首款酶电极血糖仪由美国YSI公司于1972年推出，迄今，市场上已出现多家公司的多款不同用途的生物传感器产品，可供用户选择。我国由山东省科学生物研究所在20世纪80年代初研制出了第一款葡萄糖分析仪。随后，BOD、乳酸、谷氨酸、SPR等生物传感分析仪器及多指标血液分析仪、发酵过程在线检测器等系列产品也陆续上市。其中的商品化产品主要是手持式血糖仪和SBA酶电极分析仪（图9－3），用于医疗检测的以血糖试纸条为主；在工业控制及实验研究等领域SBA系列酶生物传感器占据主要地位。据有关资料统计，预计全球生物传感器市场销售额至2020年将达到225亿美元。

作为完整的分析仪器，生物传感系统一般由探测器、信号放大器及信号处理器、计算机终端等基本要素构成。其中，生物传感器为其核心元件。全球权威性学术杂志Biosensors and Bio-

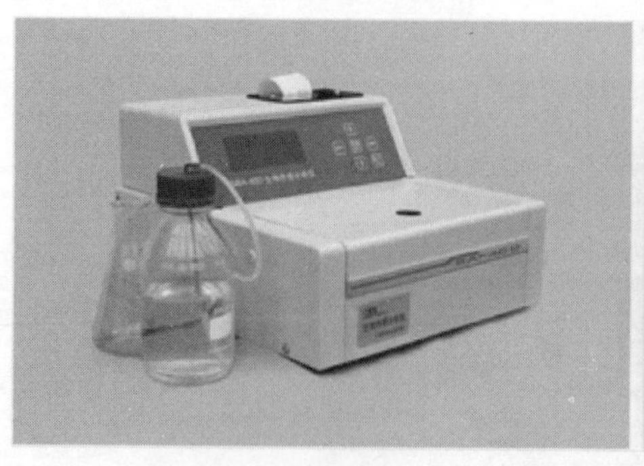

图9－3 SBA－40酶电极系统（左）及SBA－60多参数在线酶电极系统（右）

electronics（原名Biosensors）的主编Turner教授为生物传感器给出简洁严谨的定义："生物传感器是一种精密的分析器件，它结合一种生物或生物衍生物的敏感元件与一只理化换能器，能够产生间断或连续的数字信号，信号强度与被分析物成比例。"按此定义，作为生物传感器一般应包含两大结构要素——生物活性元件（bioactive element 或 bioreceptor）和换能器（transducer）（图9－4）。生物活性元件一般包括酶、抗体、核酸、完整细胞或组织等各种生物成分，其功能为同待测分析组分发生特异相互作用如酶促反应、抗原－抗体免疫吸附、核酸分子识别以及微生物的呼吸作用等。后者则是基于各种理化原理构建的信号感应器，其作用为将生物活性元件同待测组分的相互作用转化为可记录并观测的物理量如电、光、热、声等信号。事实上，一些不含有生物敏感元件但用于检测生物参量的检测器也作为广泛意义上的生物传感器被纳入该范畴，如无酶电极、发酵系统尾气分析器、还原糖滴定仪等。

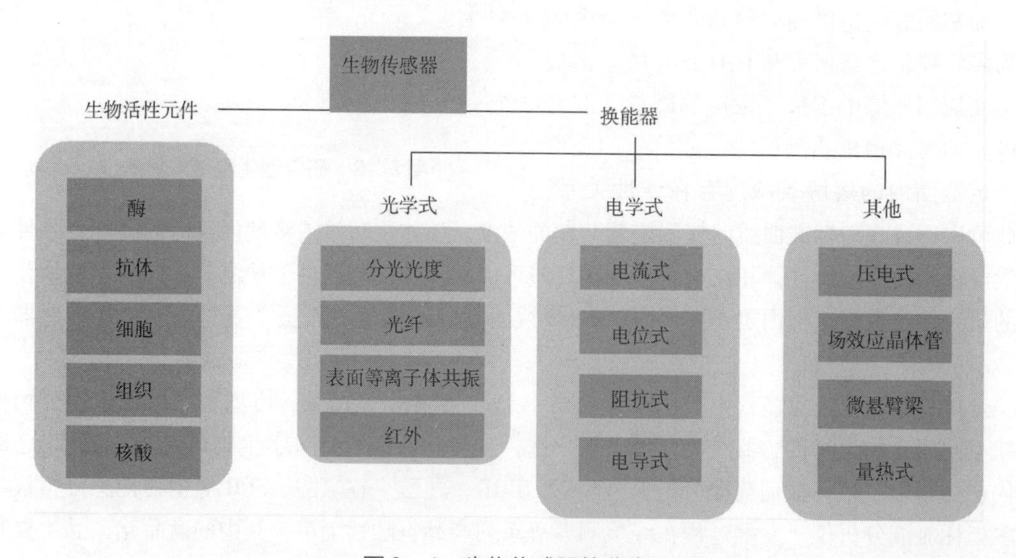

图9－4 生物传感器的分类

第二节　生物传感器的简介和分类

一、 生物传感器简介

（一） 酶传感器

酶传感器是迄今应用最为广泛和成熟的一类生物传感器。酶所具有的底物特异性及催化高效性，使得酶成为常用的生物活性元件。除少数催化性核酸外，酶均为蛋白质。许多酶仅由氨基酸构成，而另一些酶则需要包括辅酶（coenzyme）或辅基（prosthetic group）的辅因子（co-factor）存在才具备催化活性。辅因子可能是一种或多种无机离子，如 Fe^{2+}、Mg^{2+}、Mn^{2+} 等，也可能为具复杂结构的有机组分或金属有机分子。由酶促反应所产生的检测结果较常规化学检测法的检测限低很多，使其检测灵敏度明显增高。酶分子的催化活性，有赖于其天然结构的完整性。

作为生物活性元件，酶在其催化底物转化为产物的反应过程中并不被损耗；自然界中存在数以万计的各类酶催化多种生化反应的进行，其中一部分酶蛋白已经能够被分离纯化并成熟应用于生物传感器的制备，使得酶成为极具潜力的一种生物活性元件。通过蛋白质工程、合成生物学等新技术以获得较天然酶分子催化性、稳定性等更优越的改性酶分子器件是今后酶传感器研究中的一个热点。酶传感器的工作原理一般包括：①待分析组分的酶促转化，其生成的产物可直接被探测；②待分析组分为酶促反应的激活剂或抑制剂时，可通过酶活力的检测对待分析组分进行间接检测；③通过酶与待测组分的相互作用检测酶性质的改变。

（二） 免疫传感器

免疫传感器利用抗体（antibody）作为其生物活性元件，以检测其特异性抗原的存在。免疫分析是灵敏性最高的一类特异性检测技术，具有极低的检测限，并适用于多种物质，特别是蛋白类组分含量的检测。

抗体，亦称免疫球蛋白，是一类具有较高分子质量的血浆球蛋白（分子质量一般达150ku），是由两条重链及两条轻链构成的糖蛋白。抗体通过动物对外来抗原物质的免疫应答而产生，抗体对其相应抗原的结合能力具有高亲和的特性，因此甚至可在干扰性组分存在的条件下完成特异性检测。用于免疫传感器研制的抗体通常有两类，即单克隆抗体（polyclonal antibody）和多克隆抗体（monoclonal antibody）。单克隆抗体的灵敏性极高但其免疫特异性相对较低，这是由于其可识别多种表位（epitope，即抗原分子上能够被抗体分子特异识别的位点）所致。单克隆抗体的识别专一性强，它们由单一免疫细胞分泌产生并仅识别结合单一抗原。由于其高度的特异性，单克隆抗体是制备免疫传感器的首选元件，相比于多克隆抗体，单克隆抗体能够有效克服干扰组分带来的干扰及降低背景信号的扰动。但是，单克隆抗体较多克隆抗体的制备周期长，成本高。因此，目前用于制备高通量目标检测的抗体传感器以多克隆抗体更为常见。

（三） 核酸传感器

核酸传感器，也称作 DNA 传感器（或基因传感器），利用两条单链 DNA（ssDNA）间的高度特异亲和性能使二者形成稳定的杂交分子，将核酸链（单链 DNA 或 RNA）作为其生物活性元件以识别高度特异性的分子杂交过程。

DNA 传感器由一个 ssDNA 分子，即 DNA 核酸探针作为生物活性元件及某一类换能器件组成。其高度特异性来源于前者，而其检测性能如检测下限等则取决于后者的选择。DNA 传感器对于特定基因的探测则通过其上 DNA 核酸探针同待测样本中的目标 DNA 分子的杂交反应完成，来源于人类、动物细菌和病毒的核苷酸序列检测则分别面向不同问题的解决：食物及水源的微生物污染检测、遗传病检验、组织配型以及法医学鉴定等都是其常见应用领域。

（四）适配体传感器

以适配体为生物活性元件的生物传感器被称为适配体传感器，它具有制备过程灵活可控、易于批量合成以及适用于多种待分析组分等特点，非常适合实际样本的分析检测。适配体（aptamer）是对特定目标检测组分表现高特异识别与结合能力的单链 RNA 或 DNA 分子，其最常见的应用领域为蛋白质特异性检测。在很多情况下，适配体传感器的传感性能能够超过其对应的抗体传感器。相比于其他生物活性元件如抗体或酶，适配体通常分子质量较小（30 ~ 100 个核苷酸）。这一特性使得其可以在传感界面上进行高密度的固定化，因而相比抗体而言，适配体传感器的小型化、自动化更易实现。此外，一经筛选，适配体可以较方便地实现重复及高纯度制备。

适配体通常包括核酸适配体（DNA 或 RNA 适配体）和寡肽适配体。DNA 适配体具有较高的化学稳定性，能够实现传感器的重复使用。相比之下，RNA 适配体易于受到外源核酸酶的降解，因此通常仅适于在生化环境下的单次使用。

多种检测方法都已在适配体传感器的开发中得以应用，如：无标记法的表面等离子体共振技术及石英晶体微天平技术和标记法的电化学技术、荧光检测技术、化学发光检测技术及场效应晶体管技术等。

适配体的获得是通过一种被称为指数富集配体系统进化（systematic evolution of ligands by exponential enrichment，SELEX）的配体分子体外进化技术从组合文库筛选而来的。

适配体是从 DNA 或 RNA 文库中通过 SELEX 过程筛选得到的高亲和性配体，这种高度亲和能力取决于其序列及分子形貌的特异性。SELEX 过程的基本步骤一般包括：

（1）文库构建　一个足够容量的文库一般需至少包含 110 个寡核苷酸分子，这些分子是具备随机序列区和末端特异结合位点的寡核苷酸单链。

（2）结合及分离纯化　将文库同固定化的目标分子在一定条件下进行一段时间的孵育，其中极少数能够与目标分子结合的即为适配子。大量未结合的核酸分子则通过过滤被除去，由此，结合了的适配子核酸分子得以分离纯化。该过程即所谓的分子进化过程。

（3）目标扩增　前一步中发生结合的核酸分子通过 PCR 技术实现复制扩增并形成一个新的文库。该文库再经历第二步中的处理过程，从而获取更加优质的适配体分子。重复第二、三步骤数次后一般可获得性能优良的核酸适配子。

（五）微生物传感器

微生物传感器是将微生物细胞固定于特定的换能器界面上来实现对目标组分的检测。细菌及藻类是该类生物传感器中的常用生物活性元件，它们常用于对特定目标组分或整体周边环境状态的检测。相比于酶传感器而言，微生物传感器不需要经历严格的纯化处理，其含有的多种酶类皆可能成为其生物活性元件的一部分。活细胞体内的酶类可针对特定的待测组分发生反应，而细胞内的其他蛋白类也可实现一些特异性检测过程。适于同微生物细胞进行整合的换能器包括电流式、电压式、电导式、测热式、荧光式以及化学发光式等多种形式。

微生物传感器的应用原理主要是基于对固定于传感界面上微生物细胞的代谢进行的测量，该过程往往伴随着易于通过电化学手段进行测量的氧消耗与二氧化碳的生成。微生物细胞的固定化是构建性能稳定的微生物传感器的关键步骤，其不仅对传感器的响应信号造成影响，也会对传感器的可重复性带来影响。

微生物传感器的出现是酶传感器发展过程中符合逻辑的一种拓展性结果。在微生物传感器中，待分析组分进入微生物细胞并在胞内酶的作用下发生转化，其结果往往是其作为底物的消耗以及具有某种电活性的产物的生成。通过电化学手段易于对这一类变化进行测量。因此，固定化微生物细胞层溶液环境内的氧含量、离子组成等指标皆可作为固定化细胞代谢状态的一种标志而用于分析检测。

微生物传感器是用于检测环境、食品及医疗样本的一种有效工具，其往往可以为激素诊断、病原体检测以及 DNA 检测等提供快速、廉价而准确的方法。

生物传感器的应用已辐射至极宽的范围，主要包括：目标组分的分析检测、生产过程参量控制、医疗检测和诊断、食品检测、环境监测和毒物分析、科研装备核心组件和军事等。

生物传感器较传统的物理、化学传感器相比，其突出优势在于能够高效而专一地识别和检测大量生化组分，如单糖、氨基酸、羧酸、毒性成分、遗传物质等。如使用理化分析方法，一般面临费用高昂、测试周期长、样本前处理繁琐、分析灵敏度和分辨力不足等问题。譬如，以高效液相色谱（HPLC）法对液样葡萄糖进行定量分析，一般需要先对样本进行离心或抽滤等操作以去除杂质，经历数小时的反应使葡萄糖衍生化，再花费数小时完成分析检测工作。全过程烦琐、精细，一般需要专业人员操作昂贵的大型仪器。而使用市售的手持式血糖仪器（图 9 - 5），能够以数元钱以内的成本在不超过 1min 的时间内完成血糖含量检测，且所需仅一滴血样，测试完全自动化，适应室内及户外的多种检测环境。由此可以看出，生物传感器相对于理化传感器具有突出优势。但是，由于生物活性元件往往是需要维持一定空间结构的生物大分子甚至是活的细胞或组织，生物传感器对工作及保养环境的要求一般更为苛刻。此外，如何延长生物活性元件的寿命，提高传感器的使用寿命和稳定性是每一位研究人员都必须面对的挑战。集成化、微型化、测试系统智能化以及大数据网构建等是生物传感器发展的重要方向。

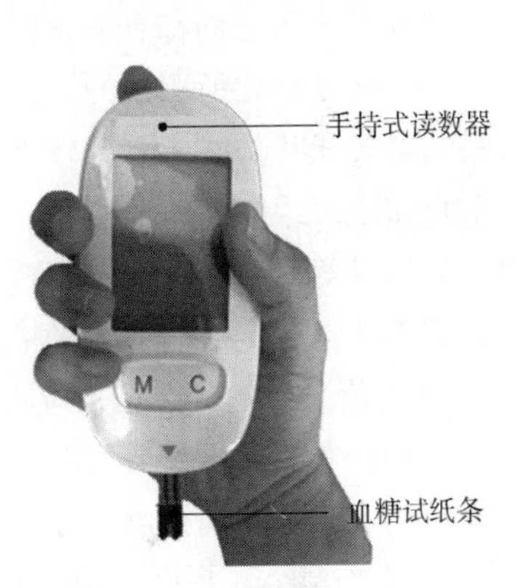

图 9 - 5　手持式血糖仪

二、 生物传感器的分类

换能器是生物传感器的一个重要组成部分，其存在可以使由生物识别过程所产生的传感信号被检测。这类可检测信号一般包括：电化学信号（电位式、电流式、阻抗式、电导式等）、光学信号（比色式、荧光式、化学发光式、干涉式等）、热学信号（量热式）以及力学信号（压电式或称声波式）。尽管新式的换能元件不断有所报道及应用，但至今应用最为广泛的依然是电化学式生物传感器。电化学生物传感器易于制备，生产成本较低且易于实现批量生产，检测系统的整体体积最易小型化，适合制作成各种一次可抛式的检测器件，在医疗卫生等领域目前已经有普遍应用。此外，在传感灵敏度方面，电化学生物传感器一般高于光学式或压电式等。因此，后文还要对电化学生物传感器做略详细的进一步介绍。

基于其各自换能器件的不同，生物传感器所涉及的信号检测方法可以划分为以下三大类。

（一）光学检测法

光电子学是光学生物传感器的信号检测基础，利用光电子学元件探测各类光学信号的存在及变化。在光学生物传感器中，所应用的光涉及可见光及不可见光，如 γ 射线、X 射线、紫外及红外线。利用光电子学元件，可以实现电 - 光或光 - 电信号的转换。

一般地，光学传感器必须具备如下要素：

（1）基本光学元件　如导波管、光纤等。

（2）发光器件　如 LED（发光二极管）、激光二极管等。

（3）感光器件　如光电探测器或太阳能电池等。

（4）显示器件　如液晶显示器或 LED 显示器等。

1. 光学生物传感器

作为一种用途广泛的有力工具，光学生物传感器在生物医学研究、医疗卫生、制药、环境监测以及军事等方面都有大量应用。在常见的光学生物传感器中，其感测由生物识别过程带来的物理或化学变化所引发的入射光波在相位、振幅、频率及偏振等方面的性质变化。光学生物传感器的突出优势在于具备较理想的检测灵敏度和选择性、可实现远程传感、易于屏蔽电磁干扰和可实现多组分实时监测等。光学型生物传感器的主要组成部分有光源、传播介质（如光纤、导波管等）、固定化的生物活性元件以及光学检测系统。对于光学生物传感器，大致有两类测定方法可以实施——荧光检测法及非标记检测法。

（1）荧光检测　在荧光检测方法中，需要对检测目标分子或生物识别分子在检测前以荧光标记物（如染料分子等）进行标记。由于荧光标记物在特定的条件下能够激发荧光，且其所激发的荧光强度同检测目标分子的存在及其与生物识别分子的相互作用强度直接相关，以此构成该方法的检测基础。荧光检测法具有极高的检测灵敏度，其检测下限甚至可达单分子水平。

（2）非标记检测　在非标记检测方法中，目标检测分子不被标记或改变，而是以其天然状态存在。该方法简易而经济，可实现定量分析及分子相互作用动力学测试。

2. 非标记型光学生物传感器——以 SPR 传感器为例

表面等离子共振（surface plasma resonance，SPR）是一类光学现象：在电子束或光束（通常为可见或红外光）的激发下，若电子束或光束以特定的波长和入射角经过棱镜照射至其上附着的金属薄层时，金属薄层与棱镜界面处会产生对全反射光的明显吸收，所吸收的动量则使界面处产生表面等离子体共振，表面等离子体共振现象的发生会导致检测到的反射光强度明显减弱，这种光强度的减弱程度与入射角存在数量关系，由此作为传感器定量分析的依据（图 9 - 6）。由表面等离子体共振产生的电磁波沿金属薄膜同棱镜界面传播，共振结果受到界面性质的显著影响。利用分子在金属表面的吸附作用可明显改变界面性质，在一定条件下测量全反射角的变化可定量反映金属表面的物种吸附情况。表面等离子体共振式生物传感器主要应用于生物识别过程的研究分析中，如核酸 - 核酸、蛋白 - 蛋白、蛋白 - 核酸等的相互作用，最常见的为抗体型传感器。国际市场上已经推出基于该技术的分析仪，中科院电子所传感技术国家重点实

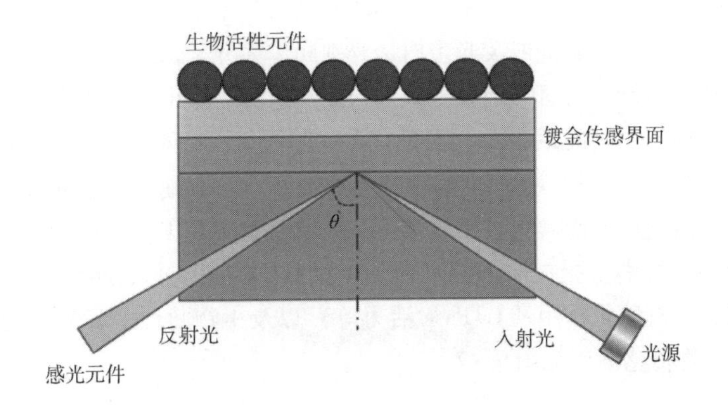

图9-6　SPR原理示意图

验室也研制了面向市场的应用型设备。

3. 荧光检测式生物传感器

荧光（fluorescence）检测是灵敏度最高的光学分析方法之一，这一特性使其尤其适合于极低浓度的生物活性样本的分析检测。荧光技术在信号传导中十分常用，特别是对于酶及抗体分析而言。荧光分析需要一个短波段光源以激发分子或原子中的电子产生跃迁，并以此生成长波段的冷发光（luminescence）作为检测信号源。荧光式生物传感器则是利用生物活性元件的生物识别过程同荧光染料（fluorochrome）的偶联发光作为其基本检测原理。由于大多数生物活性元件及其所特异识别的待测组分都缺乏内在的发光特性，因此生物识别过程向光学信号的转换就需要由光应答性物质的偶联来完成。例如，在DNA检测中将DNA以荧光染料进行标记，则互补双链分子的杂交过程即可以其所产生的光学信号进行表征。该方法的主要缺点在于其仪器系统状态会随时间而发生改变，从而增加了分析过程中的复杂性，且不适于样本的实时监测。

一种常用的荧光式生物传感方法是夹心法分析。在该方法中，待测组分特异性地同固载于传感界面上的生物活性元件如抗体结合。通过对待测组分的荧光标记，其在传感界面上的局部浓度可以通过荧光光谱学方法被顺利检测。

荧光分析法在分析化学领域已有广泛应用。作为一种高度灵敏的检测方法，其特别适用于待测组分的痕量检测。在生物传感领域内，各种荧光材料及绿色荧光蛋白是最为常见的荧光标记物。

（1）荧光蛋白生物传感器　借助分子生物学方法，荧光蛋白生物传感器的构建可以比较轻松地实现。在荧光蛋白生物传感器中，生物活性元件在结构上包含一个或数个多肽链，这些作为分子识别元件（molecular recognitions element）的多肽链在遇到目标待测组分时会发生构象变化并由此引发其某种荧光特性方面的变化。通常，根据荧光蛋白的结构特点可将其分为三类：

①荧光共振能量转移（fluorescent resonance energy transfer，FRET）型：荧光共振能量转移（FRET）是一类发生在蓝移性荧光发色团（供体）与红移性吸光基团（受体）之间，通过偶极子耦合而发生的非放射性能量转移现象。FRET已被证明在遗传编码型生物传感方面极具应用价值。FRET的检测基础是根据两个光学活性基团间的能量转移特征实现的，处于高能态的供体基团可通过非放射性偶极子耦合向其受体基团转移能量，所转移能量的效率取决于两个光

学活性基团间的距离以及空间取向。两个光学活性基团分布于两条多肽链或两个荧光蛋白分子之上构成传感蛋白。两条多肽链或荧光蛋白又分别同作为分子识别元件及待分析组分的多肽链或蛋白相连，这样，当待分析组分同分子识别元件发生相互作用时，传感蛋白发生构象改变并因此使两个光学活性基团间的距离发生改变。这一改变将导致两个光学活性基团荧光强度上的改变，这种改变则被光学设备以 FRET 效率的形式捕获。一般地，增大的 FRET 效率意味着两个光学活性基团间的趋近，而其减弱则意味着二者的远离。FRET 生物传感器被广泛应用于一些生物分子的探测，特别是蛋白质的相互作用、蛋白质构象变化、酶活检测（如蛋白水解作用、磷酸化作用、去磷酸化作用及 GTPase 活力等）以及生物活性分子浓度的检测。一项具有代表性的 FRET 生物传感案例见图 9 -7。

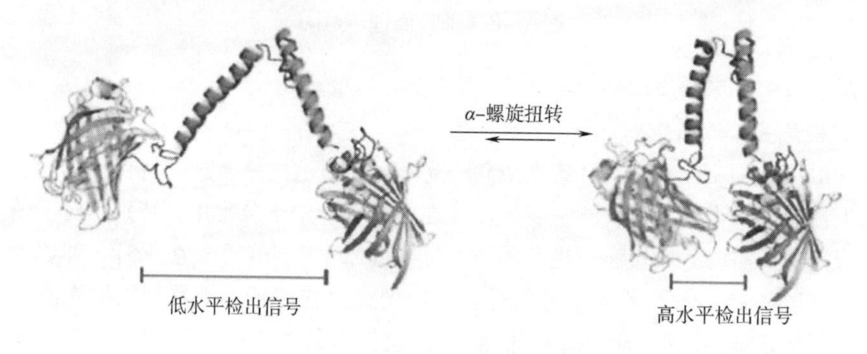

图 9 -7　FRET 策略生物大分子测距

由图 9 -7 看出，该蛋白分子由两条 α - 螺旋“手臂”构成其主体部分，这一对 α - 螺旋可围绕其联结点在一定范围内进行转动。在两条“手臂”的末端分别“绑定”了一个具有荧光活性的基团。当采用一定波长的激光照射该分子时，其一只“手臂”末端的活性基团首先被激发并发射荧光，所发射的荧光又能激发另一只“手臂”末端的活性基团产生荧光。以光接收器接收该荧光信号，该信号的强度会随着两个荧光活性基团的间距的变化而改变，并能够用于分析其亚显微距离。也就是说，检测信号的强度可随两“手臂”展开的幅度进行变化，进而可用于活体细胞内生物大分子间距的间距测量。该方法被称为荧光共振能量转移（fluorescence resonance energy transfer，FRET）技术，在生物学中也被用作一种显微镜技术。该蛋白还被编码入被测机体细胞的基因组内，利用细胞工厂（cell factory）完成其原位合成（in - situ synthesis）。

②双分子荧光互补（bimolecular fluorescent complementation，BiFC）型：双分子荧光互补（BiFC）法多用于表征活体细胞内的各类蛋白质 - 蛋白质相互作用。在该体系中，荧光蛋白是分裂存在的，分子识别元件同其中一部分整合而待分析组分则整合于另一部分之上，随后荧光蛋白经过正确的重新折叠获得其正常三维结构并因此能够产生荧光信号。该方法常用于分子生物学，特别是蛋白质组学研究。

③单一荧光蛋白型：单一荧光蛋白生物传感是利用某一荧光蛋白同分子识别元件的偶联而实现的。分子识别元件可以是内源性也可以是外源性的，当待测组分同分子识别元件结合后即触发荧光蛋白的构象变化，进而对其荧光特性造成影响。荧光式生物传感器的突出优势在于极高的检测灵敏度，荧光检测本身对于被试本身所带来的破坏和影响很小。

（2）化学发光生物传感器　冷发光是电致激活的化合物由激活态恢复至基态过程中的一种发光现象。其所使用的激活能量源构成各类冷发光检测技术的分类基础，化学发光是反应过程中涉及电致激活过程的一类反应。生物发光则是化学发光中的一个特例，出现于生活态机体中，涉及蛋白质，一般是酶的反应。化学发光检测技术是通过对光子生成速率，也即依赖于化学发光反应光强度的监测而实现的。即，化学发光强度在一定范围内正比于化学发光反应中待测反应物的浓度。借助现代仪器手段，发光的检测可以在极微弱的水平上进行，以此可支持基于这类发光反应的高灵敏度检测方法的开发。

整合于高灵敏度光检测器上的光导纤维是一种较为方便的化学发光生物传感器构建平台。近年来化学发光以及电化学发光检测技术已被用于替代荧光检测的生物芯片及微阵列技术中。

化学发光检测法可用于对某些特殊生物反应的检测。在化学发光生物传感系统中，待测组分同固定化并被化学发光物质所标记的生物分子间的反应可导致发光现象，所产生的光可通过光电倍增管（photo multiplier tube）进行信号放大及检测。化学发光检测技术正成为一种新型的面向高灵敏度、样本自动处理、快速响应及宽线性范围的诊断技术。此外，这类技术也在免疫传感及核酸杂交分析中有着广泛应用。该技术所能达到的最低检测限可达 10 ~ 13mol/L 级别，然而，较低的定量准确度、较高的检测成本以及不适于实时监测的特点同样是该方法的局限。

（二）声波生物传感器——压电晶体/陶瓷生物传感器

声波传感器通常由压电材料（piezoelectric material）制成，它利用对声波或机械波晶体共振频率改变量的测量定量反映晶体表面的物种吸附质量的变化，可应用于溶液、气体环境，优势是可以直接对气体样本进行测定，但对于测定条件要求苛刻，对理论响应结果的吻合度受到传感界面加工精度、测试过程被测物质吸附量等多种因素的影响而较难控制。根据声波的传播方式分为体声波和表面声波两类换能器，后者由于将能量集中于表面因而较前者对于表面质量变化具有更高的感测灵敏度，但将表面声波型传感器直接应用于液体测试会导致严重的声波衰减。最为常见的一类声波传感器是石英晶体微天平（quartz crystal microbalance，QCM），其结构如图 9 - 8 所示。

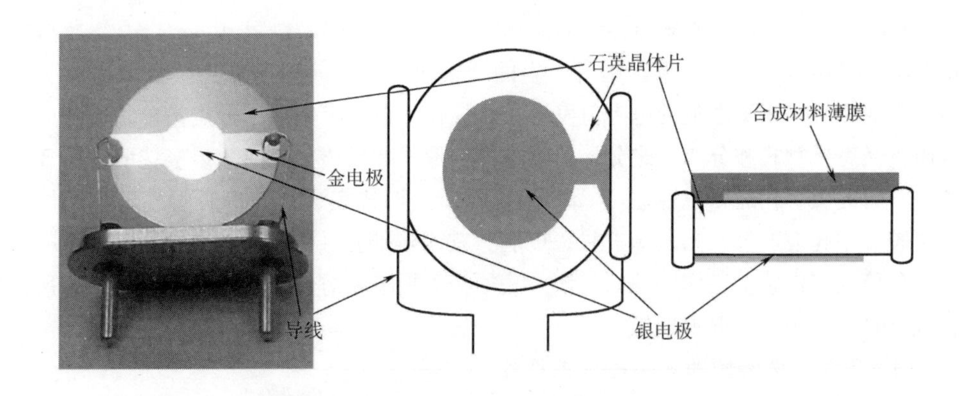

图9 -8　石英晶体微天平检测器结构示意图

（三）半导体生物传感器——场效应晶体管生物传感器

Janata 在 1976 年提出了将离子敏感场效应晶体管（ion - sensitive field - effect transistor，

ISFET）与酶相结合的构想，并于1980年发表了第一篇关于场效应管生物传感器的论文。他将青霉素酶固定在ISFET上，成功地测定了青霉素。

通常，半导体器件为场效应晶体管（field - effect transistor，FET）。在半导体硅基片上，沉积厚度约0.1μm的SiO_2和金属层，称为MOS（metal - oxide semiconductor）元件，即最常见的FET元件。所有FET元件都包括由半导体处理制成的三部分——源（source，S）、漏（drain，D）和门（gate，G）。源和漏直接无物理接触，二者之间允许电流流过。通过门 - 源间电位（Vgs）的调整可导致场效应强度的变化进而执行设备的开/关。电流决定于电子在n - 型通道或p - 型通道中的运动方向——对于n - 型FET，门电压将引发电子由源 - 漏间电流的形成（漏电流）；若施加正电位于n - 型FET的门上，则导致电流通路的形成；而施加负电位则导致电路的截断。对于p - 型FET，其控制方式与n - 型恰恰相反，即正电位导致断路而负电位允许电流通过。图9 - 9所示为FET的最基本结构。

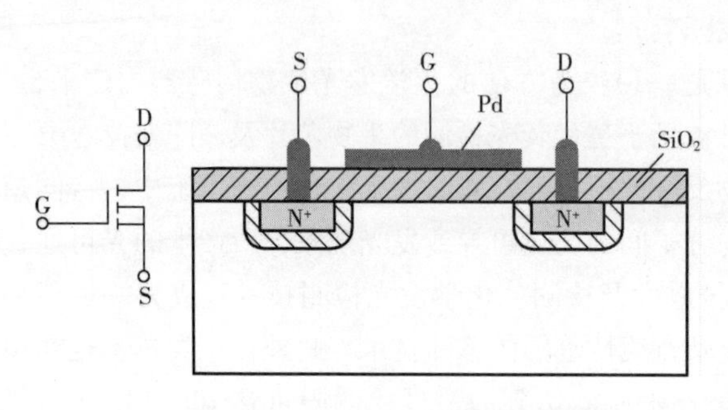

图9 - 9　MOS场效应管的基本结构及工作电路示意图

将场效应晶体管的金属栅极以生物材料固载的薄膜取代便构成结合型BioFET。离子敏感场效应晶体管（ISFET）和酶场效应晶体管（enzyme field - effect transistor，EnFET）由固载有活性酶膜的ISFET作为工作电极，另一支固载有灭活酶或清蛋白的膜的ISFET作为参比电极。以此，可以最大限度地屏蔽由测试温度、pH、测试液体积及噪声等带来的误差。基于电位测量的原理，最常见的是pH - FET和ISFET，因此许多酶促反应难以直接通过BioFET进行测定，FET传感器由适合生物识别型检测器件制备。

（四）测热生物传感器——热敏电阻生物传感器

由于许多生化过程都包含热量的流动，通过测定生物热也可以完成生物传感器的构建。测热式（calorimetric）生物传感器以酶和微生物型最为常见，酶反应往往伴随明显的放热现象（5～100kJ/mol），将固定化的酶与传统的测热电子元件——热敏电阻（thermister）整合可得到酶热敏电阻；利用微生物的呼吸作用所产生的呼吸热（respiratory heat）可制成微生物热敏电阻。当温度变化时，热敏电阻的电阻值发生显著变化，以此可完成部分定量分析工作。对于酶热敏电阻，又有接触式和分离式之分，但不论何种形式都需要在隔热效果极佳的特殊反应器内完成测定。酶的固定化通常以酶柱（enzyme column）形式完成，即将酶固载于多孔材料（如琼脂糖凝胶、多孔玻璃等）形成填充柱，以利于其同热敏元件的整合和热交换。图9 - 10所示为一个经典酶柱式传感器工作原理图。该方法的相关报道相对较为有限，主要是因为所需的反应条件较严格、灵敏度一般不理想。

（五）测力生物传感器——微悬臂梁生物传感器

微悬臂梁（micro - cantilever）是源于电子显微技术中的一种结合硅基体微加工技术和硅基表面微加工技术的力学感应型微电子结构。1982年，Binning和Rohrer发明了扫描隧道显微镜（scanning tunneling microscope，STM），开创了电子显微技术，同时期，原子力显微镜（atomic force microscope，AFM）也相继问世。AFM可以通过微型探针感测同样品间存在的作用力

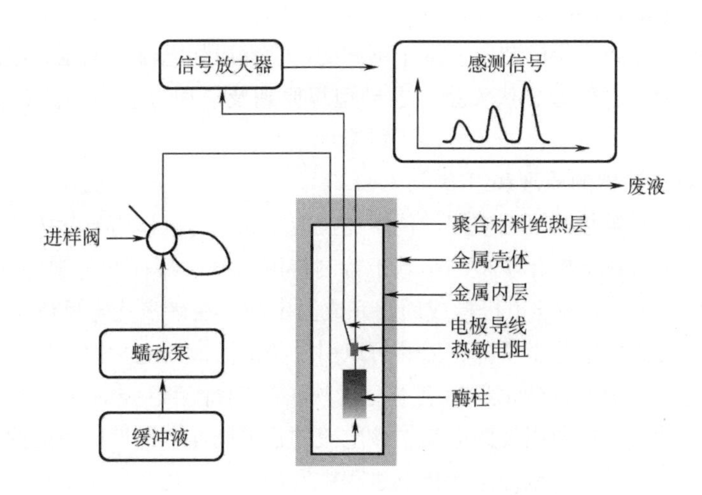

图 9－10　酶柱式测热型生物传感器工作原理示意图

对硬物质材料表面或在水溶液环境下对如细胞、生物大分子等软物质进行扫描，获得物质表面的精细图像。生物传感领域所使用的微悬臂梁即改造于 AFM 的力学感应元件。将生物活性元件固载于微悬臂梁表面，当生物活性元件吸附被测组分后，微悬臂梁的外形或振动频率会发生变化，将此变化转化为电信号可用于判断被测组分的吸附情况。一般地，微悬臂梁有两种力学响应：一是表面应力引起其挠度的改变（图 9－11）；二是由悬臂梁质量变化引起振动频率的改变。

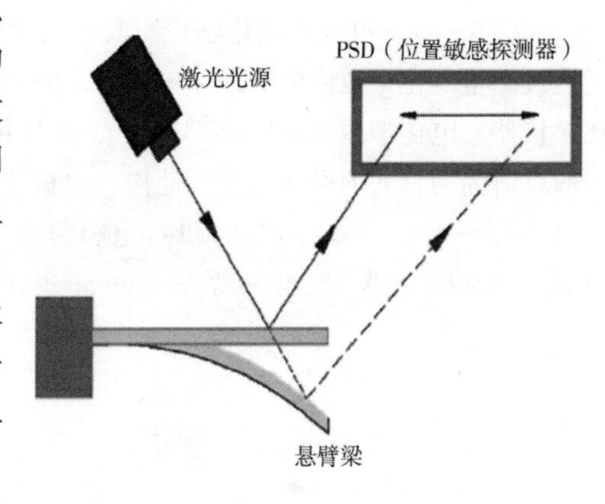

图 9－11　微悬臂梁传感器工作原理示意图

微悬臂梁生物传感器的主要应用范围是构建生物识别型传感器，利用该技术可以构建集成程度较高的传感器阵列。利用微悬臂梁阵列做成“人工电子鼻”（electronic sniffer）能检测出混合气体中各个成分的浓度。

迄今，进入实际应用的生物传感器主要处理两大方面的问题：一类是进行某种目标组分的定性，或更多情况是定量测定。该类应用主要面向如生产过程的离线/在线检测、医疗测试分析、食品或药品成分及生产过程分析、环境有害物质检测等重要方面；另一类则是面向科学研究，为科研工作提供高效而便捷的测试方法、稳定而可靠的数据等，主要涉及目标物质的分析检测以及物质间的相互作用。电化学型生物传感器占据前者的大多数市场份额，电化学型及表面等离子体共振型生物传感器则是后者的主要品种。

（六）电化学生物传感器

电化学生物传感器（electrochemical biosensor）是基于电化学换能器——电极的一类生物传感器。根据国际纯粹与应用化学联合会（IUPAC）1999 年颁布的推荐表述：“电化学生物传感器是利用同电化学换能元件发生直接空间接触的某种生物识别元件（生物活性元件）能够提供特异性定量及半定量分析信息的一种独立式集成装置器件。”电化学生物传感器感测由氧化还原反应所产生的电流，能够完成生化事件及电信号间的直接转换，是性能卓越的用以测定生理生化样本待测物浓度或含量的装置。基于不同的电学性质如电流、电压、电阻、电容、阻抗等可以开发如电流型、电位型、伏安型、电导型等原理及应用方法不同的各类电化学生物传感器。

1. 电化学生物传感器的原理和组成

电化学检测是一类被极其广泛应用的传感器换能方式，可以作为光学传感器中敏感性最佳的荧光分析法的补充方法。电化学检测是基于特制待测组分的特征性化学势（也称化学电位，chemical potential），同一支参比电极构成回路完成测定的。在诸多化学反应中均涉及离子的生产或消耗、电子的得失等电化学事件，由此可以引发待测溶液的电学性质发生一定的改变，并作为一种参量被感测。因而，电化学响应本身反映了特定待测组分的（电化学）活性，而非其浓度。如检测电化学反应所引发的电流，该电流的强度则与电活性物质的浓度以及其生成或消耗速率存在线性相关关系。依照生物传感过程中所涉及的电化学变量属性的不同，可将电化学生物传感器分为5类，即：电流型、电位型、伏安型、阻抗型和电导型。

（1）电化学池　电化学池（electrochemical cell）是用于电化学传感研究的基本独立装置，组成如图9-12，电极在电化学检测及电化学生物传感器工作中占据重要地位。电化学检测器是通过测量电化学池内的电压（电位，potential）或电流（current）用于研究待测组分的分析化学仪器。电化学池由反应器部分（溶液及其容器）以及检测器部分（电极系统）组成。在一般以研究为目的的经典电化学池内，电极通常由工作电极（working electrode，WE）、参比电极（reference electrode，RE）和对电极［counter electrode，或称辅助电极 auxiliary electrode（CE）］组成，被称为三电极系统（three electrode system），见图9-13。

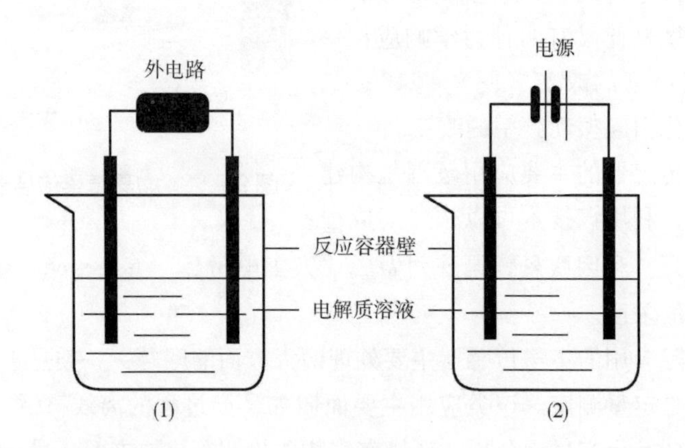

图9-12　原电池（1）和电解池（2）的基本结构示意图

传统的电化学池为单室型，在每次实验前需要经过清洗处理。根据电化学池的能量流动方向可以将其分为：

原电池（primary cell）——由电化学池内的反应通过电极向外电路输出电流和电动势，用以对外做功的电路元件。

电解池（electrolytic cell）——由电极联通外电路，并由外电路提供电能以驱动电化学池内的电化学反应发生或维持。在生物传感器领域一般所应用的是电解池体系，而作为生物传感技术的近亲——生物燃料电池（biofuel cell）技术则属于原电池体系。电化学池的选择需要依据检测容积、样本类型、测试方法及信号类别等进行。

（2）工作电极　工作电极是待研究组分发生电化学反应的场所。在三电极电化学检测系统中，因发生于其上的电化学反应为还原或氧化反应，相应地，工作电极可作为阴极或阳极（图9－13）。在伏安法测试类型中，电化学行为受到电极材料的强烈影响。由于待测物质在工作电极表面发生反应，电极需表现尽可能高的信噪比和反应重现性。因此，工作电极的选择一般受到两个方面的控制：待测组分的氧化还原反应行为和检测所需电位区内的背景电流（background current）。其他需考虑的因素也包括电化学窗口（反应类型决定）、电导率（溶液成分及浓度等决定）、电极表面再生性（电极材料及检测方法等决定）、机械性能、可得性、成本以及毒性等。迄今已有多种性能可靠的电极可供选择以作为工作电极，常见的包括：玻碳电极、贵金属电极（铂电极、金电极、银电极等）、汞电极、铟－锡氧化物导电玻璃电极、丝网印刷电极、碳糊电极等。在伏安法研究中，以贵金属电极和玻碳电极的应用最为普遍。此外，其他材料如过渡金属、半导体等也被用作制备特殊目的的电极。

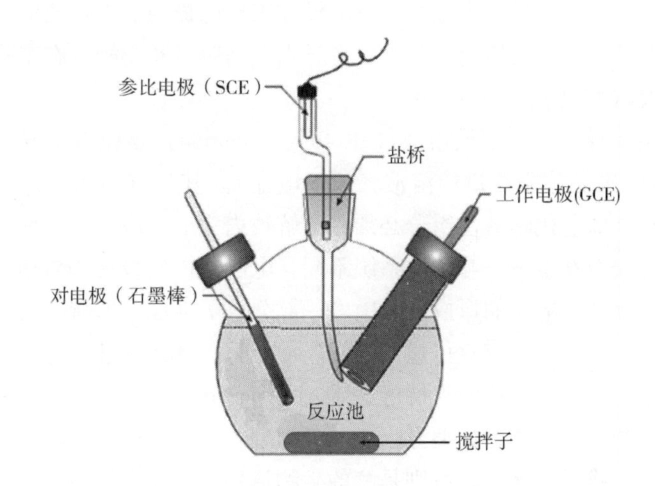

图9－13　经典的电化学研究中三电极体系配置示意图

（3）参比电极　在电化学池内，参比电极是被用于产生恒定电位的元件。由于电流流经电极时会引起电压的变化，通常被称为电压降（IR drop，即当电源接通外电路后由于外电路与电源本身都具有一定的电阻，导致电源输出电位小于其电源电动势的现象），参比电极的介入能够最大程度地降低这一现象对测量工作带来的影响。

参比电极的选择一般遵循两个原则：低内阻，以尽可能降低测量系统对环境噪声的灵敏性；非极化，可以使较小的电流流经电极时不引起电位的改变。此外，还要求参与参比电极半电池反应的物质具备长时稳定性，能够表现恒定可重现的电极电位。相关内容的详细描述可查阅电化学方面的书籍。最广为熟知的参比电极为标准氢电极（standard hydrogen electrode，也称“氢标电极”）——是将氢气导入并吸附于一块化学惰性的铂片，使该铂片浸入含有氢离子的溶液环境。氢气、氢离子活度为单位活度，测定条件皆为标准状态。其发生半电池反应：

$$2H^{+}(aq)+2e^{-}/H_2(g)$$

电极产生值为零（$E_{\varphi}=0.000V$）的标准电极电位（standard electrode potential，也称“标准电位”），可用于标定其他电极的电位，具有极重要的理论和实践意义。根据氢标电极测定的其他半电池反应的标准电位也可以通过查询标准电位表获得，十分方便。由于氢标电极体积较大且反应条件精确控制较为繁琐，因此实验室及实际中常使用银 - 氯化银电极（Ag/AgCl，$E_\varphi = 0.197$）或饱和甘汞电极（SCE，$E_\varphi = 0.241$）。由于银材料较汞及汞盐具有明显的安全性，且可以制成导电浆料沉积于平面电极上作为小巧、廉价、一次可抛的印刷电极片的假参比电极（pseudo - reference electrode），因此在水溶液环境下的测定中，以 Ag/AgCl 电极的应用最为广泛。其半电池反应：

$$AgCl(s) + e^- / Ag(s) + Cl^-$$

参比电极的意义是实现生物传感过程中稳定、可靠的电位测量。

（4）对电极　在双电极（即仅由工作电极和对电极构成）和/或三电极系统中，对电极用于辅助工作电极以构成完整的闭合回路。它们一般由化学惰性材料（如铂、金、石墨、玻碳等）制作而成，其形式可以为线状、片状、盘状等多种形式。由于对电极和工作电极间需要流过电流，对电极的总工作表面积须大于工作电极，以保证其不成为电化学检测过程中的动力学限制因素。对于双电极体系，只有当施加于对电极和工作电极间的电位或流过二者的电流恒定时，其他变量才可以被测定。在检测过程中二者分别充当阴极和阳极。在工作过程中，施加于二者间的电位并不被监测记录。

（5）电解液　电解液，或电解质溶液（electrolyte solution）是原电池或电解池的溶液部分（尽管在一些电化学结构中并非严格的溶液，如干电池）。其具有两大功能：一是为电极反应提供必要的空间——全部电化学活性组分必须在电解液内完成反应；二是使电流在电极系统中形成，维持电化学反应的发生——与电极系统不同，电解液内的载流子包括自由电子和离子两类，它们都可参与电解液内电流的形成。其中，一部分离子性成分即待分析的目标组分或生物电极表面的活性成分，参与最终有效传感信号的形成。另一类离子性成分仅起到导电作用，在电化学过程中并不参与反应，被称为支持电解质（supporting electrolyte）。它的存在能够直接影响电化学生物传感器的工作性能，如型号强度、灵敏度、基线特征、信噪比等，同时，其性质与浓度能够显著影响生物活性元件，特别是酶的生物活性。因此在构建电化学生物传感器的过程中，合理调控电解液成分十分重要。常用的支持电解质包括中性盐及缓冲盐，前者仅仅起导电作用，在常规电化学应用中甚为广泛，如 KNO_3、KCl、NaCl 等；后者由于能够对生物活性元件起到保护作用，是生物传感器中最常采用的支持电解质，如磷酸盐缓冲液（phosphate buffer system，PBS）等。在一些需要调整离子强度的情况下，将二者混合使用也属常见案例。

2. 电化学分析技术

电化学分析技术是以检测电化学信号，主要包括电流、电压、电阻/阻抗、电容、电导等为信号源的一类分析化学技术。它们的应用范围极其广泛，但就生物传感领域而言，电化学分析技术一般针对两种目的进行：一类是电化学生物构成器件传感性能的表征（characterization），即以考察所构建生物传感器的检测灵敏度、响应线性范围、检测限、抗干扰性能、重复性等指标，以此评估其作为一种实用性器件的可行性；另一类则主要用以表征生物传感器的一些重要理化指标，如修饰电极表面修饰层的性质和结构特征（比表面积、厚度、电阻、电容等）、电催化活性（如电子转移速率）等，用以提供有关生物传感器的理论分析数据以对其进行深度分析和改良方法设计。对于酶传感器而言，应用最为广泛的是电位式及电流式检测技术，其中又以电流式居多。虽然阻抗式、电容式以及电导式酶传感器均有不同数量的报道，但其总量远小于前二类。伏安式也有大量的文献报道，但其主要功能是作为电流式等其他酶传感器的辅助研究工具出现，因而其基础性和必要性不容忽视。对于传感器的传感机制分析，伏安式和交流阻抗式研究是较为常见的。

（1）电位式检测　以电位测定模式构建的生物传感器将由氧化还原反应所引发的电位改变作为感测信号源，包括如跨膜电位、离子活度等。电位式生物传感器的基本感测元件为一个工作电极与一个参比电极。通常，电位的测量通过高阻抗伏特计测量两电极间的电势差完成。该方法的理论基础定量原理是 Nernst 方程，方程描述了电极电位与电化学活性物质浓度在任意物理状态下的关系：

对于反应，Nernst 方程可表述为：

$$E = E^{\ominus} + \frac{\mathrm{R}T}{n\mathrm{F}}\ln\left(\frac{[C_A]^a}{[C_B]^b}\right)$$

式中　E——特定条件下所测得的电极电位，V；

$E^{\ominus}$——标准氧化还原电位（standard redox potential），V；

R——气体常数，≈8.314J/（K·mol）；

T——热力学温度，℃；

F——法拉第常数，≈96485.3365C/mol；

n——反应中涉及的电子转移数；

C_A、C_B——氧化和还原组分的浓度，mol/L。

由该式可以发现，电极电位与电化学组分浓度的关系为对数形式，因而利用电位检测法能感测较低浓度的待测组分。

（2）电流式测定　电流型测定检测样本内电化学活性的电化学氧化或还原反应所产生的电流，整个过程中保持施加于工作电极上的电位稳定。所施加的电位作为驱动力推动所涉电化学反应中载流子（charge carrier）的定向流动并形成电流。所测得的电流强度值则直接反映了电化学反应中电子的转移速率，进而代表了所涉电化学反应的进程，并与待测电化学组分的浓度存在比例关系。

在电流式生物传感器研究中，一般需要先利用如伏安法［见本节第（3）部分“伏安式测定”］对构建好的生物电极进行扫描，找到待测组分在生物电极上发生生化反应后所引起的电化学反应电位。随后，保持测试电位恒定并记录电流随时间的变化情况，可检出不同浓度待分析组分在电极上的电流响应情况。在绘制电流-时间响应曲线的时候，通常需要使制备好的生物电极在空白缓冲液内于检测电位下经历一段时间，以观察评估电极的稳定性（如电化学噪声情况）并使电极工作性能稳定。待响应曲线平稳后，即获得空白响应，或称基底响应（background response），响应电流值记作 I_0，再按照“等距取点”原则向缓冲液体系间歇地加入一定量的待测组分标准物，使缓冲液内的待测组分浓度每隔相同时间增加相同的比例，此时所记录的电流响应值一般也随之发生规律性变化。待获得一段电流-时间响应图（图 9-14）后，将图中的横坐标时间换为对应的待测组分浓度，获得电流-浓度关系曲线（图 9-14 附图）。通过这种方式，可检验不同浓度范围的待测组分对生物电极的响应规律，并通过计算所绘回归曲线的回归方程进行生物电极线性响应区段［研究中称线性范围（linear range）或动态范围（dynamic range）］的确定。回归方程一旦确立，就具备了通过直接加样或标准加入法（standard addition）进行未知样本中待测组分含量检测的基本条件。

将待测样本进行适度稀释，通过生物电极对其进行检测，使所获得的电流响应信号强度落

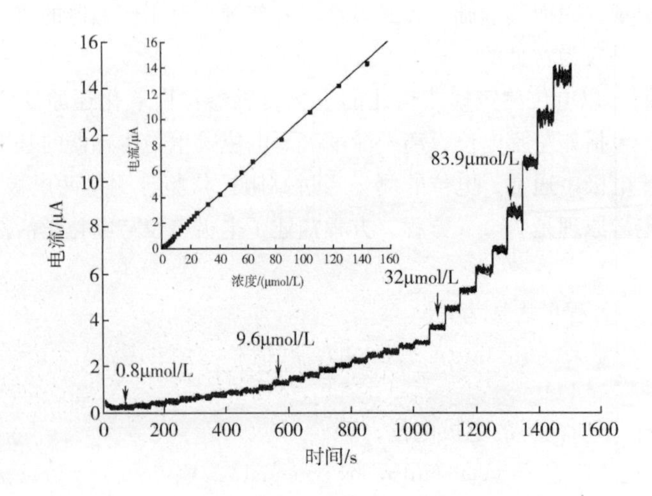

图9－14　电流－时间响应曲线

注：在工作电位下向检测液内连续添加一定量的底物所获得的电流－时间响应结果，附图显示相应的电流－浓度对应关系及其回归曲线

在回归曲线所包括的浓度范围内，所测得的响应电流值记作 I_x。则所测样本中含有待测组分所造成的电流响应强度等于 $I_x - I_0$，进而由回归方程可以推断出样本内待测组分的浓度/含量。但是，在很多情况下，实际样本中往往含有一些电化学活性物质在检测过程中于电极上发生氧化/还原反应并为电极所感测。如果其氧化/还原电位与生物电极的检测电位较为接近，则会对分析检测过程造成巨大干扰。譬如，在葡萄糖氧化酶修饰的铂电极上，抗坏血酸（ascorbic acid，维生素 C）可在铂电极表面发生电氧化，形成对葡萄糖酶促反应产物 H_2O_2 电氧化信号的虚假信号；在电流型脱氢酶电极中，还原型辅酶Ⅰ（NADH）或辅酶Ⅱ（NADPH）通常为目标电化学检测物质，而尿酸（uric acid）、多巴胺（dopamine）、抗坏血酸等物质都具备与之接近的氧化电位，使感测结果带来误差。针对这类情况，主要的解决途径是改造电极的制备方案，通过应用抗干扰材料制备修饰电极，或通过背景扣除法于计算过程中扣除干扰带来的误差。此外，在一定范围内灵活地选择检测电位，既能够有效消除一部分干扰信号又可能进一步提高电极的感测灵敏度。

（3）伏安式测定　伏安法是电化学分析中用途最为灵活广泛的一种技术。该方法来源于早期电分析化学中的极谱法检测技术，由于仪器精度和集成化的提高，在极谱法的基础上又形成了伏安法。

在该技术中，工作电极所经历的电流与电位被同时监测记录并展现在二维坐标上，形成一张伏安图（voltammogram），如图 9－15 所示。目前作为研究手段的伏安法主要有两种形式，一种是由直接记录电位从起始值改变至终点值的扫描形成，称为线性扫描伏安法（linear sweep voltammetry，LSV），是极谱法的一种变形；在另一种中，仪器记录由电位起始值改变至终点值，再以相同方式改变回起始值的一次循环扫描结果，称作循环伏安法（cyclic voltammetry，CV）。此外，还有流体伏安法（hydrodynamic voltammetry）、差分脉冲伏安法（differential pulse voltammetry）、方波伏安法（square wave voltammetry）、阳极/阴极溶出伏安法（stripping voltammetry）和交流伏安法（AC voltammetry）等技术。

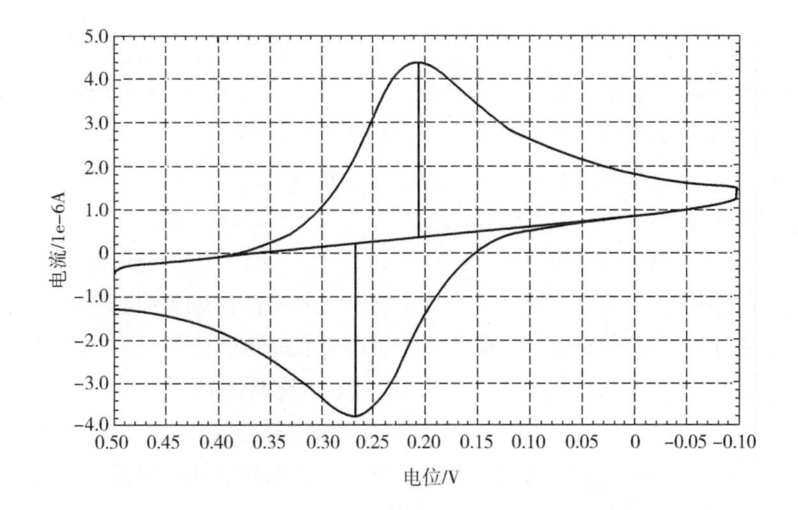

图9－15　CHI760d 系列电化学工作站记录的循环伏安图

注：记录的玻碳电极在含有 0.4mol/L KNO_3 支持电解质及 0.5×10^{-3} mol/L 的可逆氧化还原物质 K_3［Fe（CN）$_6$］溶液中的一次完整 CV 扫描结果，图中 K_3［Fe（CN）$_6$］所产生的一对氧化还原电位已被标出，若扩展扫描电位范围可获得完整闭合曲线

在检测过程中，电位随时间做均匀的改变（一般 20～100mV/s），因而图中每一点所展示的是工作电极在特点时刻上所记录到的工作单位以及由此所产生的电流。电流峰值的位置与电化学活性组分的特性相关——其所对应的电位即对应物质在电极上发生电化学反应的氧化电位（E_{pa}）或还原电位（E_{pc}）。对特定的工作电极，不同的电化学活性物质在相似测试条件和环境下将表现相同的 E_{pa} 或 E_{pc} 值，其对应关系如同色谱法洗脱曲线中峰位置一样紧密，因而又被称为电化学特征谱。峰电流密度与对应的电活性物质浓度存在比例关系，藉此往往可以通过峰电流值预测待测组分的浓度。该方法的优势是检测引入较小的电活性噪声，能够有效提高传感器的感测灵敏度。

CV 法由于至少完成一次循环式扫描，循环伏安图中则同时揭示了待测液组分在电极上的氧化和还原过程。由低电位向高电位的扫描过程揭示了其氧化反应过程，可形成氧化峰（oxidation peak）；而由高电位向低电位的扫描则表现还原反应过程，可形成还原峰（reduction peak）。对于既可在电极上发生电氧化反应又可发生电还原反应的物质电化学可逆性物质（electrochemical reversible substance），其 CV 图上则同时出现一对氧化还原峰（redox peak）。利用这对峰的大小、形状、峰值间距等信息可以有效地进行如电极表面特性、可逆性、电化学活性等重要指标的考察。CV 法适用于待测物电化学性质表征、电极电化学修饰、电极情况表征、物质定性定量分析、反应过程分析、反应动力学研究等多种研究目的，是目前最为基础和多功能的电化学分析手段。

（4）电导式测定　能够引起溶液环境离子浓度改变的生化过程可以通过电导式生物传感器完成分析工作。多数生化反应，特别是酶反应都涉及离子反应。利用离子反应在电化学池内引起的电流可设计电导式生物传感器。在微生物培养过程中往往需进行活细胞数目的实时监测，生物膜的不对称性将导致活细胞的膜内外形成一定电位即电荷的非均匀分布，而死亡或破裂细胞无此特征，利用这一特性对培养液的电容/电导进行检测可间接计算活细胞总数。利用该原理设计制作的检测器正逐渐成为流式细胞仪（flow cytometer）后的又一类新型活细胞在线检测方案。一般地，电导式生物传感器由一分开一定间距的金属电极对构成。仪器工作时，向电极对施加直流电压即向电化学系统引入电流。在经历生化反应时，溶液离子组成和/或活度改变，由此可以导致电极对间电导率的变化。该变化由检测器感测并作为检查信号使用。电导式测量的优势在于无需引入参比电极，但缺陷包括较其他电化学方法灵敏度较低且测试结果受缓冲组分影响严重。

（5）阻抗式检测　电化学阻抗谱（electrochemical impedance spectroscopy，EIS）是表征生物材料功能化电极结构和功能的一种快速分析手段。将生物活性成分固载于电极表面后将导致电极电容和界面电子转移阻率的变化，即导致阻抗的变化。由此可通过阻抗测量来反映界面上发生的生化事件。EIS 法被广泛用于生物亲和作用的分析检测。

3. 电化学阻抗谱

电化学阻抗谱主要是用于研究电极表面结合事件以及电化学动力学的一种强有力的电化学技术。所谓阻抗（impedance），对于直流系统即电阻的代名词。而在交流电路中，由于容抗（capacitive resistance）和感抗（inductive resistance）的存在，阻抗所反映的是电路系统中一切对于电路具有阻碍作用因素的综合情况，因而交流阻抗谱允许在多角度对电极进行研究。EIS 实验中，同样应用由工作电极、参比电极和对电极组成的三电极检测体系。系统记录特定频率下阻抗的变化，阻抗的测量通常是通过将一低振幅正弦波交流电压叠加于一直流电压上进行的。交流信号进行频域扫描，使不同的电化学过程得以被单独激发，由此，对其如化学反应等慢速过程以及如离子传导等快速过程可以独立进行研究。其理论基础是 Butler - Volmer 方程，并常用 Bode 图或 Nyquist 图表述测试结果。

由电化学系统测量阻抗的原理可以图 9 - 16 所示的等效电路进行概括：阻抗由两部分构成——氧化还原物质同电极表面交流所形成的电子转移电阻和电极与溶液中带电粒子间形成的电容、溶液与电极间的电阻以及扩散速率带来的氧化还原物质。

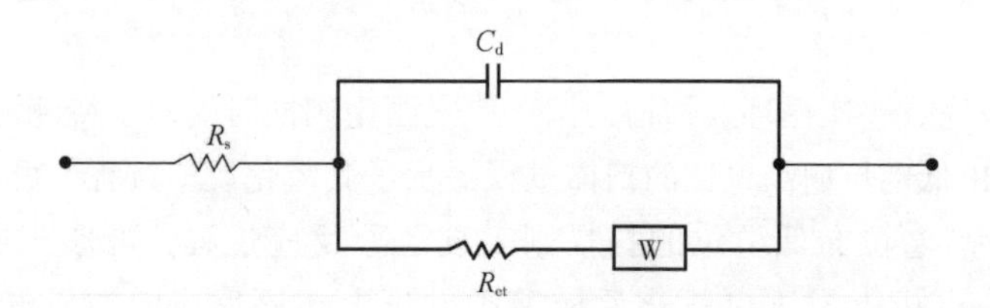

图 9 - 16　EIS 检测电路的等效电路图

R_s 表示电极间的溶液电阻，通常远远小于其他部分；R_{et}代表电荷转移电阻，即对氧化还原物质同电极表面进行电子转移能力的一种描述；C 代表电极与溶液中带电粒子间形成的电容，即双电层电容（electrical double - layer capacitor），存在于任何浸入电解质溶液内的金属表面；W 为 Warburg 扩散元件，是对传质限制（mass - transfer limitation）的一种表述。总阻抗可由图中各元件的测量值同对应频率进行计算。

以 Nyquist 图为例（图 9 - 17），图中包含电化界面及电子转移反应的信息。该图通常包括一段半圆形区域和一段直线区域，其中，半圆形线出现在高频区段，代表了电子转移限制性过程；而直线部分为低频区特征响应，代表扩散限制性过程。在高电子转移过程中，阻抗谱可仅

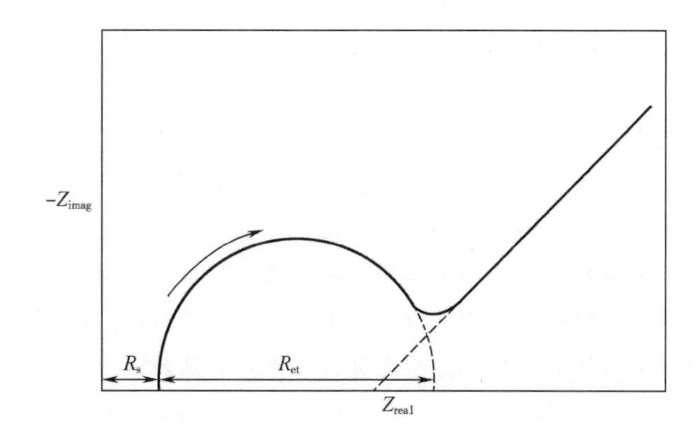

图 9 -17　低频区和高频区下的 Nyquist 图模式图

含直线部分，慢速电子转移步骤则可导致无直线部分的半圆形图线的出现。由此，电子转移动力学以及扩散特征的重要信息都可由 EIS 提取。半圆形线的直径即电子转移电阻 R_{et}，在高频区段，半圆形线同 Z_0 轴所成的截距等于电极间溶液电阻 R_s。将半圆形线外推至低频区所得到的截距则代表二者之和。

利用阻抗测定式换能器的生物电极已有不少报道，但该方法更为重要的意义在于对电极特性的分析和电化学反应过程机制的阐释等方面。

第三节　生物传感器在食品及发酵领域中的应用

一、葡萄糖传感器

葡萄糖是食品中的一种常见单糖，其含量对于食品的感官品质、贮藏特性等有重要影响。在发酵领域，葡萄糖也是最为常见的可被微生物利用的碳源和能源物质。在发酵过程中，葡萄糖含量的变化不仅可以反映发酵进程，往往也同发酵目标产物的生成关系密切。因此，葡萄糖的检测对于发酵行业具有极为普遍的意义。葡萄糖生物传感器是最早发明的生物传感器，也是目前市场上应用量最大的一种生物传感器。葡萄糖生物传感器最为常见的形式是基于葡萄糖氧化酶的电流型酶传感器，即将固定化的葡萄糖氧化酶固定于传感器界面上，由传感器界面感测葡萄糖经历酶促反应后的产物生成情况。

葡萄糖生物传感器的发展经历了三个时期：

第一代葡萄糖生物传感器是以氧分子为电子接受体，通过检测溶氧的减少或葡萄糖氧化酶氧化葡萄糖所产生过氧化氢的生成，完成底物葡萄糖的检测。反应如下式所示。

固定化酶层：　GOx(ox) + 葡萄糖⟶D - 葡萄糖酸 δ - 内酯 + GOx(red)

电极：　$H_2O_2 \longrightarrow O_2 + 2H^+ + 2e^-$

$$GOx(red) + O_2 \longrightarrow GOx(ox) + H_2O_2$$

电极：　$H_2O_2 \longrightarrow O_2 + 2H^+ + 2e^-$

第二代生物传感器是用小分子的电子媒介体（如二茂铁及其衍生物、苯醌类和纳米材料）等代替氧传递酶与电极之间的电子通道，通过媒介体的电流变化大小来检测待测底物的浓度，反应如下所示。

固定化酶层：　GOx(ox) + 葡萄糖 ⟶ D - 葡萄糖酸 δ - 内酯 + GOx(red)

电子媒介体：　GOD(red) + M(ox) ⟶ GOD(ox) + M(red) + $2H^+$

电极：　M(red) ⟶ M(ox) + ne^-

第三代葡萄糖生物传感器是一种理想化传感器，其特征是酶与电极间能够发生直接的电子转移。为达到这一目标，一般要求使酶的电活性中心与电极保持极近的距离，以保证进行电子的有效传递。此传感器主要优势在于无需氧和外加电子媒介体材料，避免了溶解氧带来的干扰以及由媒介体引起的复杂性与局限性。但如何在保证传感器稳定性及酶活力的前提下实现酶与电极的有效近距接触是这类传感器的一个主要难点。

二、氨基酸传感器

氨基酸是生命过程中最重要的生物分子之一。氨基酸构成蛋白质的单体，是许多生物活性成分生物合成过程的中间体，同时也是一种能源物质。在人体中，存在 8 种必需氨基酸和 2 种半必需氨基酸。一般来说，人体需要满足对 22 种氨基酸的基本需求才能保证健康的机体状态。在医药和食品产业中，氨基酸是一种重要的原料。

氨基酸生物传感器则主要利用对氨基酸敏感的酶来制备酶传感器。这些酶主要包括各种氨基酸氧化酶，如 L - 氨基酸氧化酶、谷氨酸氧化酶、亮氨酸脱氢酶、酪氨酸酶、L - 苯丙氨酸脱氢酶等。

谷氨酸在医药领域有着重要应用，其钠盐是一种应用广泛的调味食品添加剂，通常以菌体发酵的形式进行大规模生产。测定谷氨酸的电化学式酶电极是应用最为广泛和成熟的生物传感器之一。在目前的商品谷氨酸传感器中，一种经典的制备方法即是将谷氨酸氧化酶固定于铂电极上。在使用时，向电极施加预设置的电压，以此电催化酶解产物过氧化氢的电氧化，电脑则记录该过程中所产生的电流值，并将此信号转变为氨基酸浓度加以显示。在一项研究中，谷氨酸氧化酶（EC 1.4.3.11）以及 $NADP^+$ 依赖的谷氨酸脱氢酶（EC 1.4.1.3）被共固定于氧电极上以形成食品用味精检测器。通过对两种酶反应的检测，谷氨酸及谷氨酸一钠可以被有效区别并检测，使检测结果的精确度得到提升。

为了尽量减小干扰，一种常用于传感器制备以提高其抗干扰能力的高分子物质——Nafion 被用于酶电极的修饰。该酶电极可承担 L - 谷氨酸及葡萄糖的同时检测。Tang 及其同事利用 NAD^+ 依赖的谷氨酸脱氢酶（EC 1.4.1.3）为生物活性元件制备了一种谷氨酸酶电极。为提升其灵敏度，该电极由纳米复合材料修饰而成。该电极能够获得快速响应，并具备良好的稳定性（在放置 4 周后能够保持 85% 的初测信号强度）。对于总 L - 氨基酸的定量检测，基于固定化 L - 氨基酸氧化酶的酶传感器是比较不错的选择。

Stasyuk 等使用重组的酵母细胞作为精氨酸检测活性源同固定化的脲酶建立了一种电流型生物传感器。据报道，这种细胞 - 酶偶联式传感器对于精氨酸的检测线性范围能够跨越 3 个数量级，高至 0.6mmol/L，且响应时间不超过 1min。另一种检测精氨酸的方法是将共固定化的精氨酸酶及脲酶修饰于离子选择性场效应晶体管（ISFET）上，在工作状态下，精氨酸酶能够催化精氨酸转化为鸟氨酸并伴随着尿素的释放。尿素则被脲酶分解，产生游离氨。不同的游离氨生成量则对应 pH 的微小变化，由此可以被晶体管元件探测。

人体内的所有氨基酸都是以 L 型存在，这是因为人体缺乏 D 型氨基酸的代谢酶。因此，如果食品或药品中含有 D 型氨基酸则是比较危险的，可引起安全问题。D 型氨基酸的检测往往是许多发酵产品质量控制工作中的一部分。为满足这种需求，有人开发了一种基于固定化 D－氨基酸氧化酶（EC 1.4.3.3）和过氧化物酶的电子媒介体修饰电极。Zain 等设计了一种 D－丝氨酸敏感的电化学检测器，该检测器是将 D－氨基酸氧化酶固定于聚合物功能化的金属电极上，该电极具有较好的抗干扰性并可应用于 D－丝氨酸的活体检测。

三、乙醇传感器

发酵液中的乙醇含量检测可以通过一些常规方法实现，比如液体相对密度测定法、气相色谱法等。但是，由于这些方法存在误差较大或检测成本过高、检测时间长等问题，生物传感法则成为一种良好的替代手段。

Kuswandi 等提出了一种比色式生物传感器，该传感器由聚苯胺薄膜固定的乙醇氧化酶制成。在检测环境中存在乙醇时，酶促反应过程会释放出过氧化氢使聚苯胺膜的颜色由绿色转变至蓝色。通过特制的电脑软件，检测系统可以通过感测颜色变化来定量被测样本中的乙醇浓度。其定量线性范围可达 0.01% ~0.8%。Gotoh 等设计了一种基于将乙醇脱氢酶及其辅酶 NAD^+ 共固定的电流型乙醇传感器。该酶电极对乙醇含量在 0.05% ~10%（v/v）内的液体样本存在线性响应。作为一种无试剂型传感器，该酶电极可经受在无辅酶补加条件下的连续工作。

通过生物传感器能够对食品及发酵液样本中的具有生物特异性反应的待测组分实现高效检测。但是，一些理化及微生物生理参数的测定在实际应用中并非以生物传感器为主，如 pH 及离子浓度（电化学传感器）、温度及压力（物理传感器）、颜色及菌体密度（光学或电化学传感器）等。因此，将生物传感器同各种物理、化学传感器整合，形成独立自动式分析仪器以满足食品、发酵行业的特殊需要是当今生物传感器发展的一个明确方向。此外，随着电子学、微加工技术的发展，生物传感器的小型化与集成化已经成为重要的发展方向。我国的生物传感研究目前总体上走在世界前列，同时，我国也是生物传感器的重要市场和制造地。影响我国生物传感器实用化进程的主要问题是传感器酶品种缺乏、稳定性差以及检测底物范围受限等。今后，在生物传感领域值得开展的工作将主要围绕酶分子元件、生物电子器件、传感器制造技术及市场开发等几个方面。

思考题

1. 简述生物传感器的分类依据及具体类别。
2. 电化学检测技术都有哪些主要的方法，它们各自的特点及适用范围是什么？
3. 概述酶电极的三个发展阶段和三代酶电极的特征。
4. 通过查阅文献，试总结出至少 3 条用以考察生物传感器（以电化学型或光学型为例）传感性能的技术指标，并指出其各自的设立依据和用途。

参考文献

[1] Clark L C, Lyons C. Electrode systems for continuous monitoring in cardiovascular surgery [J]. Annals of the New York Academy of Sciences, 1962, 102 (1): 29-45.

[2] Thevenot D R, Toth K, Durst R A, et al. Electrochemical biosensors: recommended definitions and classification [J]. Pure and Applied Chemistry, 1999, 71 (12): 2333-2348.

[3] Ghanavati M, Azad R R, Mousavi S A. Amperometric inhibition biosensor for the determination of cyanide [J]. Sensors and Actuators B: Chemical, 2014 (190): 858-864.

[4] M D Luque de Castro, M C Herrera. Enzyme inhibition - based biosensors and biosensing systems: questionable analytical devices [J]. Biosensors and Bioelectronics, 2003, 18 (2-3): 279-294.

[5] Subramanian, P I Oden, S J Kennel, et al. Glucose biosensing using an enzyme coated biosensor [J], Applied Physics Letters, 2002, 81 (2): 385-387.

[6] Liu A, Wang K, Weng S, et al. Development of electrochemical DNA biosensors [J]. Trends in Analytical Chemistry, 2012 (37): 101-111.

[7] Wu J, Zhu Y, Xue F, et al. Recent trends in SELEX technique and its application to food safety monitoring [J]. Microchimica Acta, 2014, 181 (5-6): 479-491.

[8] Boersma A J, Zuhorn I S, Poolman B. A sensor for quantification of macromolecular crowding in living cells [J]. Nature Methods, 2015, 108 (2) supplement: 114a.

[9] Janata J. Chemically - sensitive field - effect transistors [J]. Biomedical Engineering, 1976, 180 (7): 323-325.

[10] Datar R, Passian A, Desikan R, et al. Microcantilever biosensors [J]. Methods, 2005, 37 (1): 57-64.

[11] Radhakrishnan J, Wang S, Ayoub I M, et al. Circulating levels of Cytochrome C after Resuscitation from Cardiac Arrest: A Marker of Mitochondrial Injury and Predictor of Survival [J]. American Journal of Physiology, 2007, 292 (2): H767-H775.

[12] Gyorgy I, Fritz S. Handbook of Reference Electrodes (5) [M]. Springer, 2013.

[13] Bard A J, Faulkner L R. Electrochemical methods: fundamentals and applications [M]. New York: Wiley, 2001.

[14] Mikkelsen S R, Rechnitz G A. Conductometric transducers for enzyme - based biosensors [J]. Analytical Chemistry, 1989, 61 (15): 1737-1742.

[15] Das J, Jo K, Lee J W, et al. Electrochemical Immunosensor Using p - Aminophenol Redox Cycling by Hydrazine Combined with a Low Background Current [J]. Analytical Chemistry, 2007, 79 (7): 2790-2796.

[16] Delvaux M, Demoustier - Champagne S. Immobilisation of Glucose Oxidase within Metallic Nanotubes Arrays for Application to Enzyme Biosensors [J]. Biosensors & Bioelectronics, 2003, 18 (7): 943-951.

[17] Kang X, Mai Z, Zou X, Cai, et al. A Novel Glucose Biosensor Based on Immobilization of Glucose Oxidase in Chitosan on A Glassy Carbon Electrode Modified with Gold - Platinum Alloy Nan-

oparticles/Multiwall Carbon Nanotubes [J]. Analytical Biochemistry, 2007, 369 (1): 71-79.

[18] Bai Y, Sun Y, Sun C. Pt-Pb Nanowire Array Electrode for Enzyme-Free Glucose Detection [J]. Biosensors & Bioelectronics, 2008, 24 (4): 579-585.

[19] A Salimia, E Sharifi, A Noorbakhsh, et al. Immobilization of glucose oxidase on electrodeposited nickel oxidenanoparticles: Direct electron transfer and electrocatalytic activity [J]. Biosensors and Bioelectronics, 2007, 22 (12): 3146-3153.

[20] Nieh C H, Yuki K, Osamu S, et al. Sensitive D-amino acid biosensor based on oxidase/peroxidase system mediated by pentacyanoferrate-bound polymer [J]. Biosensors & Bioelectronics, 2013, 47 (28): 350-355.

[21] Batra B, Pundir CS. An amperometric glutamate biosensor based on immobilization of glutamate oxidase onto carboxylated multiwalled carbon nanotubes/gold nanoparticles/chitosan composite film modified Au electrode [J]. Biosensors & Bioelectronics, 2013, 47 (18): 496-501.

[22] Rita M, Hanna C, Youssef S. Amperometric and impedimetric characterization of a glutamate biosensor based on Nafion and a methyl viologen modified glassy carbon electrode [J]. Biosensors & Bioelectronics, 2007, 22 (11): 2682-2688.

[23] Zhang M, Mullens C, Gorski W. Amperometric glutamate biosensor based on chitosan enzyme film [J]. Electrochimica Acta, 2006, 51 (21): 4528-4532.

[24] Labroo P, Cui Y. Amperometric bioenzyme screen-printed biosensor for the determination of leucine [J]. Analytical & Bioanalytical Chemistry, 2014, 406 (1): 367-372.

[25] Mangombo Z A, Key D, Iwuoha E I, et al. Development of L-phenylalanine biosensor and its application in the real samples [J]. Insciences Journal, 2013, 3 (1): 1-23.

[26] Kanchana P, Lavanya N, Sekar C. Development of amperometric L-tyrosine sensor based on Fe-doped hydroxyapatite nanoparticles [J]. Materials Science & Engineering C, 2014, 35 (2): 85-91.

[27] Villalonga R, Fujii A, Shinohara H, et al. Supramolecular-mediated immobilization of l-phenylalanine dehydrogenase on cyclodextrin-coated Au electrodes for biosensor applications [J]. Biotechnology Letters, 2007, 29 (3): 447-452.

[28] Villarta R L, Cunningham D D, Guilbault G G. Amperometric enzyme electrodes for the determination of l-glutamate [J]. Talanta, 1991, 38 (1): 49-55.

[29] Wolf M E. The role of excitatory amino acids in behavioral sensitization to psychostimulants [J]. Progress in Neurobiology, 1998, 54 (6): 679-720.

[30] Chen Y, Feng D, Bi C Y, et al. Recent Progress of Commercially Available Biosensors in China and Their Applications in Fermentation Processes [J]. Journal of Northeast Agricultural University, 2014, 21 (4): 73-85.

[31] Basu A K, Chattopadhyay P, Roychudhuri U, et al. A biosensor based on co-immobilized l-glutamate oxidase and l-glutamate dehydrogenase for analysis of monosodium glutamate in food [J]. Biosensors & Bioelectronics, 2006, 21 (10): 1968-1972.

[32] Rita M, Hann C a, Youssef S. Amperometric and impedimetric characterization of a glutamate biosensor based on Nafion and a methyl viologen modified glassy carbon electrode [J]. Biosensors

& Bioelectronics, 2007, 22 (11): 2682 - 2688.

[33] Tang L H, Zhu Y H, Xu L H, et al. Amperometric glutamate biosensor based on self - assembling glutamate dehydrogenase and dendrimer - encapsulated platinum nanoparticles onto carbon nanotubes [J]. Talanta, 2007, 73 (3): 438 - 443.

[34] Lata S, Pundir C S. L - amino acid biosensor based on L - amino acid oxidase immobilized onto NiHCNFe/c - MWCNT/PPy/GC electrode [J]. International Journal of Biological Macromolecules, 2013, 54 (3): 250 - 257.

[35] Stasyuka N Ye, Gaydaa G Z, Gonchar M V. l - Arginine - selective microbial amperometric sensor based on recombinant yeast cells over - producing human liver arginase I [J]. Sensors and Actuators B: Chemical, 2014 (204): 515 - 521.

[36] Sheliakina M, Arkhypova V, Soldatkin O, et al. Urease - based ISFET biosensor for arginine determination [J]. Talanta, 2014 (121): 18 - 23.

[37] Nieh C H, Yuki K, Osamu S, et al. Sensitive D - amino acid biosensor based on oxidase/peroxidase system mediated by pentacyanoferrate - bound polymer [J]. Biosensors & Bioelectronics, 2013, 47 (28): 350 - 355.

[38] Zain Z M, O' Neill R D, Lowry J P. Development of an implantable d - serine biosensor for in vivo monitoring using mammalian d - amino acid oxidase on a poly (o - phenylenediamine) and Nafion - modified platinum - iridium disk electrode [J]. Biosensors & Bioelectronics, 2010, 25 (25): 1454 - 1459.

[39] Kuswandi B, Irmawati T, Hidayat M A. A Simple Visual Ethanol Biosensor Based on Alcohol Oxidase Immobilized onto Polyaniline Film for Halal Verification of Fermented Beverage Samples [J]. Sensors, 2014, 14 (2): 2135 - 2149.

[40] Gotoh M, Karube I. Ethanol Biosensor Using Immobilized Coenzyme [J]. Analytical Letters, 1994, 27 (2): 273 - 284.

第十章

CHAPTER 10

常用酶制剂及其在食品工业中的应用

[内容提要]

本章主要介绍了食品工业中常用酶制剂的种类、来源和制备、作用机制、催化特性及在食品领域中的应用情况。

[学习目标]

1. 掌握糖酶的分类、作用机制及其在食品加工中的应用情况。
2. 掌握蛋白酶分类依据及其在食品加工中的应用情况。
3. 掌握脂肪酶的催化机制及其在油脂加工中的应用情况。
4. 了解多酚氧化酶和脂肪氧合酶在果蔬酶促褐变中的作用机制及其控制措施。
5. 了解葡萄糖氧化酶的催化特点及其在果蔬保鲜和面团加工的应用情况。

[重要概念及名词]

糖酶、脱支酶、外肽酶、界面激活、油脂改性、酶促褐变、氧化酶。

第一节 概　　述

生物酶制剂在现代食品领域生产加工过程中的应用广泛，大众接受程度越来越高。相对于其他的化学催化剂，酶制剂在食品加工中的应用具有明显的优势：

（1）催化反应条件温和，在低温非高压条件下即可完成反应，节约能源且不易破坏食品的品质。

（2）催化效率高，小剂量即可完成高效的催化反应，减少额外的生产成本。

（3）具有高度的专一性，只识别催化特定的物质和生成专一的产物，副产物较少。

（4）安全性高。酶制剂的化学本质为蛋白质，且大多数来源于可食用动植物及安全微生物，对人的生理功能不产生影响。水解酶、氧化还原酶、转移酶、裂解酶及异构酶等不同催化类型的酶均可应用于食品加工行业，如淀粉加工、果汁澄清、果蔬出汁及肉类加工等，同时在生产高果糖浆、低聚果糖、烘焙食品、风味物质等领域也有应用（表 10 – 1）。

表 10 – 1　常见食品用酶制剂及其应用

酶的种类	催化反应	酶的名称	应用
水解酶	催化水解反应	淀粉酶、糖苷酶 果胶酶、纤维素酶、木聚糖酶、蛋白酶、酯酶/脂肪酶、植酸酶等	淀粉加工、果汁澄清、提高果蔬出汁率、风味物质改善、油脂加工、植酸降解
氧化还原酶	催化分子间发生氧化还原作用	葡萄糖氧化酶、多酚氧化酶、脂肪氧合酶等	果汁澄清、烘焙、改善风味
转移酶	催化各种化学基团从一种底物转移到另一种底物	糖基转移酶、果糖基转移酶、谷氨酰胺转氨酶等	生产低聚果糖，肉制品加工、面团加工
裂解酶	催化多聚链从内部或端部裂解	乙酰乳酸脱羧酶	啤酒成熟
异构酶	催化生成异构体反应	葡萄糖异构酶	生产高果糖浆

第二节　糖　　酶

糖酶是能特异性催化水解多糖分子中连接单糖之间的化学键，导致多糖物质降解成寡糖或者单糖的一类酶的总称。糖酶种类丰富，包括淀粉酶、纤维素酶、果胶酶、菊糖酶等。其在自然界中分布广泛且来源丰富，动物、植物及微生物中均有发现。其中微生物来源的糖酶产量高，性质稳定，催化效率高，最具工业应用前景。相对于其他食品用酶制剂，糖酶的产量及需求量均占首位，在整个食品工业中占据举足轻重的位置。

一、淀　粉　酶

淀粉酶是能催化水解淀粉为麦芽糖、低聚糖及葡萄糖的一类酶的总称。其在自然界分布非常广泛，植物、动物和微生物等均含有淀粉酶。根据对淀粉作用方式的差异，可以将淀粉酶分成四类：α – 淀粉酶、β – 淀粉酶、葡萄糖淀粉酶及脱支酶（图 10 – 1）。淀粉酶是目前使用量最大的一种糖酶制剂，其产量超过了酶制剂总产量的50%以上。

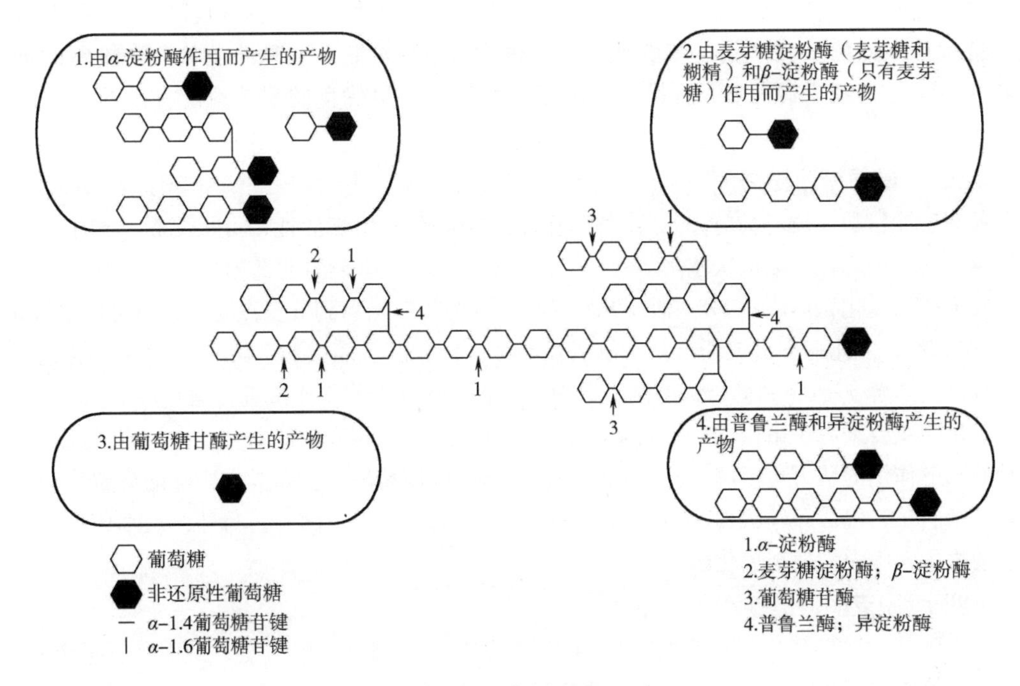

图10-1 淀粉酶的底物识别模式

（一）α-淀粉酶

α-淀粉酶（EC 3.2.1.1）属于内切型酶，以随机作用方式切断淀粉、糖原、寡聚或多聚糖分子内的α-1,4-葡萄糖苷键，产生麦芽糖、低聚糖和葡萄糖等产物，但不能水解α-1,6-糖苷键。水解直链淀粉时，优先水解淀粉分子内部的α-1,4-糖苷键，使长链淀粉分解为短链的糊精，糊精被进一步水解成为葡萄糖、α-麦芽糖及麦芽三糖。水解支链淀粉时，由于不能水解α-1,6-糖苷键，所以生成水解产物包括葡萄糖、麦芽糖、麦芽三糖及α-糊精（一种含有α-1,6-糖苷键的短链聚糖）。α-淀粉酶可快速水解淀粉成为寡聚糖，导致淀粉的黏度快速下降，因此又将α-淀粉酶称为液化酶。

α-淀粉酶广泛存在于动植物及微生物中，但工业应用的淀粉酶主要来源于微生物发酵。目前可产生α-淀粉酶的微生物菌种包括枯草杆菌、芽孢杆菌、吸水链霉菌、米曲霉、黑曲霉和扩展青霉等。

（二）β-淀粉酶

β-淀粉酶（EC 3.2.1.2）是一种外切型糖化酶，作用于淀粉时，能从α-1,4-糖苷键的非还原性末端顺次切下一个麦芽糖单位，生成麦芽糖及大分子的β-界限糊精。由于该酶作用底物时，会发生瓦尔登转化反应（Walden inversion），生成的水解产物由α-型转变为β-型麦芽糖，故名β-淀粉酶。β-淀粉酶具有与α-淀粉酶一样的性质，不能水解α-1,6-糖苷键。当β-淀粉酶作用于直链淀粉时，而直链淀粉含有偶数葡萄糖基时，理论上应完全水解成麦芽糖，但当直链淀粉含有奇数葡萄糖基时，β-淀粉酶作用的最终产物除麦芽糖外，还含有麦芽三糖和葡萄糖。当水解支链淀粉时，β-淀粉酶不能绕过分支点继续水解α-1,4-糖苷键，因此β-淀粉酶不能完全水解支链淀粉，其产物为麦芽糖和β-极限糊精。

β-淀粉酶主要存在于大多数高等植物中，如大麦、小麦、甘薯和大豆中，而在哺乳动物中却没有发现β-淀粉酶的存在。近年来，发现微生物如巨大芽孢杆菌、多黏芽孢杆菌、蜡状芽孢杆菌、假单胞菌和链霉菌等中也存在β-淀粉酶。微生物β-淀粉酶的催化特异性与高等植物来源的β-淀粉酶基本相同，但具有更优良的耐热性能，因此更适合工业应用。

（三）葡萄糖淀粉酶

葡萄糖淀粉酶（EC 3.2.1.3），亦称为糖化酶，具有外切酶活性，可从淀粉、糊精、糖原等碳链上的非还原性末端依次水解α-1,4-糖苷键，切下单个的葡萄糖单元。水解下来的葡萄糖发生构型变化，形成β-D-葡萄糖。对于支链淀粉，当遇到分支点时，它也可以水解α-1,6-糖苷键，由此将支链淀粉全部水解成葡萄糖。糖化酶也能微弱水解α-1,3-糖苷键连接的碳链，而水解α-1,4-糖苷键的速度最快，可将淀粉完全水解生成葡萄糖。

糖化酶主要来源于微生物，不同来源的淀粉糖化酶其结构和功能通常存在一定的差异，对淀粉的水解作用的活力也不同，其中真菌来源的葡萄糖淀粉酶对淀粉具有较好的分解作用。黑曲霉、米曲霉、根霉等丝状真菌和酵母是工业糖化酶的主要生产菌种。另外，从细菌、人的唾液、动物的胰腺中均发现糖化酶。

（四）脱支酶

脱支酶是一类能够专一地切开支链淀粉分支点中的α-1,6-糖苷键，从而剪下整个侧枝，形成直链淀粉的酶类的总称。脱支酶主要包括两种酶类，异淀粉酶（isoamylase）和普鲁兰酶（pullulanase）。异淀粉酶和普鲁兰酶均属于GS13家族淀粉脱支酶，尽管两者具有类似的桶状结构，但二者的底物选择性有一定差异，具体表现为：普鲁兰酶对低分子质量糊精等水解活性较强，作用底物最小的单位是2个麦芽糖基含有一个α-1,6-糖苷键，其对大分子支链淀粉水解活力较弱，对分支密集的动物淀粉几乎没有水解作用。而异淀粉酶对分子质量较大的支链淀粉和动物淀粉水解活力较强，作用底物最小单位是麦芽三糖基或麦芽四糖基含有一个α-1,6-糖苷键。

普鲁兰酶主要来源于微生物，特别是杆菌属的微生物如地衣芽孢杆菌、嗜热芽孢杆菌、蜡状芽孢杆菌和嗜热脂肪芽孢杆菌。异淀粉酶最先在酵母中发现，后来在细菌如产气杆菌、假单胞菌、短乳杆菌等，某些放线菌和植物如大米、蚕豆、土豆等均有发现，甚至在高等动物的肝和肌肉中也有类似于异淀粉酶的分解α-1,6-糖苷键的酶存在。

（五）在食品领域的应用

1. 制糖工业

利用淀粉酶对淀粉进行液化及糖化处理，可获得糊精糖浆、麦芽糖及葡萄糖。淀粉水解糖一方面可作为食品原料应用于各种食品加工，另一方面水解产生的葡萄糖可作为各类食品发酵微生物的重要碳源。相对于化学法水解淀粉制备淀粉糖的工艺，利用淀粉酶水解淀粉的方法具有安全、高效及环境友好等特点。

2. 烘焙食品

应用于烘焙食品工业的酶制剂种类很多，而α-淀粉酶是其中重要且应用最广泛的一种。烘焙食品加工过程中使用的α-淀粉酶主要来自大麦麦芽、真菌或细菌。淀粉酶的使用可使面团的体积增大，纹理疏松，同时可提高面团的发酵速度，改善面团内部组织的结构和柔软度，另外也具有抗老化和延长面点保质期的作用。

3. 淀粉质材料

淀粉因其价廉、易降解的特性，经过合理的改造修饰可作为一种非常有前景的生物材料，应用于食品、医药、化工及农业等领域。通过控制 α - 淀粉酶水解淀粉的反应条件，将淀粉水解成多孔状的多孔淀粉。而多孔淀粉可以作为微胶囊芯材和吸附剂，用于香精香料、风味物质、色素、药剂及保健食品等。

二、纤维素酶

纤维素酶是能将纤维素降解为寡糖和葡萄糖的一类酶的总称，它们通过协同作用加速纤维素的降解。根据其催化方式的差异，可将纤维素酶分成三类：内切型葡聚糖苷酶（EC 3.2.1.4），它以随机的形式在纤维素聚合物内部的非结晶区进行切割，产生不同长度的寡糖，其主要产物包括纤维糊精、纤维二糖和纤维三糖等；外切型葡萄糖苷酶（EC 3.2.1.91），其在天然纤维素的降解过程中起主导作用，它能从纤维素链的还原或非还原性末端切割糖苷键，生成可溶的纤维糊精和纤维二糖；β - 葡萄糖苷酶（EC 3.2.1.21），能水解纤维二糖和短链的纤维寡糖生成葡萄糖。在对纤维素的降解过程中，三种酶采用协同方式进行作用：首先内切型葡聚糖苷酶切割纤维素链使其暴露出末端，然后外切型葡萄糖苷酶切割产生纤维二糖单位，而 β - 葡萄糖苷酶通过水解纤维二糖或纤维糊精产生葡萄糖，完成纤维素的降解。

纤维素酶的来源非常广泛，在昆虫、细菌、放线菌、真菌等中均有发现。放线菌产纤维素酶的能力较弱，而细菌来源的纤维素酶活力较差，均不适合应用于工业生产。目前，丝状真菌是工业生产纤维素酶的主要微生物菌种，其中酶活力较强的菌种为木霉、曲霉、根霉和青霉。特别是李氏木霉、绿色木霉、康氏木霉等被广泛用于纤维素酶生产。

在食品加工中的应用主要有以下几个方面：

1. 果蔬加工

在果品和蔬菜加工过程中，利用纤维素酶进行酶解处理，可使植物组织软化膨松，从而提高其可消化性和口感。另外纤维素酶也常用于水果罐头的加工。例如橘子罐头需除橘瓣囊衣，虽然可使用化学碱进行处理，但此法需要消耗大量的水，且存在安全问题。利用半纤维素酶、果胶酶和纤维素酶的复合酶制剂，可很好地除去橘瓣囊衣，且不会带来环境污染的问题。

2. 大豆加工

利用纤维素酶对大豆进行处理，可加快其脱皮的过程。同时可破坏其胞壁，释放大豆内的蛋白质及油脂，从而增加大豆和豆饼中水溶性蛋白质和油脂的得率，缩短生产时间，同时提高了产品质量。

3. 茶叶加工

在茶叶的加工中，利用纤维素酶处理茶叶破坏其细胞壁，结合沸水浸泡可提高茶单宁、咖啡因等的抽提率，同时保持茶叶原有的色、香、味等特点。该工艺可应用于速溶茶饮等产品的开发应用中。

三、果胶酶

果胶酶（pectinase）是指能够催化果胶质分解的多种酶的总称。果胶质广泛存在于高等植物中，是植物细胞间质和初生细胞壁的重要组分，在植物细胞组织中起着“黏合”作用。果胶质主要是由 D - 半乳糖醛酸以 α - 1,4 - 糖苷键连接形成的直链状的多糖聚合物。根据果胶酶的催化方式，通常将其归纳为三种类型：第一类为原果胶酶（protopectinase），降解不溶性原果胶为高度聚合的可溶性果胶；第二类为果胶酯酶，通过切除甲基促进果胶酯的水解；第三类为解聚酶（depolymerase），断开果胶物质中部分 D－半乳糖醛酸的 α－1,4－糖苷键，可分为果胶水解酶和果胶裂解酶。

目前生产果胶酶的微生物菌种很多，包括细菌、霉菌、酵母菌和放线菌。如芽孢杆菌属、青霉属、根霉属、曲霉属、克鲁维酵母属，侧孢霉属、多子菌属、密螺旋体菌属、酵母、刺盘孢属、螺孢菌属、假单胞菌属、毛霉属、毕赤氏酵母属等。

在食品加工中的应用主要有以下几个方面：

1. 果汁澄清

果胶酶在食品工业应用中主要是用于果汁提取和澄清。水果被压榨后，释放的果胶会增加果汁的黏度和浊度。添加果胶酶将其中的果胶水解，包裹在细胞内的蛋白质颗粒被暴露处理，可与其他带负电荷的粒子相互作用产生絮凝物。絮凝物通过离心或者过滤等方式除去，达到澄清目的。

2. 果蔬出汁

果蔬的细胞壁中含有大量的果胶质、纤维素、淀粉、蛋白质、木质素等物质，使得破碎后的果浆比较黏稠，导致压榨取汁非常困难。果胶酶通过催化果胶降解生成半乳糖醛酸，破坏了果胶的黏着性及稳定悬浮微粒的特性，从而降低黏度、改善压榨性能，提高出汁率和可溶性固形物含量。联合使用纤维素酶和木聚糖酶可进一步提高上述操作的效果。

3. 促进生物活性及芳香物质的释放

植物初生壁和细胞中间含有大量果胶物质，阻碍了压榨后植物原料中生物活性物质及芳香物质的释放。利用复合果胶酶除去细胞壁中的果胶质，从而可以有效地破除细胞壁，促进细胞中的活性成分溶解。柑橘类精油如柠檬油，可利用果胶酶进行提取，酶破坏果胶的乳化性质从而提高了从柑橘皮中提取油的提取率。另外，果胶酶的应用也可以改善葡萄酒的品质，如可使更多的单花色素及多酚物质溶出，提高葡萄酒的呈色强度，增加果香物质的含量，增强酒体丰满度。

四、菊糖酶

菊糖酶是一类能够水解菊糖链内部的 β－1,2 果糖苷键的水解酶的总称。菊糖酶能水解菊糖产生低聚果糖、葡萄糖及果糖等产物。菊糖酶按照其作用方式可分为内切酶（EC 3.2.1.7）和外切酶（EC 3.2.1.80）两种类型。菊糖外切酶可将 D－果糖分子从菊糖的还原端逐一切除下来。而菊糖内切酶对菊糖链内部进行水解，产生低聚果糖等产物。

菊糖酶主要来源于微生物，如曲霉属、青霉属、芽孢杆菌属、梭状芽孢杆菌属、假单胞菌属、节杆菌属曲霉属等。研究发现酵母属微生物菊糖酶的产量比细菌和真菌要高，其中克鲁维酵母是工业产菊糖酶的主要菌种。

在食品加工中的应用主要有以下几方面：

1. 生产高果糖浆

高果糖浆适合糖尿病人食用，同时具有防止儿童龋齿、促进钙的吸收等特点，因此是一种良好的食品甜味添加剂。外切菊糖酶降解菊糖的产物以果糖为主，且果糖比例高，利用外切菊糖酶可实现一步法生产高果糖浆。虽然可以利用淀粉酶水解淀粉产生葡萄糖，再以果糖异构酶将葡萄糖转化成果糖。但该工艺需要进行两步的酶法转化，且获得的果糖浓度较低，相比之下外切菊糖酶法生产高果糖浆具有广泛的工业应用前景。

2. 生产低聚果糖

低聚果糖是一种性能优良的水溶性膳食纤维，有防治便秘、抑制肠内腐败物质形成、提高机体免疫力、改善脂质代谢、降低胆固醇等作用。应用内切菊糖酶可高效地水解菊糖产生低聚果糖。

五、木聚糖酶

木聚糖是存在于植物细胞壁中的异质多糖，是细胞壁的重要成分。木聚糖也是一种重要的可再生资源，其在自然界的含量仅次于纤维素。大多数的木聚糖结构复杂，从线性的木聚糖分子到具有高度分支的异质多糖，同时还含有大量不同的取代基团，自然界也进化出一套复杂酶系对木聚糖进行降解。木聚糖酶是指一类能够水解木聚糖生成木糖和低聚木糖的酶的总称。包括β－1,4－内切木聚糖酶、β－D－木糖苷酶、α－L－阿拉伯糖苷酶、α－D－葡糖苷酸酶、乙酰基木聚糖酶和酚酸酯酶等。

木聚糖酶在自然界分布广泛，在细菌、藻类、真菌、原生动物、腹足类和节肢动物中均有发现。目前木聚糖酶的生产主要以真菌和细菌等微生物进行发酵生产，其中真菌来源的木聚糖酶的活性较高，所以通常采用曲霉和木霉等霉菌进行发酵生产。

在食品加工中的应用主要有以下几方面：

1. 酿造工业

木聚糖酶可降解细胞壁的主要组成物质木聚糖，导致细胞被充分裂解，使胞内的内容物完全释放。对于啤酒酿造，麦芽汁的质量非常关键。在麦芽汁的制备过程中，加入木聚糖酶可以提高麦芽胞内淀粉酶和蛋白酶的释放率，从而缩短下游糖化过程的时间，另外木聚糖酶对木糖的水解也可降低麦芽汁的黏度，易于麦芽汁的澄清处理。在白酒酿造过程，需要用到小麦粉、大麦粉及豌豆粉等淀粉原料。加入木聚糖酶可破坏淀粉原料细胞间质的木聚糖，而使淀粉颗粒充分裸露，易于被淀粉酶降解而充分糖化，提高酿造的效率。

2. 果蔬汁生产

植物细胞的细胞壁由果胶、纤维素和木聚糖纤维素组成，是阻碍细胞内溶物渗出的屏障。提高果蔬汁的关键是充分破坏细胞壁。利用木聚糖酶联合其他多糖水解酶可有效地使细胞壁裂解，使果蔬汁有效释放，降低果蔬汁的黏度，提高压榨的效率。

3. 低聚木糖生产

利用木聚糖酶可水解木聚糖可产生低聚木糖。低聚木糖是一种对人体具有重要生理调节作用的低聚糖，其可促进人体肠道内双歧杆菌的增殖，改善人体胃肠道对营养物质的吸收能力。另外低聚木糖的甜度只有蔗糖的40%，且不容易被人体吸收导致血糖的升高，因此可作为食品添加物用于糖尿病人食品的开发。

4. 烘焙食品

小麦面粉中含有水不溶性阿拉伯木聚糖及水溶性阿拉伯木聚糖。木聚糖酶可降解水溶性阿拉伯木聚糖为木糖和木聚二糖，为酵母生长提供碳源，促进其生长及提高其产气能力。另外，水不溶性阿拉伯木聚糖可被木聚糖酶转变为水溶性阿拉伯木聚糖，从而提高面团的产气和持气能力，使面团体积增大，改善面点的质量。

六、β-呋喃果糖苷酶

β-呋喃果糖苷酶（EC 3.2.1.26），也称转化糖或蔗糖酶，能够催化蔗糖水解为葡萄糖和果糖。同时，β-呋喃果糖苷酶同时具有糖基转移活力，可催化果糖与乳糖结合反应，生成低聚乳果糖。

在自然界中，β-呋喃果糖苷酶主要来源于微生物，包括真菌及细菌。在黑曲霉、米曲霉、出牙短梗霉菌、克鲁维酵母、酿酒酵母等真菌，以及节杆菌和气杆菌等细菌中有发现。工业应用中，主要采用来源于黑曲霉和节杆菌的β-呋喃果糖苷酶。

以蔗糖和乳糖作为原料，利用β-呋喃果糖苷酶进行催化，在水解活性的作用下将蔗糖降解为果糖和葡萄糖，同时利用糖基转移活性将果糖转移到乳糖分子还原性末端的羟基上形成低聚乳果糖。低聚乳果糖可调节肠道微生物菌群的生长，具有重要的生理调节功能，作为食品添加物广泛应用于饮料、糖果及饼干等食品生产中。

七、乳 糖 酶

乳糖酶（EC 3.2.1.23），又名β-半乳糖苷酶，可对乳糖中的半乳糖苷键进行水解生成葡萄糖和半乳糖。自然界中乳糖酶多来源于微生物，如细菌中的乳酸菌、环状芽孢杆菌、大肠杆菌、嗜热链球菌、产气肠细菌等；霉菌中的米曲霉、黑曲霉、琉球曲霉、黄青霉、炭色曲霉等；酵母中的脆壁克鲁维酵母、乳酸克鲁维酵母和热带假丝酵母等；放线菌中的天蓝色链霉菌都能产生β-半乳糖苷酶。

在食品加工中的应用主要有以下几个方面：

1. 解决乳品结晶问题

牛乳中乳糖常与钙盐结合在一起，在冷冻的条件下乳糖易发生结晶现象，导致部分钙盐从乳糖中分离，钙盐可作用于乳蛋白质导致蛋白质的沉淀。同时乳糖水合物的生成，对蛋白质起到脱水作用，破坏了牛乳中蛋白质胶粒的稳定性。浓缩乳制品或者冷冻制品中乳糖结晶往往造成产品的（砂状组织）缺陷，影响产品质量。通过加入乳糖酶，降解乳糖的含量，可防止发生乳糖结晶现象，也可增加产品的甜度，减少蔗糖用量。

2. 发酵乳制品中的应用

利用经过乳糖酶处理的乳糖水解乳用于发酵酸乳，可以缩短乳凝固时间。乳糖水解乳的葡萄糖含量增加，可加快乳酸菌生长，使菌数增多，延长酸乳的货架期。同时提高发酵乳制备的甜度，可减少糖的用量。用乳糖水解乳加工干酪时，可起到缩短凝乳时间及使凝块坚实的效果，还可减少排除乳清时造成的损失。

3. 低乳糖乳粉的生产

先天性缺乏乳糖酶的婴幼儿、早产儿或由于肠道手术等原因造成肠胃功能减弱的婴幼儿需要食用乳糖含量低或不含乳糖的特殊营养乳粉。经过乳糖酶处理的牛乳可有效地降低乳糖含量，更容易被特殊人群所接收。

4. 低聚半乳糖的生产

低聚半乳糖一般以牛乳中的乳糖为原料进行生产。经β-半乳糖苷酶催化水解生成半乳糖和葡萄糖，并通过β-半乳糖苷酶的转半乳糖苷的活性，将水解下来的半乳糖苷转移到乳糖分子上。低聚半乳糖能有效地被双歧杆菌和乳酸杆菌吸收利用并促进其生长，可调节人体肠道对营养物质的吸收能力。

第三节　蛋　白　酶

一、蛋白酶的简介

蛋白酶是一类水解肽键的酶，能催化水解蛋白质依次生成胨、多肽和氨基酸。蛋白酶是一种重要的工业酶制剂，广泛用于日化洗涤用品、饲料、食品和医药等相关领域。蛋白酶种类多样且来源广泛，存在于植物茎叶、果实、动物内脏和微生物中。其中，微生物来源的蛋白酶因其容易获得、催化效率高及稳定性强等优点，最具生产价值，是目前生产蛋白酶制剂的最重要来源。

蛋白酶的分类存在多种方式，主要按作用于底物位置、催化反应最适 pH、活性中心和来源进行分类：

（1）根据作用于底物位置分类　可分为外肽酶和内肽酶。外肽酶包括氨肽酶和羧肽酶，可催化多肽链末端（C 端或 N 端）肽键，释放出末端的氨基酸。内肽酶是指催化水解多肽链的中间部位肽键的酶类，其在食品加工中应用最为广泛。目前常用的食品内肽酶包括胰蛋白酶、胃蛋白酶、木瓜蛋白酶及菠萝蛋白酶等。

（2）根据酶最适反应 pH 分类　可分为酸性蛋白酶、中性蛋白酶和碱性蛋白酶。

（3）根据酶活性中心分类　可分为丝氨酸蛋白酶、半胱氨酸蛋白酶、天门冬氨酸蛋白酶和金属蛋白酶。

（4）根据酶的来源分类　可分为动物蛋白酶、植物蛋白酶和微生物蛋白酶。

蛋白酶可通过动植物原材料进行提取获得，但原材料来源容易受季节、动植物生长周期及气候的影响，产量的不稳定性限制了其大规模工业化应用。而利用发酵技术对微生物进行大规模发酵培养可以突破这些限制，实现工业化应用。蛋白酶所用的生产菌种主要是传统上食品加工用的微生物或确认无害的菌株，主要包括芽孢杆菌、曲霉菌、链霉菌、曲霉、毛霉及根霉等。真菌如曲霉（米曲霉、黑曲霉）、根霉、毛霉和栗疫霉主要用于中性和酸性蛋白酶的生产，而栖土曲霉可产生中性和碱性蛋白酶，栗疫霉、毛霉主要用于生产凝乳型蛋白酶。

二、蛋白酶在食品领域的应用

1. 乳品加工

凝乳酶是乳品工业中应用最为常见的一种酸性蛋白酶，可用于干酪的生产。干酪是一种营养价值非常高及风味特殊的乳制品，含有大量的钙和磷，可促进牙齿及骨骼的生长。凝乳酶传统的制取方法是将动物屠宰后从其胃中进行提取。植物如木瓜、无花果、菠萝、南瓜、合欢树、银杏等植物中也含有能使乳凝固活性的蛋白酶。微生物如米黑根毛霉、栗疫霉和微小毛霉等均可产凝乳酶。微生物产酶能力强，催化活力高，利用微生物发酵生产凝乳酶是目前发展的重要方向。

碱性蛋白酶在乳加工中常用于生产酪蛋白磷酸肽。碱性蛋白酶主要用于水解乳中酪蛋白生成一些低肽分子，改变了乳中蛋白的特性，有利于人体对酪蛋白的消化吸收。蛋白酶还可以用于水解乳清蛋白，使蛋白质的功能特性（如热稳定性、乳化力和起泡性）显著提高，而凝胶性能、乳化稳定性和泡沫稳定性下降。通过控制蛋白酶水解乳清蛋白的程度来获得适当水解度的水解蛋白可用于强化乳酸饮料或果汁的蛋白。

2. 肉类加工

蛋白酶在肉类加工中的可起到嫩化的作用。动物肉质中的胶原蛋白质交联数目和强度，随动物年龄的增加而提高，导致肉类口感变差、质量下降。嫩化剂的主要成分是蛋白酶和盐，其中使用最广泛的蛋白酶是木瓜蛋白酶，微生物蛋白酶也应用于肉类产品的嫩化。

3. 调味品生产

大豆蛋白多肽及氨基酸是众多调味品主要的风味来源。以酱油生产为例，大豆是酱油生产发酵的主要原料，生产前需要通风制曲。米曲霉在生长过程中产生多种蛋白酶（碱性蛋白酶、酸性蛋白酶和中性蛋白酶），尤其是酸性蛋白酶更有利于将原料中蛋白质降解成氨基酸。这不仅提高了酱油生产的蛋白质利用率和缩短发酵时间，而且有利于增加酱油的风味。

4. 烘焙食品加工

面粉中的面筋蛋白质是影响面粉加工特性的重要因素之一，应用蛋白酶部分水解面筋蛋白可以改善面团操作性能和机械性能，以适应不同制品的需要。蛋白酶对面筋蛋白的水解主要发生在面团发酵过程中，切断面筋蛋白质中的肽键后分解成相对分子质量小的物质，从而影响蛋白质的三维网状结构和面团的流变性质。经蛋白酶水解后的面团，其黏度、拉伸强度降低，使面团调制时间缩短、面包体积易于增大等。此外，蛋白酶适度水解生成的氨基酸在面包焙烤过程可参与美拉德反应，从而改善面包的色泽和增加面包风味。另外，在韧性饼干加工中，采用中性蛋白酶可将面团的蛋白质水解成胨、肽类，甚至氨基酸，从而具有减弱面团筋力和改善面团黏弹性，使面团容易压成薄片、保持清晰美观的印花图案、结构均匀等作用。

5. 食品添加剂（甜味剂）合成

阿斯巴甜是一种低热值二肽甜味剂，其甜度是蔗糖的200倍，目前作为食品添加剂被广泛应用。研究报道利用固定化的热解蛋白芽孢杆菌蛋白酶，在优化的条件下控制其水解活性，使催化反应平衡倾向于合成方向，可将L－天门冬氨酸和苯丙氨酸甲酯缩合成阿斯巴甜的前体（L－Asp－L－Phe－oMe），将保护基团去除即可获得阿斯巴甜。相比化学法，蛋白酶法合成具有立体专一强、产率高及环境友好等特点。

6. 酿酒工业

蛋白酶用于谷物原料的酒精发酵，可分解谷物蛋白质，增加酵母营养而促进酵母生长和发酵，从而有助于缩短发酵时间，提高原料出酒率。此外，酸性蛋白酶用于白酒生产，除了缩短发酵时间和提高出酒率外，还有助于形成白酒香味物质和降低白酒中杂醇油含量。一些蛋白酶（如木瓜蛋白酶、酸性蛋白酶）还可用于啤酒的澄清，防止啤酒中多酚类化合物与蛋白质复合形成混浊物质。

7. 低值水产品加工

水产品加工过程中产生了较多副产品和下脚料，这些原料含有丰富的蛋白质。利用蛋白酶水解技术水解低值水产品来制备鱼贝类调味品、提取生物活性肽，可改善其功能特性、营养价值和强化风味等，可实现低值水产品的综合利用。

8. 风味增强肽生产

通常分子质量大的蛋白质（ >6ku）难以进入味蕾孔口刺激味蕾细胞，因此呈味能力较弱。蛋白质水解后的产物含有肽、氨基酸，可与味蕾细胞接触产生滋味。肽类含有氨基和羧基两性基团从而具有缓冲能力，能赋予食品细腻微妙的风味，因此把这一类能补充或增强食品原有风味的肽类称为风味增强肽。风味增强肽不影响其他味觉（如咸、苦、酸、甜），且增强各自的风味特征，是制备高档复合调味品、香精香料的重要基料，在肉、乳、水产等食品中有良好的应用效果。

9. 活性肽生产

活性肽是具有特殊生理功能调节作用的肽类物质，活性肽可作为原料、添加剂或中间体，广泛应用于功能性食品、运动员食品等各类食品中。活性肽的来源主要包括：生物体中的天然活性肽、消化过程中或体外水解蛋白质、通过化学方法合成或重组 DNA 技术生产。其中，通过选择合适的蛋白酶水解蛋白质是获得生物活性肽的重要来源，这类活性肽不仅具有广泛的活性与多样性，而且具有来源丰富、安全性好、成本低、操作简单、便于工业化生产等特点。利用酶法技术生产活性肽主要是将不同来源蛋白用酶法水解成小分子的肽链，该过程的关键是蛋白质水解过程条件的控制和蛋白酶种类的选择，从而可获得具有特定组成、理化性质和独特生理功能的活性肽。

第四节　脂　肪　酶

一、 脂肪酶的简介

脂肪酶是一类具有重要工业价值的生物酶，其可在油水界面催化水解甘油酯产生甘油、脂肪酸、单甘酯或甘油二酯等产物，也可催化甘油与脂肪酸的酯化反应合成甘油酯。脂肪酶还可参与酯交换反应、醇解反应、氨解反应及酸解反应等。脂肪酶催化反应不但具有很好的底物选择性、区域选择性、对应异构体选择性，而且具有催化活性高、副反应少等特点，已成为工业催化领域中重要的生物催化剂，广泛应用于香料、化妆品、油脂、生物材料、生物医学及手性化合物拆分等领域。脂肪酶在自然界分布非常广泛，动物、植物及微生物都有发现，但应用于食品工业的脂肪酶均来源于微生物，包括细菌、放线菌、霉菌及酵母等。

尽管来源不同的脂肪酶在氨基酸序列上在较大的差异，但它们的蛋白质三级结构却具有很高的相似性。脂肪酶均属于 α/β 折叠酶家族，是一类丝氨酸水解酶，活性位点的丝氨酸存在于保守五肽序列 G－X－S－X－G（G 为甘氨酸，X 为任意氨基酸，S 为丝氨酸）中。其活性部位称为催化三联体，一般由丝氨酸（Ser）、天冬氨酸（Asp）、组氨酸（His）组成。其中丝氨酸为亲核残基，只有三联体催化部位之间保持有效的键长键角，脂肪酶才能发挥其催化功能。

脂肪酶在油水界面会存在“界面激活”的特性，在底物浓度低于溶解度的条件下，脂肪酶几乎没有活性或者活性很低，但当底物浓度增加到超出溶解度极限时，其活性将出现显著的提高，因此大多数脂肪酶只能在油水界面发挥催化功能。脂肪酶的界面催化功能与其特殊的空间结构有关，脂肪酶的活性中心为疏水性口袋，在催化活性中心的上方存在一个两亲性的 α 螺旋结构，称为盖子结构。盖子区朝向催化口袋的一面具有疏水性，而面向溶剂的一面具有亲水性。这种特殊的盖子结构使得脂肪酶疏水性的催化口袋与极性的溶剂环境得以隔离，保持结构的稳定性。当脂肪酶处于油水界面时，疏水的油相使得盖子疏水的内表面朝向溶剂，此时盖子区发生构象变化，导致催化活性中心暴露，底物可进入催化口袋被催化水解。

脂肪酶参与的反应采用类似于蛋白酶水解酶的催化机制，整个过程可分成两步：①在 His 和 Asp 的作用下使 Ser 去质子化而被激活，使 Ser 上羟基基团的亲核性提高并通过进攻底物中的羰基基团形成四面体中间体结构，随后释放出醇类化合物，形成酰基 - 酶中间体。②亲核化合物（水）进攻酰基 - 酶中间体导致酸类化合物的释放，此时催化三联体又恢复到原状态，接受新的底物进入而进行下一个催化反应。

二、脂肪酶在食品领域的应用

（一）烘焙食品

在面包烘焙中，添加脂肪酶可提高面制品烘焙品质、改善面包质地和延长货架期。小麦粉中含有 2% ~3% 的脂质，其中极性脂质包括磷脂酰胆碱、*N* - 酰基磷脂酰乙醇胺、*N* - 酰基溶血磷脂酰乙醇胺和溶血磷脂酰胆碱等，而非极性脂质主要成分是甘油三酯。脂肪酶可以有效水解甘油三酯，阻止其与谷蛋白的结合，并促进磷脂的形成，从而起到增筋作用，改善了面粉蛋白质的流变学特性，增加了面团的强度和耐搅拌性，以及面包的入炉急胀能力，使其组织细腻均匀，包心柔软，口感更好。此外，脂肪酶和磷脂酶可通过水解作用产生乳化剂样分子（例如溶血卵磷脂和甘油单酯），从而替代常用的甘油二酯、硬脂酰乳酸钠和钙硬脂酰乳酸钠等乳化剂，减少乳化剂的使用。

（二）油脂工业

利用脂肪酶对油脂进行部分水解可得到具有特殊功能的油脂混合产物。利用部分脂肪酶对多不饱和脂肪酸的水解活性低的特点，可以富集鱼油水解后甘油酯相中的多不饱和脂肪酸，包括 EPA 和 DHA 等。含多不饱和脂肪酸油脂例如含有二十二碳六烯酸（22：6 n -3，DHA）的金枪鱼油和含有 γ - 亚麻酸（18：3 n -6，GLA）的琉璃苣油已经应用于功能性食品和婴儿食品配料中。

酯交换反应是油脂工业中常用来进行油脂改性的一种重要手段。例如生产人造奶油、起酥油和改性黄油等产品。酶促酯交换法具有专一的选择性，如果使用 1，3 - 定向脂肪酶作为催化剂，酰基的迁移与交换则限制在 1 - 位和 3 - 位上，这样就能生产出化学法酯交换所无法得到的特定目标产物。

甘油二酯（DAG）是油脂改性的一种重要产品，可以用于预防和治疗高脂血症以及与血脂异常密切相关的疾病。日本花王公司首先在 DAG 开发及应用方面做了大量的研究工作，其相关产品在 2002 年的销售额超过 1.5 亿美元。DAG 可通过甘油和脂肪酸进行酯化和油脂甘油醇解法来制备。但利用普通脂肪酶酯化合成除合成 DAG 外，还会合成大量的甘油三酯，导致 DAG 的含量降低，如选择应用偏甘油酯脂肪酶，如球形马拉色菌的 SMG1 脂肪酶及天野公司的 G50 酶制剂，可产生高含量的 DAG 而不产生甘油三酯产物。该类酶在未来 DAG 产品生产中具有巨大的应用潜力。

（三）乳制品业

1. 增加牛乳风味

使用脂肪酶可改善不同乳源的不良风味，促使新的风味的产生，并能提升乳制品的营养价值。脂肪酶可作用于乳酯产生脂肪酸，其中短碳链脂肪酸（C4～C6）使产品具有一种独特强烈的乳风味。此外还会促使其他风味物质产生，如甲基酮类、风味酯类和乳酯类、乙酰乙酸、异戊醛、二乙酰、3-羟基丁酮等。

2. 乳酪的后熟

乳酪的成熟是微生物进行蛋白水解和酯解的一个共同过程。脂肪酶在乳酪制品改性中起关键作用，经过酶改性的乳酪其含有的游离脂肪酸会显著提高，有助于香味形成。传统乳酪制品加工所用的脂肪酶大都来自动物组织，如猪、牛的胰腺和年幼反刍动物的消化道组织。不同来源的脂肪酶会产生不同的风味特征。微生物脂肪酶（毛霉等）已被开发用于干酪制造行业，可以选择性地水解牛乳中的脂类而产生特定的香味，从而促进食品的后熟。

3. 母乳替代品

婴儿配方乳粉是一种理想的母乳替代品。母乳脂肪酸的种类和分布已经被人们所了解，并且母乳甘油三酯中脂肪酸位置的不同对婴儿的营养吸收有重要的作用。母乳中的棕榈酸是以Sn-2位单甘油酯的形式被吸收的，因此利用Sn-1,3位专一性脂肪酶合成母乳脂肪替代品是一种很好的选择。Lipid Nutrition公司的Betapol™产品是第一家婴儿配方乳粉产品，即通过酶法催化制备的1,3-二油酸-2棕榈酸甘油酯（OPO）型母乳脂替代品正进行商业化开发；AAK公司的Infat™产品等均为甘油三酯Sn-2位棕榈酸含量的母乳脂质产品。我国已将1,3-二油酸2-棕榈酸甘油三酯列为新型营养强化剂用于婴儿配方食品、较大婴儿和幼儿配方食品，并规定其含量不低于40%。

（四）食品添加剂

脂肪酶催化合成的单甘脂是目前使用量最大的食品乳化剂，能提高乳状液的分散性和稳定性，促进油脂更好地吸收，因此单甘脂及其衍生物在食品工业中有较广阔的应用前景。利用脂肪酶的有机相催化生产单甘脂或甘油二酯已被广泛研究，生产方法包括利用脂肪酶直接催化酯化或转酯化反应，或者甘油三酯进行部分醇解和甘油解生成单甘脂等。

利用脂肪酶特异性催化糖或糖醇与酯或脂肪酸反应生成糖酯，也是一种重要的食品添加剂。糖酯类食品添加剂同时含有亲水和疏水基团，在食品工业中具有诱人的应用前景。脂肪酶是最早用于合成糖酯类化合物，也是非水相中酶促合成糖酯使用频率最高的酶类。某些糖酯及其衍生物还具有抑菌、抗病毒和抗肿瘤等活性，已作为食品乳化剂、润湿与分散剂、食品质地改良剂、保鲜杀菌剂、结晶调节剂、抗老化剂等广泛应用于食品工业。

（五）茶叶加工

脂肪酶在茶叶发酵行业具有重要的应用价值。如在黑茶生产期间，加入的脂肪酶作用于膜脂质而产生挥发性产物，从而改善产品的风味。米赫毛酶的加入将降低脂质的总含量，并提高不饱和脂肪酸的含量。另外，在红茶发酵过程中，脂肪酶的加入不但会累积维生素B_1、维生素B_2、维生素B_{12}、维生素C等，还会大量减少咖啡因和鞣质，产生茶碱，赋予产品更多的营养和药用价值。

（六）功能性脂质

利用脂肪酶将具有不同营养和生理功能的脂肪酸结合到甘油骨架的特殊位置，形成具有特定分子结构的甘油三酯。通常利用脂肪酶分解和合成作用，将短链脂肪酸、中链脂肪酸中的一种或两种与长链脂肪酸一起与甘油分子结合，形成低热量的结构脂质，具有降血脂、预防动脉硬化和冠心病、增强人体免疫力等功能。如以1，3-位特异性脂肪酶催化，将甘油三酯与丁酸反应生产低热量结构脂质。有报道采用两步酶法制得了高纯度的共轭亚油酸甾醇酯，将甾醇酯添加到食品和药品中可以有效预防心脑血管疾病。

第五节 氧 化 酶

氧化酶是一类以氧气作为电子受体的催化氧化反应的酶类，其功能的实现需要辅基（FAD 或 FMN）和金属离子的参与。尽管不同来源的氧化酶催化底物种类有所不同，但绝大多数的氧化酶在氧化底物的同时将氧气还原成双氧水。因其特异的催化特性，除在食品加工中应用外，部分氧化酶可开发成检测用酶，如辣根过氧化物酶被用于食品及医学的检验。

一、 葡萄糖氧化酶

葡萄糖氧化酶（EC 1.1.3.4）属于氧化还原酶，是一种以黄素腺嘌呤二核苷酸、黄素单核苷酸为辅基的需氧脱氢酶。在氧气存在的条件下，该酶能专一性地催化 β - D - 葡萄糖生成葡萄糖酸和过氧化氢，且每氧化 1 分子葡萄糖消耗 1 分子氧。葡萄糖氧化酶来源较为广泛，但通常分布于动植物和微生物体内。其中微生物是生产葡萄糖氧化酶的主要来源，可以生产葡萄糖氧化酶的微生物主要是细菌和霉菌。能够用来生产葡萄糖氧化酶的细菌主要有弱氧化醋酸菌，霉菌主要为黑曲霉和青霉属菌株。不同来源的葡萄糖氧化酶的理化特性如分子质量、最适 pH 及温度等有一定的差异。

在食品加工中的应用主要有以下几方面：

1. 面粉改良

传统的小麦粉强筋剂以溴酸钾的应用最为普遍，但溴酸钾可诱发癌症的发生，长期食用对人体健康有害。葡萄糖氧化酶可催化 β - D - 葡萄糖生成过氧化氢，过氧化氢可氧化面筋蛋白中的巯基（—SH）形成二硫键（—S—S—），而二硫键的形成有助于面团的网络结构的形成。同时面粉中过氧化物酶作用于过氧化氢产生自由基，促进戊聚糖的氧化交联反应，有利于可溶性戊聚糖氧化凝胶形成较大的网状结构，增强了面团的弹性。因此葡萄糖氧化酶可作为面粉改良剂溴酸钾的替代品，其特点是安全、高效及无害。

2. 保鲜

氧气是大多数微生物生长的必要条件，食品长期与空气接触容易滋生病原微生物，导致食品变质。葡萄糖氧化酶具有氧化葡萄糖、消耗氧气的特点，可应用于食品保鲜。氧气的去除可抑制好氧微生物的生长繁殖，期间产生的过氧化氢本身就是一种杀菌剂。将氧化氢酶与葡萄糖氧化酶联合使用，一方面过氧化氢可以起到杀菌作用，同时由于过氧化氢酶的存在能去除残留在食品中的过氧化氢，既可延长食品的保质期，同时对食品的品质也不会造成影响。

另外，葡萄酒、啤酒、果汁等食品中常出现变色、浑浊、沉淀等现象，影响产品的品质。这是在加工过程中，残留的氧气氧化了其中的还原性物质如黄酮、亚油酸、亚麻酸等物质，导致褐变、浑浊及沉淀的发生。葡萄糖氧化酶可有效地去除食品包装中的氧气，保护食品中还原性物质不被氧化破坏，达到脱氧保鲜的效果。

3. 葡萄糖去除

食品加工过程中残留在食品原料中的游离葡萄糖，其醛基可与氨基酸的羧基发生美拉德反应，导致产品发生褐变，影响产品品质。在加工过程中添加葡萄糖氧化酶能将葡萄糖分子上的醛基转变为羧基，从而抑制食品的非酶褐变，保持产品的色泽和溶解性。目前葡萄糖氧化酶常应用于蛋白粉、果酱制品等糖含量较高的食品中。

二、多酚氧化酶

多酚氧化酶是一种含铜且能够催化邻苯二酚氧化成邻苯二醌的氧化还原酶，在广义上，它可以分为单酚氧化酶（酪氨酸氧化酶，EC 1. 14. 18. 1），双酚氧化酶（儿茶酚氧化酶，EC 1. 10. 3. 1）和漆酶（漆酚氧化酶，EC 1. 10. 3. 2）三大类。多酚氧化酶广泛存在于各类果蔬中，其中单酚氧化酶在菇类、马铃薯、香蕉等植物的叶绿体、线粒体等结构中和动物的黑色素细胞中大量存在，在真菌以及昆虫中也发现了多酚氧化酶；双酚氧化酶多存在于茶叶等植物中，而漆酶主要来源于真菌以及细菌等。

在食品加工中的应用主要有以下几方面：

1. 茶叶加工

茶多酚氧化酶可以催化氧化儿茶素类物质形成茶黄素类色素，茶黄素类色素对于红茶的色、香、味等品质的形成起到了关键的作用。此外在红茶制作过程中适量添加多酚氧化酶可以增加可溶性物质的含量，大大提高了红茶的制取率，改善风味品质。

2. 饮料加工

啤酒及果蔬汁在贮存期间会出现浑浊或者沉淀等问题，这与其中含有的酚或者芳胺类物质有关，蛋白质与酚类物质会形成大分子聚合物而导致浑浊现象的出现。添加漆酶进行处理，可有效去除酚类物质，阻止大分子的形成，从而改善果汁的品质，有助于产品的长期贮存。

3. 果蔬保藏

多酚氧化酶是引起果蔬酶促褐变的元凶，导致果蔬的品质下降，果蔬保存期缩短。果蔬与空气中的氧气接触，而果蔬中的多酚氧化酶会利用氧气氧化果蔬中酚类物质形成醌类化合物，醌类物质会产生黑色素沉淀。以土豆为例，土豆含有丰富的酪氨酸，土豆损伤的部位会产生褐变的现象，这是由于酪氨酸氧化酶利用氧气将酪氨酸氧化产生的。防止果蔬褐变，延长其保存期，可采取下面几种方式：①化学法：利用化学物质抑制酶的活性，如 EDTA、柠檬酸、抗坏血酸等；②物理法：利用物理效应对酶进行钝化处理，如辐照、微波、加热处理等；③生物法：利用基因工程技术，对调控或者编码多酚氧化酶的基因进行干扰，使其表达量降低。

三、脂肪氧合酶

脂肪氧合酶（EC 1. 13. 11. 12）是一类含有非血红素铁且能够专一性地催化具有顺，顺－1,4－戊二烯的多元不饱和脂肪酸的氧化还原酶。目前脂肪氧合酶主要来源于植物和动物，在真菌以及细菌也有报道发现。在植物中，脂肪氧合酶作用底物为亚油酸和亚麻酸，在动物体内作用底物主要是花生四烯酸。在亚油酸和亚麻酸的加氧位置是 C9 和 C13，花生四烯酸的加氧位置主要是 C12 和 C15，也可以在 C5、C8、C9 和 C11 加氧。脂肪氧合酶对食品的影响具有两面性：一方面可催化不饱和脂肪酸的加氧反应生成氧化氢衍生物等物质，导致食品营养价值损失，影响食品的色泽及风味等。另一方面脂肪氧合酶可应用于面团的加工及风味物质的合成，同时其特异的催化特性在工业催化等方面也有着重要的应用。

目前普遍认为脂肪氧合酶催化机制是：首先底物的脱质子作用使酶活性中心的铁离子被还原；然后分子氧与底物发生自由基反应，生成过氧化自由基；最后，过氧自由基被脂肪氧合酶的 Fe^{2+} 还原，生成氢过氧化合物的产物，而脂肪氧合酶的铁转变为 Fe^{3+}，重新转变为活化态。

在食品加工中的应用主要有以下几方面：

1. 面粉加工

在小麦粉中添加脂肪氧合酶，其参与的氧化反应可破坏胡萝卜素等色素物质的结构使之褪色，从而使面制品增白。另外脂肪氧合酶作用于面粉中的不饱和脂肪酸使之形成过氧化物，过氧化物可以氧化蛋白质分子中的巯基基团形成二硫键，从而提高面筋的筋力。因而脂肪氧合酶及葡萄糖氧化酶可作为化学面粉添加剂溴酸钾的替代品。

2. 风味物质合成

醛类物质是蔬菜和瓜果“清新”味的主要贡献物质，利用酶法合成该类风味物质应用前景广阔。利用脂肪氧合酶催化氧化多不饱和脂肪酸，产生氢过氧化合物，采用氢过氧化合物裂解酶使氢过氧化合物裂解，形成分子质量不等的 C6、C9 及 C10 的醛类物质。目前，利用基因工程技术可实现脂肪氧合酶及氢过氧化合物裂解酶的异源表达，构建的同时表达两种酶的基因工程菌，利用“细胞工厂”生产此类风味物质。

3. 食品保藏

脂肪氧合酶在果蔬及粮食的保藏中可产生两种不良的影响，一是造成有营养价值的多不饱和脂肪酸损失，二是产生具有不良风味的氧化产物，如大豆的豆腥味及谷物的陈霉味。

采用物理、化学或者生物技术的方法，抑制粮食及果蔬中脂肪氧合酶活力，是延长食品保藏期的重要研究方向。例如为保证粮食作物贮藏期间的品质，可以利用分子生物学的方法，敲除脂肪氧合酶，得到耐贮藏的品种；选择合适的包装材料，微波处理，降低贮藏温度、湿度及提供适宜的通气条件来阻止脂质过氧化作用，减缓贮藏粮食变质速度。

思考题

1. 简述淀粉酶的分类及其催化反应特点。
2. 列举两种酶法生产高果糖浆的工艺。
3. 简述蛋白酶的种类及其在生产风味肽中的应用。
4. 简述脂肪酶在油脂加工中的应用。
5. 导致果蔬酶促褐变发生的酶是什么？控制措施有哪些？
6. 简述葡萄糖氧化酶在面团加工中的应用及其原理。
7. 简述脂肪氧合酶的特点及其生产风味物质的过程。

参考文献

[1] Fernandes, P. Enzymes in food processing: a condensed overview on strategies for better bio-

catalysts [J]. Enzyme Res, 2010: ID862537.

[2] Kashyap D R, Vohra P K, Chopra S, et al. Applications of pectinases in the commercial sector: a review [J]. Bioresource Technology, 2001, 77 (3): 215 - 227.

[3] Sharma N, Rathore M, Sharma M. Microbial pectinase: sources, characterization and applications [J]. Reviews in Environmental Science and Bio/Technology, 2013, 12 (1): 45 - 60.

[4] Chi Z, Chi Z, Zhang T, et al. Inulinase - expressing microorganisms and applications of inulinases [J]. Applied Microbiology and Biotechnology, 2009, 82 (2): 211 - 220.

[5] Jayani R S, Saxena S, Gupta R. Microbial pectinolytic enzymes: a review [J]. Process Biochemistry, 2005, 40 (9): 2931 - 2944.

[6] Collins T, Gerday C, Feller G. Xylanases, xylanase families and extremophilic xylanases [J]. FEMS Microbiology Reviews, 2005, 29 (1): 3 - 23.

[7] 曾小宇，罗登林，刘胜男，等. 菊糖的研究现状与开发前景 [J]. 中国食品添加剂，2010 (4): 222 - 227.

[8] 秦星，张华方，张伟，等. 酶制剂在果汁生产中的应用研究进展 [J]. 中国农业科技导报，2013 (5): 39 - 45.

[9] 包怡红，李雪龙. 木聚糖酶在食品中的应用及其发展趋势 [J]. 食品与机械，2006，22 (4): 130 - 133.

[10] 史贤俊，林影，吴晓英. 内切菊糖酶的分离纯化及性质研究 [J]. 食品科学，2004，25 (5): 65 - 69.

[11] 张敏文，顾取良，张博，等. 乳糖酶研究进展 [J]. 微生物学杂志，2001，31 (3)，81 - 86.

[12] 邵学良，刘志伟. 纤维素酶的性质及其在食品工业中的应用 [J]. 中国食物与营养，2009 (8): 34 - 36.

[13] 余兴莲，王丽，徐伟民. 纤维素酶降解纤维素机理的研究进展 [J]. 宁波大学学报：理工版，2007，20 (1): 78 - 82.

[14] 李正义，肖敏，卢丽丽，等. 转糖基 β - 半乳糖苷酶生产含低聚半乳糖的低乳糖牛奶 [J]. 食品科学，2007，28 (5): 241 - 244.

[15] Cabral H. Proteolytic enzymes: biochemical properties, production and biotechnological application [J]. Fungal Enzymes, 2013: 94.

[16] Jain N, Richa M, Kango N, et al. Proteases: Significance and Applications [M]. Industrial Exploitation of Microorganisms (ed. Mahaeshwari, DK, Dubey, RC and Saravanamuthur, R.). JK International Publishers Pvt. Ltd. New Delhi, 2010: 227 - 254.

[17] Sawant R, Nagendran S. Protease: an enzyme with multiple industrial applications [J]. World J Pharm Pharm Sci, 2014 (3): 568 - 579.

[18] Tavano O L. Protein hydrolysis using proteases: an important tool for food biotechnology [J]. Journal of Molecular Catalysis B: Enzymatic, 2013, 90: 1 - 11.

[19] Tavano O L. Proteases as a Tool in Food Biotechnology [J]. Advances in Food Biotechnology, 2015: 207.

[20] 安毅，张君文. 大豆蛋白活性肽在功能性食品中的应用及发展前景 [J]. 大豆通

报，2004（4）：27－29.

[21] Singh A K，Mukhopadhyay M. Overview of fungal lipase：a review [J]. Applied Biochemistry and Biotechnology，2012，166（2）：486－520.

[22] Andualema B，Gessesse A. Microbial lipases and their industrial applications：review [J]. Biotechnology，2012，11（3）：100.

[23] Kapoor M，Gupta M N. Lipase promiscuity and its biochemical applications [J]. Process Biochemistry，2012，47（4）：555－569.

[24] Whitehurst，Robert J，and Maarten Van Oorts. Enzymes in food technology [M]. Chichester：Wiley－Blackwell，2010.

[25] De Maria L，Vind J，Oxenbøll K M，et al. Phospholipases and their industrial applications [J]. Applied Microbiology and Biotechnology，2007，74（2）：290－300.

[26] Hasan F，Shah A A，Hameed A. Industrial applications of microbial lipases [J]. Enzyme and Microbial Technology，2006，39（2）：235－251.

[27] Gupta R，Gupta N，Rathi P. Bacterial lipases：an overview of production，purification and biochemical properties [J]. Applied Microbiology and Biotechnology，2004，64（6）：763－781.

[28] Houde A，Kademi A，Leblanc D. Lipases and their industrial applications [J]. Applied Biochemistry and Biotechnology，2004，118（1－3）：155－170.

[29] 曹茜，冯凤琴. 微生物脂肪酶的研究进展及其在食品中的应用 [J]. 中国食品学报，2013（10）：136－143.

[30] 韦伟，冯凤琴. sn－1，3 位专一性脂肪酶在食品中的应用 [J]. 中国粮油学报，2012，27（2）：122－128.

[31] Röcker J，Schmitt M，Pasch L，et al. The use of glucose oxidase and catalase for the enzymatic reduction of the potential ethanol content in wine [J]. Food Chemistry，2016，210：660－670.

[32] Pickering G J，Heatherbell D A，Barnes M F. Optimising glucose conversion in the production of reduced alcohol wine using glucose oxidase [J]. Food Research International，1998，31（10）：685－692.

[33] Bankar S B，Bule M V，Singhal R S，et al. Glucose oxidase—an overview [J]. Biotechnology Advances，2009，27（4）：489－501.

[34] 邢良英，王远山，郑裕国. 葡萄糖氧化酶的生产及应用 [J]. 食品科技，2007，2007（6）：24－26.

[35] 刘超，袁建国，王元秀，等. 葡萄糖氧化酶的研究进展 [J]. 食品与药品，2010，12（7）：285－289.

[36] Bravo K，Osorio E. Characterization of polyphenol oxidase from Cape gooseberry（Physalis peruviana L.）fruit [J]. Food Chemistry，2016，197：185－190.

[37] Mayer A M. Polyphenol oxidases in plants and fungi：going places? A review [J]. Phytochemistry，2006，67（21）：2318－2331.

[38] Moritz J，Balasa A，Jaeger H，et al. Investigating the potential of polyphenol oxidase as a temperature－time－indicator for pulsed electric field treatment [J]. Food Control，2012，26（1）：

1 - 5.

[39] 孔俊豪，孙庆磊，涂云飞，等. 多酚氧化酶酶学特性研究及其应用进展 [J]. 中国野生植物资源，2011，30 (4)：13 - 17.

[40] Andreou A，Feussner I. Lipoxygenases - structure and reaction mechanism [J]. Phytochemistry，2009，70 (13)：1504 - 1510.

[41] 蔡琨，方云，夏咏梅. 植物脂肪氧合酶的研究进展 [J]. 现代化工，2003 (z1)：23 - 27.

[42] 闫静芳，王红霞，郭玉鑫，等. 脂肪氧合酶的研究及应用进展 [J]. 食品安全质量检测学报，2013 (3)：799 - 805.

[43] Brash A R. Lipoxygenases：occurrence，functions，catalysis，and acquisition of substrate [J]. Journal of Biological Chemistry，1999，274 (34)：23679 - 23682.

附录

酶的国际分类及命名举例

大类	亚类	亚亚类	举例
1 氧化还原酶	1.1 作用于供体的CH—OH 基团	1.1.1 以 NAD^+ 或 $NADP^+$ 为受体	1.1.1.1 乙醇脱氢酶
			1.1.1.6 甘油脱氢酶
			1.1.1.11 D－阿拉伯糖醇－4－脱氢酶
		1.1.2 以细胞色素为受体	1.1.2.2 甘露糖脱氢酶（细胞色素）
			1.1.2.3 L－乳糖脱氢酶（细胞色素）
			1.1.2.8 乙醇脱氢酶（细胞色素C）
		1.1.3 以氧为受体	1.1.3.4 葡萄糖氧化酶
			1.1.3.5 己糖氧化酶
			1.1.3.6 胆固醇氧化酶
		1.1.4 以二硫化物为受体	1.1.4.1 维生素 K－环氧化物还原酶
		1.1.5 以醌或其有关化合物为受体	1.1.5.4 苹果酸脱氢酶（醌）
			1.1.5.9 葡萄糖－1－脱氢酶（FAD，醌）
		1.1.9 以铜蛋白为受体	1.1.9.1 乙醇脱氢酶（天青蛋白）
		1.1.98 以其他已知化合物为受体	1.1.98.2 葡萄糖－6－磷酸脱氢酶（辅酶 F420）
		1.1.99 以其他为受体	1.1.99.1 胆碱脱氢酶
			1.1.99.12 山梨糖脱氢酶
	1.2 作用于供体的醛基或酮基	1.2.1 以 NAD^+ 或 $NADP^+$ 为受体	1.2.1.3 乙醛脱氢酶（NAD^+）
			1.2.1.7 苯甲醛脱氢酶（$NADP^+$）
		1.2.2 以细胞色素为受体	1.2.2.1 甲酸脱氢酶（细胞色素）
			1.2.2.4 一氧化碳脱氢酶（色素b－561）

续表

大类	亚类	亚亚类	举例
		1.2.3 以氧为受体	1.2.3.4 草酸氧化酶 1.2.3.5 乙醛酸氧化酶
		1.2.4 以二硫化物为受体	1.2.4.1 丙酮酸脱氢酶（乙酰基转移） 1.2.4.2 酮戊二酸脱氢酶（琥珀酰转移）
		1.2.5 以醌或其有关化合物为受体	1.2.5.1 丙酮酸脱氢酶（醌）
		1.2.7 以铁硫蛋白为受体	1.2.7.1 丙酮酸合酶 1.2.7.3 2－酮戊二酸合酶 1.2.7.10 草酸氧化还原酶
		1.2.98 以其他已知化合物为受体	1.2.98.1 甲醛歧化酶
		1.2.99 以其他为受体	1.2.99.6 羧酸还原酶
	1.3 作用于供体的CH—CH基团	1.3.1 以NAD^+或$NADP^+$为受体	1.3.1.1 二氢尿嘧啶脱氢酶（NAD^+） 1.3.1.6 延胡索酸还原酶（NADH）
		1.3.2 以细胞色素为受体	1.3.2.3 L－半乳糖酸内酯脱氢酶
		1.3.3 以氧为受体	1.3.3.7 二氢尿嘧啶氧化酶 1.3.3.8 四氢小檗碱氧化酶
		1.3.4 以二硫化物为受体	1.3.4.1 延胡索酸还原酶（CoM/CoB）
		1.3.5 以醌或有关化合物为受体	1.3.5.1 琥珀酸脱氢酶（醌） 1.3.5.2 二氢乳清酸脱氢酶（醌） 1.3.5.3 卟啉原Ⅸ脱氢酶（甲基萘醌）
		1.3.7 以铁硫蛋白为受体	1.3.7.1 6－羟基烟酸还原酶
		1.3.8 以黄素为受体	1.3.8.1 短链酰基－CoA脱氢酶 1.3.8.4 异戊酰基－CoA脱氢酶
		1.3.98 以其他已知化合物为受体	1.3.98.1 二氢乳清酸氧化酶（延胡索酸）
		1.3.99 以其他为受体	1.3.99.4 3－酮固醇－1－脱氢酶 1.3.99.17 喹啉－2－氧化还原酶
	1.4 作用于供体的$CH—NH_2$基团	1.4.1 以NAD^+或$NADP^+$为受体	1.4.1.1 丙氨酸脱氢酶 1.4.1.2 谷氨酸脱氢酶
		1.4.2 以细胞色素为受体	1.4.2.1 甘氨酸脱氢酶（细胞色素）
		1.4.3 以氧为受体	1.4.3.1 D－天冬氨酸氧化酶 1.4.3.4 单胺氧化酶
		1.4.4 以二硫化物为受体	1.4.4.2 甘氨酸脱氢酶（氨甲基转移）

续表

大类	亚类	亚亚类	举例
		1.4.5 以醌或有关化合物为受体	1.4.5.1 D-氨基酸脱氢酶（醌）
		1.4.7 以铁硫蛋白为受体	1.4.7.1 谷氨酸合酶（铁氧还蛋白）
		1.4.9 以铜蛋白为受体	1.4.9.1 甲胺脱氢酶（Amicyanin） 1.4.9.2 烷基胺脱氢酶（天青蛋白）
		1.4.99 以其他为受体	1.4.99.1 甲胺脱氢酶
	1.5 作用于供体的CH—NH基团	1.5.1 以 NAD^+ 或 $NADP^+$ 为受体	1.5.1.2 吡咯啉-5-羧酸还原酶 1.5.1.3 二氢叶酸还原酶
		1.5.3 以氧为受体	1.5.3.1 肌氨酸氧化酶 1.5.3.4 *N*(6)-甲基赖氨酸氧化酶
		1.5.4 以二硫化物为受体	1.5.4.1 嘧啶二氮合酶
		1.5.5 以醌或有关化合物为受体	1.5.5.1 电子转移-黄素蛋白脱氢酶 1.5.5.2 脯氨酸脱氢酶
		1.5.7 以铁硫蛋白为受体	1.5.7.1 甲基四氢叶酸还原酶（铁氧还蛋白） 1.5.7.2 辅酶 F420 氧化还原酶（铁氧还蛋白）
		1.5.8 以黄素为受体	1.5.8.1 二甲胺脱氢酶 1.5.8.2 三甲胺脱氢酶
		1.5.98 以其他已知化合物为受体	1.5.98.2 5,10-亚甲基四氢甲烷喋呤还原酶
		1.5.99 以其他为受体	1.5.99.4 尼古丁脱氢酶
	1.6 作用于供体的NADH 或 NADPH 基团	1.6.1 以 NAD^+ 或 $NADP^+$ 为受体	1.6.1.4 $NADP^+$ 转氢酶（铁氧还蛋白）
		1.6.2 以血红素蛋白为受体	1.6.2.2 细胞色素-B5 还原酶 1.6.2.4 NADPH-血红素蛋白还原酶
		1.6.3 以氧为受体	1.6.3.2 NAD(P)H 氧化酶
		1.6.5 以醌或其有关化合物为受体	1.6.5.2 NAD(P)H 脱氢酶（醌） 1.6.5.5 NADPH 醌还原酶
		1.6.6 以含氮基团为受体	1.6.6.9 三甲基胺-*N*-氧化还原酶
		1.6.99 以其他为受体	1.6.99.1 NADPH 脱氢酶
	1.7 作用于作为供体的其他含氮化合物	1.7.1 以 NAD^+ 或 $NADP^+$ 为受体	1.7.1.1 亚硝酸盐还原酶(NADH) 1.7.1.2 亚硝酸盐还原酶(NAD(P)H)

续表

大类	亚类	亚亚类	举例
		1.7.2 以细胞色素为受体	1.7.2.1 亚硝酸盐还原酶（形成NO） 1.7.2.2 亚硝酸盐还原酶（细胞色素；形成氨）
		1.7.3 以氧为受体	1.7.3.1 硝基烷烃氧化酶 1.7.3.6 羟胺氧化酶（细胞色素）
		1.7.5 以醌或其有关化合物为受体	1.7.5.1 硝酸盐还原酶（醌） 1.7.5.2 一氧化氮还原酶（甲基萘醌）
		1.7.6 以含氮基团为受体	1.7.6.1 亚硝酸盐超氧化物歧化酶
		1.7.7 以铁硫蛋白为受体	1.7.7.1 铁氧还蛋白-亚硝酸盐还原酶
		1.7.99 以其他为受体	1.7.99.1 羟胺还原酶 1.7.99.4 硝酸盐还原酶
	1.8 作用于供体的含硫基团	1.8.1 以 NAD^+ 或 $NADP^+$ 为受体	1.8.1.3 亚牛磺酸脱氢酶 1.8.1.6 胱氨酸还原酶 1.8.1.8 蛋白二硫键还原酶
		1.8.2 以细胞色素为受体	1.8.2.1 亚硫酸盐脱氢酶 1.8.2.2 硫代硫酸盐脱氢酶 1.8.2.4 二甲基硫醚：细胞色素 C2 还原酶
		1.8.3 以氧为受体	1.8.3.1 亚硫酸盐氧化酶 1.8.3.2 巯基氧化酶 1.8.3.3 谷胱甘肽氧化酶
		1.8.4 以二硫化物为受体	1.8.4.2 蛋白二硫键还原酶（谷胱甘肽） 1.8.4.3 谷胱甘肽-CoA-谷胱甘肽转氢酶
		1.8.5 以醌或其有关化合物为受体	1.8.5.1 谷胱甘肽脱氢酶（抗坏血酸） 1.8.5.2 硫代硫酸盐脱氢酶（醌） 1.8.5.3 二甲基亚砜还原酶
		1.8.7 以铁硫蛋白为受体	1.8.7.1 同化亚硫酸盐还原酶（铁氧还蛋白） 1.8.7.2 铁氧还蛋白：硫氧还蛋白还原酶
		1.8.98 以其他已知化合物为受体	1.8.98.3 亚硫酸盐还原酶（辅酶F420）
		1.8.99 以其他为受体	1.8.99.2 腺苷酰硫酸盐还原酶

续表

大类	亚类	亚亚类	举例
			1.8.99.3 亚硫酸氢钠还原酶
	1.9 作用于供体的血红素基团	1.9.3 以氧为受体	1.9.3.1 细胞色素 C 氧化酶
		1.9.6 以含氮基团为受体	1.9.6.1 硝酸盐还原酶（细胞色素）
		1.9.88 以其他已知化合物为受体	1.9.98.1 铁-细胞色素 c-还原酶
	1.10 作用于供体的二元酚类及其化合物	1.10.1 以 NAD^+ 或 $NADP^+$ 为受体	1.10.1.1 反式二氢苊-1,2-二醇脱氢酶
		1.10.2 以细胞色素为受体	1.10.2.1 L-抗坏血酸-细胞色素 B5 还原酶
			1.10.2.2 醌醇-细胞色素 C 还原酶
		1.10.3 以氧为受体	1.10.3.1 儿茶酚氧化酶
			1.10.3.2 漆酶
			1.10.3.3 L-抗坏血酸氧化酶
		1.10.5 以醌或其有关化合物为受体	1.10.5.1 Ribosyldihydronicotinamide 脱氢酶（醌）
		1.10.9 以铜蛋白为受体	1.10.9.1 plastoquinol 质体蓝素还原酶
	1.11 以过氧化氢作为反应受体	1.11.1 过氧化物酶	1.11.1.1 NADH 过氧化物酶
			1.11.1.2 NADPH 过氧化物酶
			1.11.1.3 脂肪酸过氧化物酶
		1.11.2 以 H_2O_2 为受体，其中一个氧原子带入到产物中	1.11.2.1 非特异性过氧合酶
			1.11.2.3 植物种子过氧合酶
			1.11.2.4 脂肪酸过氧合酶
	1.12 作用于供体的氢	1.12.1 以 NAD^+ 或 $NADP^+$ 为受体	1.12.1.2 氢脱氢酶
			1.12.1.3 氢脱氢酶(NADP(+))
		1.12.2 以细胞色素为受体	1.12.2.1 细胞色素-C3 氢化酶
		1.12.5 以醌或其有关化合物为受体	1.12.5.1 氢：醌氧化还原酶
		1.12.7 以铁硫蛋白为受体	1.12.7.2 铁氢化酶
		1.12.98 以其他已知化合物为受体	1.12.98.1 辅酶 F420 氢化酶
		1.12.99 以其他为受体	1.12.99.6 氢化酶（受体）
	1.13 借引入分子氧、作用于单一供体(加氧酶)	1.13.11 引入两个原子氧	1.13.11.1 邻苯二酚 1,2-双加氧酶
			1.13.11.2 邻苯二酚-2,3-双加氧酶
		1.13.12 引入一个原子氧	1.13.12.1 精氨酸-2-单加氧酶
			1.13.12.2 赖氨酸-2-单加氧酶

续表

大类	亚类	亚亚类	举例
		1.13.99 其他	1.13.99.1 肌醇加氧酶
	1.14 借引入分子氧、作用于一对供体	1.14.11 以2-酮戊二酸为一个供体，在每个供体中各引入一个氧原子	1.14.11.1 γ-丁内铵盐-双加氧酶 1.14.11.2 前胶原-脯氨酸-双加氧酶
		1.14.12 以NADH或NADPH作为一个供体，引入两个原子氧于另一个供体中	1.14.12.1 邻氨基苯甲酸-1,2-双加氧酶（脱氨，脱羧） 1.14.12.3 苯-1,2-双加氧酶 1.14.12.4 3-羟基-2-甲基吡啶羧酸乙酯双加氧酶
		1.14.13 以NADH或NADPH作为一个供体，引入一个原子氧于另一个供体中	1.14.13.1 水杨酸-1-单加氧酶 1.14.13.2 4-对羟基苯甲酸丙酯-3-单加氧酶 1.14.13.5 咪唑醋酸-4-单加氧酶
		1.14.14 以还原型黄素或黄素蛋白作为一个供体，引入一个原子氧于另一个供体中	1.14.14.1 非特异性单加氧酶 1.14.14.5 烷烃单加氧酶 1.14.14.8 邻氨基苯甲酸-3-单加氧酶（FAD）
		1.14.15 以还原型铁-硫蛋白作为一个供体，引入一个原子氧于另一个供体中	1.14.15.1 樟脑-5-单加氧酶 1.14.15.3 烷烃-1-单加氧酶 1.14.15.4 类固醇-11-β-单加氧酶
		1.14.16 以还原型碟啶作为一个供体，引入一个原子氧于另一个供体中	1.14.16.1 苯丙氨酸-4-单加氧酶 1.14.16.2 酪氨酸-3-单加氧酶 1.14.16.3 邻氨基苯甲酸酯-3-单加氧酶
		1.14.17 以抗坏血酸作为一个供体，引入一个原子氧于另一个供体中	1.14.17.1 多巴胺-β-单加氧酶 1.14.17.4 氨基环丙烷羧酸氧化酶
		1.14.18 以别的化合物作为一个供体，引入一个原子氧于另一个供体中	1.14.18.1 酪氨酸酶 1.14.18.2 CMP-*N*-乙酰神经氨酸单加氧酶 1.14.18.3 甲烷单加氧酶
		1.14.19 一对供体的氧化，引入两个氧于两分子水中	1.14.19.1 硬脂酰CoA-9-去饱和酶 1.14.19.2 硬脂酰基［酰基载体蛋白］-9-去饱和酶

续表

大类	亚类	亚亚类	举例
		1.14.20 以 2-酮戊二酸和其他脱氢物质为供体	1.14.20.2 2,4-二羟基-1,4-苯并噁嗪-3-酮葡糖苷加氧酶
		1.14.21 以 NADH 或 NADPH 和其他脱氢物质为供体	1.14.21.3 大叶小檗碱合成酶
		1.14.99 其他	1.14.99.1 前列腺素内过氧化物合酶
	1.15 作用于受体的超氧化物残基	1.15.1 以超氧化物为受体	1.15.1.1 超氧化物歧化酶（SOD） 1.15.1.2 过氧化物还原酶
	1.16 氧化金属离子	1.16.1 以 NAD^+ 或 $NADP^+$ 为受体	1.16.1.6 氰钴胺还原酶 1.16.1.7 三价铁螯合物还原酶（NADH）
		1.16.3 以氧为受体	1.16.3.1 亚铁氧化酶 1.16.3.2 细菌非血红素铁蛋白
		1.16.5 以醌或其有关化合物为受体	1.16.5.1 抗坏血酸铁氧还原酶（跨膜）
		1.16.8 以黄素为受体	1.16.8.1 CoB（Ⅱ）糖醛酸-a,c-二酰胺还原酶
		1.16.9 以铜蛋白为受体	1.16.9.1 铁：铜蓝蛋白还原酶
	1.17 作用于 CH 或 CH_2 基团	1.17.1 以 NAD^+ 或 $NADP^+$ 为受体	1.17.1.1 CDP-4-脱氢-6-脱氧葡萄糖还原酶 1.17.1.3 无色花色素还原酶 1.17.1.4 黄嘌呤脱氢酶
		1.17.2 以细胞色素为受体	1.17.2.1 烟酸脱氢酶（细胞色素）
		1.17.3 以氧为受体	1.17.3.1 蝶啶氧化酶 1.17.3.2 黄嘌呤氧化酶
		1.17.4 以二硫化物为受体	1.17.4.1 核糖核苷二磷酸还原酶 1.17.4.2 核糖核苷三磷酸还原酶 1.17.4.4 维生素 K-环氧化物还原酶
		1.17.5 以醌或其有关化合物为受体	1.17.5.1 苯乙酰基-CoA 脱氢酶 1.17.5.2 咖啡因脱氢酶
		1.17.7 以铁硫蛋白为受体	1.17.7.1（E）-4-羟基-3-甲基丁-2-烯基二磷酸合酶（铁氧还蛋白） 1.17.7.2 7-羟甲基叶绿素 a 还原酶
		1.17.98 以其他已知化合物为受体	1.17.98.1 胆汁酸-7-α-脱氢酶

续表

大类	亚类	亚亚类	举例
		1.17.99 以其他为受体	1.17.99.1 4-甲基苯酚脱氢酶（羟基化）
			1.17.99.2 乙苯羟化酶
	1.18 作用于还原型铁氧蛋白	1.18.1 以 NAD^+ 或 $NADP^+$ 为受体	1.18.1.2 铁氧还蛋白-NADP(+)还原酶
			1.18.1.6 肾上腺皮质铁氧还原蛋白-NADP(+)还原酶
		1.18.6 以分子氮为受体	1.18.6.1 固氮酶
	1.19 作用于作为供体的还原型黄素蛋白	1.19.6 以分子氮为受体	1.19.6.1 固氮酶（黄素氧还蛋白）
	1.20 作用于供体磷和砷	1.20.1 以 NAD^+ 或 $NADP^+$ 为受体	1.20.1.1 磷酸脱氢酶
		1.20.2 以细胞色素为受体	1.20.2.1 砷酸还原酶（细胞色素C）
		1.20.4 以二硫化物为受体	1.20.4.4 砷酸还原酶（硫氧还蛋白）
		1.20.9 以铁硫蛋白为受体	1.20.9.1 砷酸还原酶（天青蛋白）
		1.20.99 以其他为受体	1.20.99.1 砷酸还原酶（供体）
	1.21 催化反应 $X-H+Y-H = X-Y+H_2$	1.21.1 以 NAD^+ 或 $NADP^+$ 为受体	1.21.1.1 碘酪氨酸脱碘酶
			1.21.1.2 2,4-二氯苯甲酰-CoA还原酶
		1.21.3 以氧为受体	1.21.3.1 异青霉素-N-合成酶
			1.21.3.6 金鱼草素合酶
		1.21.4 以二硫化物为受体	1.21.4.1 D-脯氨酸还原酶（硫醇）
			1.21.4.2 甘氨酸还原酶
			1.21.4.3 肌氨酸还原酶
		1.21.98 以其他已知化合物为受体	1.21.98.1 二氯铬吡咯酸合酶
		1.21.99 以其他为受体	1.21.99.3 甲状腺素5-脱碘酶
	1.23 还原型C—O—C基团作为受体	1.23.1 以NADH或NADPH为供体	1.23.1.1 (+)-松脂醇还原酶
			1.23.1.2 (+)-落叶松脂素还原酶
		1.23.5 以醌或其有关化合物为受体	1.23.5.1 紫黄素脱环氧化酶
	1.97 其他氧化还原酶	1.97.1 其他氧化还原酶	1.97.1.1 氯酸盐还原酶
			1.97.1.2 邻苯三酚羟基转移酶

续表

大类	亚类	亚亚类	举例
2 转移酶	2.1 转移一个碳原子	2.1.1 甲基转移酶	2.1.1.1 烟酰胺 - N - 甲基转移酶
			2.1.1.5 甜菜碱 - 同型半胱氨酸 - S - 甲基转移酶
			2.1.1.6 儿茶酚 - O - 甲基转移酶
		2.1.2 羟甲基、甲酰基及其有关基团转移	2.1.2.1 甘氨酸羟甲基酶
			2.1.2.10 氨基甲基转移酶
		2.1.3 羧基及氨甲酰基转移酶	2.1.3.1 甲基丙二酸单酰 CoA 羧基转移酶
			2.1.3.2 天冬氨酸转氨甲酰酶
		2.1.4 脒基转移酶	2.1.4.1 甘氨酸脒基转移酶
	2.2 转移醛基或酮基	2.2.1 转酮酶和转醛酶	2.2.1.1 转酮酶
			2.2.1.2 转醛醇酶
			2.2.1.3 甲醛转酮酶
	2.3 转移酰基	2.3.1 转移除了氨酰基以外的其他基团的转移酶	2.3.1.1 氨基酸 - N - 乙酰转移酶
			2.3.1.2 咪唑 - N - 乙酰转移酶
			2.3.1.3 葡糖胺 - N - 酰基转移酶
		2.3.2 氨酰基转移酶	2.3.2.1 D - 谷氨酰转移酶
			2.3.2.2 γ - 谷氨酰酶
			2.3.2.3 赖氨酰转移酶
		2.3.3 酰基转移到烷基	2.3.3.2 癸基柠檬酸合酶
			2.3.3.4 癸基高柠檬酸合酶
	2.4 转移糖基	2.4.1 己糖基转移酶	2.4.1.1 糖原磷酸化酶
			2.4.1.2 糊精葡聚糖酶
			2.4.1.4 淀粉蔗糖酶
		2.4.2 戊糖基转移酶	2.4.2.1 嘌呤核苷磷酸化酶
			2.4.2.2 嘧啶核苷磷酸化酶
			2.4.2.5 核苷核糖基转移酶
		2.4.99 转移其他糖基的酶	2.4.99.1 β - 半乳糖苷 - α - 2,6 - 唾液酸转移酶
			2.4.99.2 神经节苷脂唾液酸转移酶
	2.5 转移甲基以外的烷基或芳香基	2.5.1 转移甲基以外的烷基或芳香基	2.5.1.1 二甲基丙基反转移酶
			2.5.1.3 硫胺素磷酸合成酶
			2.5.1.5 半乳糖 - 6 - 硫酸化酶
	2.6 转移含氮基团	2.6.1 氨基转移酶	2.6.1.1 天冬氨酸转氨酶
			2.6.1.2 丙氨酸转氨酶
			2.6.1.3 半胱氨酸转氨酶
		2.6.3 肟基转移酶	2.6.3.1 肟基转移酶

续表

大类	亚类	亚亚类	举例
		2.6.99 转移其他含氮物质	2.6.99.1 dATP(dGTP) – DNA 嘌呤转移酶 2.6.99.2 吡哆醇 – 5′ – 磷酸合成酶
	2.7 转移含磷基团	2.7.1 以醇基为受体的磷酸转移酶	2.7.1.1 己糖激酶 2.7.1.2 葡萄糖激酶 2.7.1.3 己酮糖激酶
		2.7.2 以羧基为受体的磷酸转移酶	2.7.2.1 醋酸激酶 2.7.2.2 氨基甲酸酯激酶 2.7.2.3 磷酸甘油酸激酶
		2.7.3 以含氮为受体的磷酸转移酶	2.7.3.2 肌酸激酶 2.7.3.3 精氨酸激酶 2.7.3.4 胀基牛磺酸激酶
		2.7.4 以磷酸基为受体的磷酸转移酶	2.7.4.1 磷酸激酶 2.7.4.2 磷酸甲羟戊酸激酶 2.7.4.3 腺苷酸激酶
		2.7.6 二磷酸转移酶	2.7.6.4 核苷二磷酸激酶
		2.7.7 核苷酸基转移酶	2.7.7.1 烟酰胺核苷酸腺苷酰转移酶 2.7.7.2 FAD 合成酶 2.7.7.4 硫酸腺苷酰转移酶
		2.7.8 其他具有取代基的磷酸根转移酶	2.7.8.1 乙醇胺磷酸转移酶 2.7.8.2 二酰甘油磷酸胆碱酶 2.7.8.3 神经酰胺胆碱酶
		2.7.9 具有一对受体的磷酸转移酶	2.7.9.1 丙酮酸，磷酸二激酶 2.7.9.2 丙酮酸，水二激酶 2.7.9.3 硒化物，水二激酶
		2.7.10 蛋白 – 酪氨酸激酶	2.7.10.1 受体蛋白酪氨酸激酶 2.7.10.2 非特异性蛋白质 – 酪氨酸激酶
		2.7.11 蛋白 – 丝氨酸/苏氨酸激酶	2.7.11.1 非特异性丝氨酸/苏氨酸蛋白激酶 2.7.11.6 酪氨酸 – 3 – 单加氧酶激酶 2.7.11.13 蛋白激酶 C
		2.7.12 双特异性激酶（作用于丝氨酸/苏氨酸和酪氨酸残基）	2.7.12.1 双特异性激酶 2.7.12.2 促分裂原活化蛋白激酶激酶
		2.7.13 蛋白 – 组氨酸激酶	2.7.13.3 组氨酸激酶

续表

大类	亚类	亚亚类	举例
		2.7.14 蛋白 - 精氨酸激酶	2.7.14.1 蛋白精氨酸激酶
		2.7.99 其他蛋白激酶	2.7.99.1 三磷酸 - 蛋白磷酸激酶
	2.8 转移含硫基团	2.8.1 硫基转移酶	2.8.1.1 硫代硫酸硫基转移酶
			2.8.1.4 tRNA 硫基转移酶
		2.8.2 磺基转移酶	2.8.2.1 芳基磺基转移酶
			2.8.2.3 胺基磺基转移酶
		2.8.3 CoA 转移酶	2.8.3.1 丙酸 - CoA - 转移酶
			2.8.3.2 草酸 - CoA - 转移酶
			2.8.3.3 丙二酸 - CoA - 转移酶
		2.8.4 转移烷硫基基团	2.8.4.1 辅酶 B - 烷硫基转移酶
	2.9 转移含硒基团	2.9.1 硒基转移酶	2.9.1.1 L - 丝氨酰 - tRNA - 硒转移酶
	2.10 转移含钼含钨基团	2.10.1 钼转移酶或钨转移酶	2.10.1.1 钼蝶呤转移酶
3 水解酶	3.1 作用于酯键	3.1.1 羧酸酯水解酶	3.1.1.1 羧酸酯酶
			3.1.1.2 芳香酯酶
			3.1.1.3 三酰甘油脂肪酶
		3.1.2 硫醇酯水解酶	3.1.2.1 乙酰 - CoA 水解酶
			3.1.2.2 棕榈酰 - CoA 水解酶
			3.1.2.3 琥珀酰 - CoA 水解酶
		3.1.3 磷酸单酯水解酶	3.1.3.1 碱性磷酸酶
			3.1.3.2 酸性磷酸酶
			3.1.3.3 磷酸丝氨酸磷酸酶
		3.1.4 硫酸二酯水解酶	3.1.4.3 磷脂酶 C
			3.1.4.4 磷脂酶 D
		3.1.5 三磷酸单酯水解酶	3.1.5.1 dGTP 酶
		3.1.6 硫酸酯水解酶	3.1.6.1 芳基硫酸酯酶
			3.1.6.2 甾基 - 硫酸酯酶
			3.1.6.3 糖硫酸酯酶
		3.1.7 二磷酸单酯水解酶	3.1.7.1 异戊二烯基二磷酸酶
			3.1.7.3 单萜二磷酸酶
		3.1.8 磷酸三酯水解酶	3.1.8.1 芳烷基磷酸酯酶
			3.1.8.2 异丙基氟磷酸酶
		3.1.11 产生 5′ - 磷酸单酯的 DNA 外切酶	3.1.11.1 DNA 酶 Ⅰ 3.1.11.2 DNA 酶 Ⅲ
		3.1.12 产生 3′ - 磷酸单酯的 DNA 外切酶	3.1.12.1 5′ - 3′ DNA 酶
		3.1.13 产生 5′ - 磷酸单酯的 RNA 外切酶	3.1.13.5 核糖核酸酶 D

续表

大类	亚类	亚亚类	举例
		3.1.14 产生3′-磷酸单酯的RNA外切酶	3.1.14.1 酵母核糖核酸酶
		3.1.15 作用于DNA或RNA，产生5′-磷酸单酯的核酸外切酶	3.1.15.1 蛇毒核酸外切酶
		3.1.16 作用于DNA或RNA，产生3′-磷酸单酯的核酸外切酶	3.1.16.1 脾脏核酸外切酶
		3.1.21 产生5′-磷酸单酯的DNA内切酶	3.1.21.1 脱氧核糖核酸酶Ⅰ 3.1.21.2 脱氧核糖核酸酶Ⅳ
		3.1.22 产物不是5′-磷酸单酯的DNA内切酶	3.1.22.1 脱氧核糖核酸酶Ⅱ 3.1.22.5 脱氧核糖核酸酶X
		3.1.25 水解可变位置的位点特异性的DNA内切酶	3.1.25.1 脱氧核糖核酸酶（嘧啶二聚体）
		3.1.26 产生5′-磷酸单酯的RNA内切酶	3.1.26.3 核糖核酸酶Ⅲ 3.1.26.4 核糖核酸酶H
		3.1.27 产生除5′-磷酸单酯以外的RNA内切酶	3.1.27.1 核糖核酸酶T2 3.1.27.2 枯草芽孢杆菌RNA酶 3.1.27.5 胰核糖核酸酶
		3.1.30 作用于RNA或DNA，产生5′-磷酸单酯的RNA内切酶	3.1.30.1 来源于曲霉的核酸酶S1 3.1.30.2 来源于黏质沙雷氏菌的核酸酶
		3.1.31 作用于RNA或DNA，产生除5′-磷酸单酯以外的RNA内切酶	3.1.31.1 来源于微球菌的核酸酶
	3.2 作用于糖基化合物	3.2.1 水解氧-糖化合物	3.2.1.1 α-淀粉酶 3.2.1.2 β-淀粉酶 3.2.1.3 葡聚糖1,4-α-葡糖苷酶
		3.2.2 水解氮-糖化合物	3.2.2.1 嘌呤核苷酶 3.2.2.2 肌苷核苷酶 3.2.2.3 尿苷核苷酶
	3.3 作用于醚键	3.3.1 硫醚和三烷基锍水解酶	3.3.1.1 腺苷高半胱氨酸酶 3.3.1.2 腺苷甲硫氨酸水解酶
		3.3.2 醚水解酶	3.3.2.2 链烯基甘油磷酸胆碱水解酶 3.3.2.4 反式环氧琥珀酸水解酶
	3.4 作用于肽键	3.4.11 α-氨酰基肽水解酶	3.4.11.1 亮氨酰氨肽酶 3.4.11.4 三肽氨肽酶

续表

大类	亚类	亚亚类	举例
		3.4.13 二肽水解酶	3.4.13.21 二肽酶 E
		3.4.14 二肽基肽水解酶	3.4.14.1 二肽基肽酶Ⅰ
			3.4.14.2 二肽基肽酶Ⅱ
		3.4.15 肽基二肽水解酶	3.4.15.1 肽基二肽酶 A
			3.4.15.4 肽基二肽酶 B
		3.4.16 丝氨酸型羧肽酶	3.4.16.5 羧肽酶 C
			3.4.16.6 羧肽酶 D
		3.4.17 金属羧肽酶	3.4.17.1 羧肽酶 A
			3.4.17.2 羧肽酶 B
			3.4.17.3 赖氨酸羧肽酶
		3.4.18 半胱氨酸型羧肽酶	3.4.18.1 Cathepsin X
		3.4.19 Ω 肽酶	3.4.19.3 焦谷氨酰基肽酶Ⅰ
			3.4.19.5 β-天冬氨酰基肽酶
		3.4.21 丝氨酸内肽酶	3.4.21.1 糜蛋白酶
			3.4.21.2 糜蛋白酶 C
			3.4.21.4 胰蛋白酶
		3.4.22 半胱氨酸内肽酶	3.4.22.2 木瓜蛋白酶
			3.4.22.3 无花果蛋白酶
			3.4.22.6 木瓜凝乳蛋白酶
		3.4.23 天冬氨酸内肽酶	3.4.23.1 胃蛋白酶 A
			3.4.23.2 胃蛋白酶 B
			3.4.23.4 凝乳酶
		3.4.24 金属内肽酶	3.4.24.3 来源于微生物的胶原酶
			3.4.24.7 间质胶原酶
		3.4.25 苏氨酸内肽酶	3.4.25.1 蛋白酶体-内肽酶复合物
			3.4.25.2 HslU-HslU 肽酶
	3.5 作用于除肽键以外的C—N 键	3.5.1 水解链状酰胺类	3.5.1.1 门冬酰胺酶
			3.5.1.4 酰胺酶
			3.5.1.5 尿素酶
		3.5.2 水解环状酰胺类	3.5.2.1 丙二酰脲酶
			3.5.2.2 二氢嘧啶酶
			3.5.2.6 β-内酰胺酶
		3.5.3 水解链状脒类	3.5.3.1 精氨酸酶
			3.5.3.3 肌酸酶
		3.5.4 水解环状脒类	3.5.4.1 胞嘧啶脱氨酶
			3.5.4.2 腺嘌呤脱氨酶
			3.5.4.3 鸟嘌呤脱氨酶
		3.5.5 水解腈类	3.5.5.1 腈水解酶
			3.5.5.6 溴苯腈水解酶

续表

大类	亚类	亚亚类	举例
		3.5.99 水解其他化合物	3.5.99.2 氨基嘧啶氨基水解酶
	3.6 作用于酸酐	3.6.1 水解含磷的酸酐	3.6.1.1 无机二磷酸酶
			3.6.1.3 腺苷三磷酸酶
		3.6.2 水解含磺酰基酸酐	3.6.2.1 腺嘌呤硫酸酯酶
			3.6.2.2 磷酸腺嘌呤酰基硫酸酯酶
		3.6.3 作用于酸酐，催化底物物质的跨膜运动	3.6.3.1 磷脂转位 ATP 酶
			3.6.3.10 氢/钾交换 ATP 酶
		3.6.4 作用于 ATP，参与细胞和亚细胞运动	3.6.4.1 肌球蛋白 ATP 酶
			3.6.4.2 动力蛋白 ATP 酶
		3.6.5 作用于 GTP，参与细胞和亚细胞运动	3.6.5.1 异源三聚体 G 蛋白 GTP 酶
			3.6.5.3 蛋白合成 GTP 酶
	3.7 作用于 C—C 键	3.7.1 水解酮类化合物	3.7.1.4 根皮素水解酶
			3.7.1.6 乙酰丙酮酸水解酶
	3.8 作用于卤素键	3.8.1 水解 C-卤素化合物	3.8.1.3 盐乙酸脱卤化酶
	3.9 水解 P—N 化合物	3.9.1 水解 P—N 化合物	3.9.1.2 蛋白质精氨酸磷酸酶
	3.10 作用于 S—N 键	3.10.1 作用于 S—N 键	3.10.1.1 *N*-磺基硫代氨基葡萄糖水解酶
			3.10.1.2 甜蜜素水解酶
	3.11 作用于 C—P 键	3.11.1 作用于 C—P 键	3.11.1.1 磷酸乙醛水解酶
			3.11.1.2 磷酰乙酸水解酶
	3.12 作用于 S—S 键	3.12.1 作用于 S—S 键	3.12.1.1 连三硫酸盐水解酶
	3.13 作用于 C—S 键	3.13.1 作用于 C—S 键	3.13.1.1 UDP-磺基金鸡纳糖合成酶
4 裂合酶	4.1 C—C 裂合酶	4.1.1 羧基-裂合酶	4.1.1.1 丙酮酸脱羧酶
			4.1.1.2 草酸脱羧酶
			4.1.1.3 草酰乙酸脱羧酶
		4.1.2 醛-裂合酶	4.1.2.4 脱氧核糖磷酸醛缩酶
			4.1.2.5 L-苏氨酸醛缩酶
			4.1.2.8 吲哚-3-甘油-磷酸裂解酶
		4.1.3 酮酸-裂合酶	4.1.3.3 *N*-乙酰神经氨酸裂解酶
			4.1.3.4 羟甲基戊二酸 CoA 裂解酶
		4.1.99 其他 C—C 裂合酶	4.1.99.2 酪氨酸酚裂合酶
	4.2 C—O 裂合酶	4.2.1 水裂合酶	4.2.1.1 碳酸盐脱水酶
			4.2.1.3 乌头酸水合酶
			4.2.1.5 阿拉伯糖酸脱水酶
		4.2.2 作用于多糖	4.2.2.1 透明质酸裂解酶
			4.2.2.2 果胶裂解酶
			4.2.2.7 肝素裂合酶

续表

大类	亚类	亚亚类	举例
		4.2.3 作用于磷酸盐	4.2.3.1 苏氨酸合酶
			4.2.3.3 甲基乙二醛合酶
		4.2.99 其他 C—O 裂合酶	4.2.99.18 DNA－(嘌呤或嘧啶位点)裂合酶
	4.3 C—N 裂合酶	4.3.1 氨裂合酶	4.3.1.1 天门冬氨酸－氨裂合酶
			4.3.1.3 组氨酸－氨裂合酶
			4.3.1.7 乙醇胺－氨裂合酶
		4.3.2 脒裂合酶	4.3.2.1 精氨琥珀酸裂合酶
			4.3.2.4 嘌呤咪唑环－环化酶
		4.3.3 胺裂合酶	4.3.3.2 胡豆合酶
			4.3.3.5 4－去甲基瑞拜克霉素合酶
		4.3.99 其他 C—N 裂合酶	4.3.99.3 7－羧基－7－脱氮鸟嘌呤合酶
			4.3.99.4 胆碱三甲胺分解酶
	4.4 C—S 裂合酶	4.4.1 C—S 裂合酶	4.4.1.4 蒜氨酸裂解酶
			4.4.1.6 S－烯丙基半胱氨酸裂合酶
	4.5 C—X 裂合酶	4.5.1 C—X 裂合酶	4.5.1.3 二氯甲烷脱卤素酶
	4.6 P—O 裂合酶	4.6.1 P—O 裂合酶	4.6.1.1 腺苷酸环化酶
			4.6.1.2 鸟苷酸环化酶
	4.7 C—P 裂解酶	4.7.1 C—P 裂解酶	4.7.1.1 α－D－核糖－1－甲基磷酸酯－5－磷酸 C－P－裂合酶
	4.99 其他裂合酶	4.99.1 其他裂合酶	4.99.1.1 原卟啉亚铁螯合酶
5 异构酶	5.1 消旋酶及差向异构酶	5.1.1 作用于氨基酸及其衍生物	5.1.1.1 丙氨酸消旋酶
			5.1.1.3 谷氨酸消旋酶
			5.1.1.4 脯氨酸消旋酶
		5.1.2 作用于羟基酸及其衍生物	5.1.2.1 乳酸消旋酶
			5.1.2.6 异柠檬酸差向异构酶
		5.1.3 作用于碳水化合物及其衍生物	5.1.3.1 核酮糖－磷酸－3－异构酶
			5.1.3.3 醛糖－1－差向异构酶
			5.1.3.11 纤维二糖异构酶
		5.1.99 作用于其他化合物	5.1.99.1 甲基丙二酸单酰－CoA 异构酶
	5.2 顺反异构酶	5.2.1 顺反异构酶	5.2.1.1 马来酸异构酶
			5.2.1.4 马来酰丙酮酸异构酶
			5.2.1.5 亚油酸异构酶

续表

大类	亚类	亚亚类	举例
	5.3 分子内部氧化还原酶	5.3.1 醛糖及酮糖的内部转变	5.3.1.1 丙糖磷酸异构酶 5.3.1.3 D－阿拉伯糖异构酶 5.3.1.4 L－阿拉伯糖异构酶
		5.3.2 酮及烯醇基的内部转变	5.3.2.5 2，3－二酮－5－甲硫苯基－1－磷酸烯醇化酶
		5.3.3 C═C 键的移位	5.3.3.12 L－多巴色素异构酶
		5.3.4 S—S 键的移位	5.3.4.1 蛋白质二硫键异构酶
		5.3.99 其他分子内部氧化还原酶	5.3.99.2 前列腺素 D 合成酶 5.3.99.3 前列腺素 E 合成酶
	5.4 分子内部转移酶	5.4.1 转移酰基	5.4.1.1 溶血卵磷脂酰基甘油变位酶 5.4.1.3 2－乙基延胡索酰基－辅酶 A 异构酶
		5.4.2 转移磷酰基	5.4.2.3 磷酸乙酰氨基葡萄糖变位酶 5.4.2.9 磷酸烯醇丙酮酸变位酶
		5.4.3 转移氨基	5.4.3.2 赖氨酸 2,3－氨基变位酶 5.4.3.4 D－赖氨酸 5,6－氨基变位酶
		5.4.4 转移羟基	5.4.4.2 异分支酸合成酶 5.4.4.4 香叶醇异构酶
		5.4.99 转移其他基团	5.4.99.3 2－乙酰乳酸变位酶
	5.5 分子内部裂合酶	5.5.1 分子内部裂合酶	5.5.1.3 四羟基蝶啶环异构酶 5.5.1.6 查尔酮异构酶
	5.99 其他异构酶	5.99.1 其他异构酶	5.99.1.1 硫氰酸盐异构酶
6 连接酶	6.1 形成 C—O 键	6.1.1 形成氨酰基－tRNA 及其有关化合物的连接酶	6.1.1.1 酪氨酸－ tRNA 连接酶 6.1.1.2 色氨酸－tRNA 连接酶 6.1.1.3 苏氨酸－tRNA 连接酶
		6.1.2 酸－醇连接酶（酯合成酶）	6.1.2.1 D－丙氨酸－（R）－乳酸连接酶 6.1.2.2 尼拉霉素 5′合酶
	6.2 形成 C—S 键	6.2.1 酸－硫醇连接酶	6.2.1.1 醋酸－CoA 连接酶 6.2.1.2 丁酸－CoA 连接酶 6.2.1.3 长链脂肪酸－CoA 连接酶
	6.3 形成 C—N 键	6.3.1 酸－氨连接酶	6.3.1.1 天冬氨酸－氨连接酶 6.3.1.2 谷氨酸－氨连接酶 6.3.1.5 NAD(＋)合成酶
		6.3.2 酸－氨基酸连接酶	6.3.2.2 谷氨酸－半胱氨酸连接酶

续表

大类	亚类	亚亚类	举例
			6.3.2.3 谷胱甘肽合成酶
			6.3.2.11 肌肽合成酶
		6.3.3 环化连接酶	6.3.3.3 脱硫生物素合成酶
			6.3.3.6 碳代青霉烯-3-羧酸合酶
		6.3.4 其他 C—N 连接酶	6.3.4.5 精氨琥珀酸合成酶
		6.3.5 以谷氨酰胺为酰胺供体的 C—N 连接酶	6.3.5.5 氨甲酰磷酸合成酶（谷氨酰胺水解）
			6.3.5.6 天冬酰胺酰 tRNA 合成酶（谷氨酰胺水解）
	6.4 形成 C—C 键	6.4.1 形成 C—C 键	6.4.1.1 丙酮酸羧化酶
			6.4.1.3 丙酰-CoA 羧化酶
			6.4.1.7 2-酮戊二酸羧化酶
	6.5 形成磷酸酯键	6.5.1 形成磷酸酯键	6.5.1.1 DNA 连接酶(ATP)
			6.5.1.2 DNA 连接酶[NAD(+)]
			6.5.1.3 RNA 连接酶(ATP)
	6.6 形成 *N*-金属键	6.6.1 形成配位络合	6.6.1.1 镁螯合酶
			6.6.1.2 钴螯合酶